诺贝尔奖之外的世界

——基于声誉调查和奖项图谱的国际科学技术奖项评价研究

郑俊涛 著

上海交通大学出版社
SHANGHAI JIAO TONG UNIVERSITY PRESS

内容提要

　　本书从多渠道搜集奖项样本,建立了一份有代表性的、覆盖主要学科领域的国际科学技术奖项清单,以此为基础总结了国际科学技术奖项的发展现状,并通过问卷调查对所有奖项样本的声誉进行定量测量,再通过绘制奖项图谱分析了奖项样本之间的相似性,以此实现对国际科学技术奖项的科学评价,推动国际科学技术奖项在科学技术评价中的应用。

　　本书主要面向教育管理工作者、科技管理工作者以及对国际科学技术奖项感兴趣的广大读者。

图书在版编目(CIP)数据

诺贝尔奖之外的世界:基于声誉调查和奖项图谱的
国际科学技术奖项评价研究／郑俊涛著. —上海:上
海交通大学出版社,2017
ISBN 978 - 7 - 313 - 17206 - 8

Ⅰ.①诺…　Ⅱ.①郑…　Ⅲ.①科学技术－评奖－评价
－研究－世界　Ⅳ.①G321

中国版本图书馆 CIP 数据核字(2017)第 115147 号

诺贝尔奖之外的世界

　　——基于声誉调查和奖项图谱的国际科学技术奖项评价研究

著　　者:郑俊涛
出版发行　上海交通大学出版社　　　　　　　地　　址:上海市番禺路 951 号
邮政编码:200030　　　　　　　　　　　　　电　　话:021 - 64071208
出 版 人:郑益慧
印　　制:上海天地海设计印刷有限公司　　　经　　销:全国新华书店
开　　本:710 mm×1 000 mm　1/16　　　　　印　　张:17.75
字　　数:274 千字
版　　次:2017 年 8 月第 1 版　　　　　　　　印　　次:2017 年 8 月第 1 次印刷
书　　号:ISBN 978 - 7 - 313 - 17206 - 8/G
定　　价:78.00 元

总　　序

　　教育尤其高等教育是知识创造的源泉和人才培养的摇篮,是否拥有世界一流大学是国际竞争力的关键之一。一个国家要想始终处于领先地位或者实现跨越式发展,需要有世界一流大学,并力争在全球高等教育金字塔顶端取得一席之地。近年来,许多国家相继制定了打造"精英大学"的计划,加大了对高等教育特别是名牌大学的投入力度,出台了一系列促进世界一流大学建设的政策和措施。

　　我国建设创新型国家,要把增强自主创新能力作为科学技术发展的战略基点和调整产业结构、转变增长方式的中心环节,大力提高原始创新能力、集成创新能力和引进消化吸收再创新能力。研究型大学作为国家创新体系的主要力量之一,理应在强化全民族的创新意识、推动科技自主创新、提高人才培养质量、营造良好的创新文化等方面做出应有的贡献。若干所名牌研究型大学肩负着创建世界一流大学的历史使命,更应为创新型国家建设做出不可替代的独特贡献。

　　如何建设一流大学已经成为一个世界性的话题,而世界一流大学研究也成为全球范围内高等教育研究的热点之一。但是,有关世界一流大学研究的成果不多,而且处于缺乏系统整理出版的状态。这既不利于同行之间的深入交流,也不利于将已有的研究成果应用于指导实践。为此,本着面向世界、促进研究、推动建设的宗旨,教育部战略研究基地——世界一流大学研究中心和上海交通大学高等教育研究院决定以自身的科研力量为基础,吸收国内外从事相关研究的名家参与,组织出版"一流大学研究文库"。

　　上海交通大学高等教育研究院的前身是成立于 1985 年的高等教育研究所。长期以来,形成了针对重大现实问题进行定量实证研究、交叉学科研究和国际比较研究的鲜明特色。世界一流大学研究一直是我们的主要研究方向之一,1993 年出版了国内第一本有关世界一流大学研究的专著《世界一流大学研究》,1999 年又出版了《攀登——我国创建世界一流大学的研究》,为我国创建世界一流大学提供了有益的思考与借鉴。

进入 21 世纪,我们完成了一系列以世界一流大学为主题的政府咨询报告,其中"我国名牌大学离世界一流有多远"等报告得到了国家领导人、教育或科技行政部门以及高校的好评和重视,对加快我国创建世界一流大学的进程起到了明显的推动作用。2004 年,上海交通大学成立了"世界一流大学研究中心",并被教育部科学技术委员会命名为教育部战略研究基地。2005 年 6 月,我们发起并主办了"第一届世界一流大学国际研讨会"(1st International Conference on World-Class Universities)。之后,每隔两年主办一届"世界一流大学国际研讨会",就世界各国政府、高等教育系统以及大学发展的热点问题进行研讨,至今共举办了六届国际研讨会。

"一流大学研究文库"已经出版了一系列著作,包括:教育部战略研究基地——世界一流大学研究中心主任、上海交通大学高等教育研究院长刘念才教授等主编的《世界一流大学:特征·排名·建设》,美国波士顿学院国际高等教育研究中心主任阿特巴赫教授(Phillip G. Altbach)等主编的《世界一流大学:亚洲和拉美国家的实践》,刘念才教授等主编的《世界一流大学:战略·创新·改革》,世界银行高等教育主管萨尔米博士(Jamil Salmi)撰写的《世界一流大学:挑战与途径》,冯倬琳博士撰写的《研究型大学校长:战略领导·职业管理·职业发展》、王琪博士等主编的《世界一流大学:国家战略与大学实践》、古道尔教授(Amanda H. Goodall)著的《世界一流大学:校长必须是科学家吗》、朱军文博士撰写的《我国研究型大学基础研究产出表现:1978—2007》等。2017 年"一流大学研究文库"计划出版四本著作。

我们深信:"一流大学研究文库"的出版,必将进一步丰富和发展有关世界一流大学的理论研究,对加快我国世界一流大学建设的实践也必将产生积极的推动和指导作用。

教育部战略研究基地——上海交通大学世界一流大学研究中心主任

刘念才

2017 年 7 月于上海

前　言

国际科学技术奖项自 18 世纪出现以来,伴随着科学技术的发展,一直在鼓励广大科学技术工作者、奖励优秀科学技术成果方面发挥着重要作用。国际科学技术奖项象征着科学共同体不分地域的对优秀科学家的认可,获得者可以说是科学界中的"明星"。遗憾的是,诺贝尔奖以外的奖励世界,既缺乏关注,也缺乏研究。

本书从多渠道搜集奖项样本,建立了一份有代表性的、覆盖主要学科领域的国际科学技术奖项清单,以此为基础总结了国际科学技术奖项的发展现状,并通过问卷调查对所奖项样本的声誉进行定量测量,再通过绘制奖项图谱分析了奖项样本之间的相似性,以此实现对国际科学技术奖项的科学评价,推动国际科学技术奖项在科学技术评价中的应用。

本书的整体研究思路是:首先,完成文献研究和构建国际科学技术奖项数据库这两项基础性工作。其次,以所搜集的奖项样本为基础,完成样本分析、声誉调查和绘制奖项图谱这三项主要研究内容,旨在总结国际科学技术奖项的概况,实证分析国际科学技术奖项之间的相对重要性和相似性。最后,系统论述国际科学技术奖项作为大学排名指标的理论基础、优势和劣势,总结和探索国际科学技术奖项作为大学排名指标的实践。

本书共分八章。

第一章主要阐述了本书的选题背景、研究目的和意义。

第二章介绍了本书研究国际科学技术奖项的理论基础。

第三章介绍了本书研究国际科学技术奖项的概念和方法

第四章是以所搜集样本为基础,介绍了国际科学技术奖项的发展现状。

第五章是以所搜集样本为基础,研究了国际科学技术奖项声誉研究。

第六章是以所搜集样本为基础,研究了国际科学技术奖项相似性。

第七章是系统梳理了国际科学技术奖项作为大学排名指标的实践。

第八章是结束语,系统梳理了本研究的主要结论、局限性以及未来研究展望。

由于国际科学技术奖项的研究一直受到没有一个全面、系统、不断更新的奖项数据库的制约和限制,对奖项的研究还多停留在现象描述层面或者基于小样本的统计层面。因而,本研究基于大样本对国际科学技术奖项的实证研究就富有价值。一方面,所搜集的国际科学技术奖项样本可以为未来建立更大的奖项数据库抛砖引玉,为后续的相关研究奠定基础;另一方面,对这些奖项样本之间的相对重要性和相对关系的定量研究,为人们了解国际科学技术奖励体系提供了一个全新视角。无论是哪个方面的价值,本研究的意义绝不仅仅是突出诺贝尔奖无与伦比的地位,更为重要的是帮助读者领略诺贝尔奖之外的那片广阔的天地。

郑俊涛

2017 年 4 月

目　　录

表、图目录

第一章
国际科学技术奖项的研究缘起

科学技术是第一生产力,是推动人类文明进步的革命力量。随着科学技术的不断发展,对科学技术进行评价既是科学共同体对其成员给予"承认"的内部要求,也是科学共同体外部对科学技术工作者给予社会认可的外在需求。在众多的评价形式中,国际科学技术奖项以同行评议为基础,以无国界限制的科学共同体成员为对象,以授予奖励为结果,发挥着特殊的评价作用。而且,随着大学排名的不断发展,国际科学技术奖项被构建成排名指标,在科学技术评价中发挥了更为广泛的影响。

第一节　国际科学技术奖项与科学技术评价

一、科学技术作为第一生产力的作用日益凸显

在人类文明发展的历史进程中,强国的更替与世界科学技术中心的转移息息相关,以近 500 年欧美强国发展轨迹最为典型。[①] 科学技术活动重心先后自 17 世纪后期由意大利移向英国,18 世纪后半叶由英国移向法国,19 世纪末转向德国,20 世纪 30 年代则转向美国。[②] 一个国家在成为科学技术活动中心之前都经历了经济起飞、政治格局的变化和社会变迁,以及思想解放与文化嬗

---

① 张先恩.科技创新与强国之路[M].北京:化学工业出版社,2010:5.
② 有本健男.科学技术兴衰史——主要发达国家科学技术体制的变迁与科学技术活动国际重心的转移[J].胡健,译.国外社会科学,1994(7):30‐34.

变。而科学技术活动中心的形成又对相应国家的经济、政治和文化产生了重要影响。① 同样,在我国实现中华民族伟大复兴的关键时期,科学技术发挥的作用非常重要,影响非常深远。

"科学技术迅猛发展,在世界范围内对经济和社会发展产生着深刻的影响。社会经济的发展正在经历重大的转型,科技创新的主导作用日益显著,知识资源的占有、配置、创造和利用的优劣,日益成为决定国家科技竞争力强弱的关键因素。随着知识经济与全球化时代到来,支撑全社会创新活动的科技基础条件,日益成为国家的重要战略资源,日益显示出在国际竞争中的战略地位。科技基础条件的优化与重整,正在成为国家基础设施的重要组成部分,正在成为国际科技创新竞争的一个新的焦点,正在成为各国政府最具优先权的基本任务。"②这些正反映了邓小平关于科学技术是第一生产力的高度概括,反映了当今世界的发展特点和时代精神,体现了科学技术在生产力及经济社会发展中的地位与作用。

二、科学技术评价呈现多样化发展态势

由于科学技术日益渗透到经济建设、社会发展和人类进步的各个领域,成为生产力中最活跃的因素,因此对其成果的评价更显紧迫和必要。从本质特征看,"科学技术评价是对科学技术活动及其产出和影响的价值进行判断的认识活动。科学技术评价既是科学共同体运行的内在机制,也是科学技术管理的工具,是对科学技术活动进行预测、规划、管理、监督的手段。"③近代科学技术发展的初期,科学技术评价主要局限于科学共同体内部的学术评价和对科学家重大科学发现的优先权的识别,评价的目的在于促进学术交流、建立科学规范、引导研究方向。而自 20 世纪以来,随着科学技术活动成为大规模、有组织的重要社会事业,"科学技术评价不只是限于科学共同体内部的学术评价机制,还是政府制定科技政策、配置科技资源和实施有效的科技管理的重要

---

① 刘鹤玲.世界科学活动中心形成的经济-政治-文化前提[J].自然辩证法研究,1998(2):47-50.

② 袁望冬.科技创新与社会发展[M].长沙:湖南大学出版社,2007:28.

③ 张先恩.科学技术评价理论与实践[M].北京:科学出版社,2008:2.

机制。"①

从不同方面来看,科学技术评价已经实现了多样化发展。从评价主体(评价委托方、受托方及被评价方)来看,根据评价主体中评价方与被评价方的关系,科学技术评价可以分为内部评价和外部评价两类;根据评价主体中委托方的不同,可以分为自我评价、行政监管评价、学术同行评价、社会与市场评价四类;根据评价主体中评价方与委托方的关系,可以分为直接评价和第三方评价两类。② 从评价时间来看,科学技术评价可以分为事前评价、事中评价和事后评价。从评价目的来看,科学技术评价可以分为立项评审、中期评价、结题验收、绩效评价;从评价对象来看,科学技术评价可以分为政策评价、计划评价、项目评价、机构评价、人员评价和成果评价等。③ 从科研成果在评价中所发挥的角色来看,科学技术评价可以分为"对科研成果的评价"和"以科研成果为指标的评价"这两大类。从评价方法来看,科学技术评价的主要方法有同行评议和科学计量学方法。④

总体来看,同行评议体现了学术共同体的自主性,反映了尊重学术规律的客观要求,代表了国际学术评价的主流。⑤ 在学者个体的自主探究权力、源于科学共同体内部的集体权力以及来自外部政府和机构的行政权力这三种基本权力的博弈中,同行评议因为其更能体现学术活动的内在逻辑而显现出制度优势。但同行评议会受到"老友"效应的影响和来自政府等科学共同体外部力量的不良介入,显示出一定的制度缺陷。⑥ 而以文献计量学应用为主的科学计量学,依赖于出版物数量、专利数量以及对它们的引用数量而构成的信息源和指标体系,⑦随着评价对象的扩大,在宏观层面(例如国家、地区之间的比较)和

---

① 张先恩.科学技术评价理论与实践[M].北京:科学出版社,2008:2.

② 朱少强,张洋.学术评价活动的分类探讨[J].中国科技论坛,2009(6):20-25.

③ 张先恩.科学技术评价理论与实践[M].北京:科学出版社,2008:16.

④ 朱军文,刘念才.科研评价:目的与方法的适切性研究[J].北京大学教育评论,2012,10(3):47-56.

⑤ 钟书华.学术评价机制与同行专家评价[J].华中科技大学学报(社会科学版),2008,22(4):122-123.

⑥ 阎光才.学术共同体内外的权利博弈与同行评议制度[J].北京大学教育评论,2009,7(1):124-138.

⑦ Verbeek A, Debackere K, Luwel M, et al. Measuring Progress And Evolution in Science And Technology — I: The Multiple Uses of Bibliometrics Indicators[J]. International Journal of Management Reviews, 2002, 4(2):179-211.

中观层面(例如性质相同的科研机构之间的比较)的应用更显优势。① 然而,科学计量学自身也有缺陷,如在数据来源、文献类型和指标上都存在局限性,以引用数为基础的指标更能体现一项研究的"影响"而不是"质量",文献类型的多样性和研究主题的本国化使得科学计量学在人文社会科学领域的应用受到制约等。② 因此,根据评价对象、评价目标与评价方法契合的原则,同行评议与科学计量学方法在不同类型的评价中要相互协同,发挥各自优势,才能实现公正、有效的科学技术评价。

三、全球性大学排名的发展备受关注

在众多类型的科学技术评价中,全球性大学排名自 21 世纪初期出现以来,产生了广泛的影响。2003 年上海交通大学世界一流大学研究中心首次发布"世界大学学术排名"(Academic Ranking of World Universities,简称 ARWU),将学术排名带入了全球性排名时代。紧随其后,2004 年英国《泰晤士高等教育增刊》(*The Times Higher Education Supplement*,简称 THES)与 QS 公司(Quacquarelli Symonds)开始联合发布"THES‐QS 世界大学排名"(THES‐QS World University Rankings)。该排名一直持续到 2009 年。自 2010 年起,《泰晤士高等教育》(*Times Higher Education*,简称 THE)与 QS 公司结束合作关系后,开始独立发布各自的世界大学排名,分别是"THE 世界大学排名"(THE World University Rankings)和"QS 世界大学排名"(QS World University Rankings)。此外,2004 年起,西班牙的网络计量实验室(Cybermetrics Lab)发布了以网页数量和显示度为主要指标的"世界大学网络排名"(Ranking Web of World Universities,又称 Webometrics Ranking of World Universities)。2007 年起,中国台湾高等教育评鉴中心(Higher Education Evaluation and Accreditation Council of Taiwan,简称 HEEACT)根据各高校的学术生产力、学术影响力和学术卓越性,发布了"世界大学科研论文质量排名"(Performance Ranking of Scientific Papers for

---

① 张先恩.科学技术评价理论与实践[M].北京:科学出版社,2008:37.
② Katz J S. Bibliometric Indicators and the Social Sciences[R]. Brighton:SPRU, University of Sussex,1999.

World Universities)。2009年起,欧洲积极回应高等教育各方利益相关者的诉求,着手研发具有指南性质的"多维度全球大学排名"(U‐Multirank)。目前,世界上已有十多个全球性大学排名,其中ARWU、"THE世界大学排名"和"QS世界大学排名"是较有影响力的三大全球性大学排名。① 在全球化和知识经济背景下,世界大学排名凭借其在全球范围内对知识生产能力和人才网罗能力的测量,成为反映一所大学或一个国家(地区)全球竞争力的晴雨表。日趋激烈的全球性竞争也正反映在世界大学排名的重要性和流行程度的提升上。②

从形式上看,大学排名利用一套有区别的、有代表性的指标对高等教育机构进行比较,并将由各指标的量化数据集成后得到的单一分数作为评价整体质量的维度。③ 在全球性大学排名中,虽然通过丰富指标体系以期能够更全面反映大学面貌的努力一直都存在,但是任何一个全球性大学排名都难以通过几个指标来反映大学的全貌。④ 从排名指标来看,全球性大学排名指标体系中,科研指标权重最大。这说明,学术研究是衡量大学水平的核心指标,直接影响着大学排名结果。这类指标主要以可量化的科学技术论文数量和质量(被引次数)展开对大学科研的定量分析。⑤ 从影响上看,政治家们采用大学排名来衡量其国家(地区)的教育实力和前景;各大学利用排名设立和界定目标,并用排名来测量不同维度和指标上的表现;学者们使用排名来证明自己的职业声誉和学术地位;学生们则使用排名来帮助自己择校。可见,全球性大学排名以衡量大学表现为基础,发挥了更多作用。⑥

大学排名也并非完美。由于大学排名很大程度依赖文献计量学方法

① Hazelkorn E. Reflections on a Decade of Global Rankings: What We've Learned and Outstanding Issues[J]. Beiträge zur Hochschulforschung, 2013, 35(2): 8‐33.
② Hazelkorn E. Rankings and the Battle for World-Class Excellence: Institutional Strategies and Policy Choices[J]. Higher Education Management and Policy, 2009, 21(1): 55‐76.
③ Hazelkorn E. How Rankings are Reshaping Higher Education [M].//Climent V, Michavila F, Ripollés M. Los Rankings Univeritarios: Mitos y Realidades. Madrid: Editorial Tecnos, S.A., 2013.
④ 孙海涛.全球性大学排行榜的发展与展望[J].清华大学教育研究,2011,32(1):94‐101.
⑤ 武学超.世界大学排名科研测评的影响与缺失[J].中国高教研究,2010(3):43‐46.
⑥ Hazelkorn E. Impact of Global Rankings on Higher Education Research and the Production of Knowledge[R]. Occasional Paper No. 18, Unesco Forum on Higher Education, Research and Knowledge, 2009.

和指标,因此在排名中不恰当的设计、计算和草率地应用文献计量学指标,会对正确理解排名方法,以及对应用那些经过精心设计的排名指标造成负面影响和阻碍,从而导致排名招致非议和批判。① 尽管各大学排名存在不足,所使用的方法也存在差异,但是对哪些大学是"最好的"大学这一问题,众多大学排名却有着令人惊讶的共识。有一些大学,无论是用何种指标和权重,都会居于大学排行榜的前列。② 因而,大学排名可作为鉴定"卓越"的有效手段。不仅如此,大学排名还能作为国家(地区)、大学和个人在追求卓越道路上度量与"卓越"距离的工具。例如,刘念才等就利用ARWU 分析了我国名牌大学与世界一流大学的差距,并以此为基础提出了针对性建议。③

四、国际科学技术奖项在科学技术评价中的重要应用

在 18 世纪产业革命和政治革命席卷欧洲的背景下,以法国和英国为代表,科学逐渐步入规范化和制度化的轨道。④ 在这一时期,出现了一种新的制度化的科学成果奖励形式——奖项。1731 年,英国皇家学会(The Royal Society)开始颁发科普利奖章(Copley Medal),以表彰那些取得最重要的科学发现或通过实验做出伟大贡献的科学家。⑤ 科普利奖章在奖励的学科、周期、奖金数额、奖品以及授奖规则(评价标准)等方面都有明确的规定,被认为是世界上第一个具有制度化性质和评价、奖励功能的科学技术奖项。⑥ 科普利奖章出现后,科学技术奖项发展史上极具标志性的重要事件就是诺贝尔奖(Nobel Prizes)的设立。1900 年成立的诺贝尔基金会(The Nobel Foundation)根据瑞典化学家和实业家阿尔弗雷德·诺贝尔(Alfred Nobel)的遗嘱,设立了诺贝尔

① Van Raan A F J. Fatal Attraction: Conceptual and Methodological Problems in the Ranking of Universities by Bibliometric Methods[J]. Scientometrics, 2005, 62(1): 133-143.

② 亚历克斯·埃舍尔,马斯莫·萨维诺.差异的世界:大学排名的全球调查[J].清华大学教育研究,2006,27(5):1-10.

③ 刘念才,刘莉,程莹,等.实施"985 工程"追赶世界一流大学——从世界名牌大学学术排行变化说起[J].中国高等教育,2003(17):22-24.

④ 有本健男.科学技术兴衰史——主要发达国家科学技术体制的变迁与科学技术活动国际重心的转移[J].胡健,译.国外社会科学,1994(7):30-34.

⑤ The Royal Society. Copley Medal[EB/OL]. [2013-03-10]. http://royalsociety.org/awards/copley-medal/.

⑥ 姚昆仑.科学技术奖励综论[M].北京:科学出版社,2008:144.

奖。诺贝尔奖以其覆盖广泛学科领域(科学方面于 1901 年开始在物理、化学、生理学或医学领域颁发,于 1969 年开始在经济学领域颁发)、奖励高额奖金(1901 年的奖金为 150 782 瑞典克朗,相当于 2012 年 12 月份的 8 197 058 瑞典克朗)①、对获奖候选人无国籍要求、最高的授奖标准等特点,一出现就受到了万众瞩目,成为最具权威的国际性科学技术奖项。诺贝尔奖的出现,体现了科学技术奖励规范化和国际化发展的趋势,推动了国际科学技术奖项在全球范围内的发展。诺贝尔奖设立后的一百多年里,随着科学技术的迅猛发展以及科学技术活动的国际化,以菲尔兹奖(Fields Medal)、图灵奖(Turing Award)、拉斯克奖(Lasker Awards)、沃尔夫奖(Wolf Prizes)和克拉福德奖(Crafoord Prizes)等为代表的一大批国际科学技术奖项在各个学科领域纷纷设立起来。

在科学技术奖项层出不穷的背景下,其在科学技术评价中的应用也日渐丰富。首先,确定奖项获得者的过程本身就是对获奖候选人的研究成果的价值和影响进行评价的过程。这种评价是"对科研成果的评价"。也正基于此,科学技术奖项才可以被用于"以科研成果为指标的评价"中。一些科学技术奖项尤其是著名的国际科学技术奖项的名称,经常出现在获奖科学家和学者的头衔、称呼、介绍、简历和各种申请研究经费或科研项目的材料中,以及他们的毕业院校、工作单位等这些与之关系密切的机构的介绍中。这些奖项为相关利益方评价获奖人及与其相关的机构、所属国家(地区)的科研实力提供了参考。

值得注意的是,与传统的利用奖项对个人的学术贡献进行主观、零散的评价不同,随着大学排名的兴起,国际科学技术奖项开始以指标的形式被用于宏观层面(例如国家、地区之间的比较)和中观层面(例如性质相同的科研机构之间的比较)的科学技术评价中。典型案例有:上海交通大学于 2003 年首次发布的全球性大学排名 ARWU、2007 年首发的"世界大学领域排名"(ARWU - FIELD)和 2009 年首发的"世界大学学科排名"(ARWU - SUBJECT)中,都使用了涉及诺贝尔奖、菲尔兹奖或图灵奖的"获奖校友"和

---

① The Nobel Foundation. The Nobel Prize Amounts[EB/OL]. [2013 - 12 - 06]. http：//www.nobelprize.org/nobel_prizes/about/amounts/index.html.

"获奖教师"这两项指标。这些排名中,两项指标的权重高达 25% 或 30%。① 沙特阿拉伯的世界大学排名中心(The Center for World University Rankings, 简称 CWUR)在其发布的全球排名中,利用了诺贝尔奖、菲尔兹奖、图灵奖、克拉福德奖、阿贝尔奖(Abel Prize)、巴尔赞奖(Balzan Prize)、德雷珀奖(Charles Stark Draper Prize)等二十余项国际科学技术奖项的获奖教师数构建了权重占 25% 的"教师质量"这一指标。② 美国的国家研究委员会(National Research Council,简称 NRC)于 2010 年完成了一次全国性的研究型博士点评估(Assessment of Research Doctorate Programs)。此次评估覆盖了 62 个学科领域内全美 212 个机构中的 5 000 多个研究型博士点。在该评估中,包括诺贝尔奖、菲尔兹奖等一大批国际科学技术奖项在内的共 1 393 项荣誉和奖励,被用于评价同行对博士点教师的研究活动的认可情况,以此作为一项反映博士点师资质量的排名指标。③ 还有,布鲁斯·G·查尔顿(Bruce G. Charlton)也单独利用了诺贝尔奖、菲尔兹奖、拉斯克奖和加拿大盖尔德纳国际奖(Canada Gairdner International Award),构建了由不同奖项组合成的评价维度,通过统计获奖人所属国家(地区)和隶属机构的获奖人次,来识别在革命性科学发现中表现最好的国家(地区)和研究机构,并以获奖表现为指标对这些国家(地区)和机构进行排名。④⑤⑥ 由此可见,国际科学技术奖项能够以排名指标的形式,发挥着跨国、跨地区科学技术评价和识别"卓越"

---

① Center for World-Class Universities of Shanghai Jiao Tong University (CWCU). Ranking Methodology of Academic Ranking of World Universities — 2013 [EB/OL]. [2013 - 12 - 06]. http://www.shanghairanking.com/ARWU2013.html.

② Center for World University Rankings. A Quantitative Approach to World University Rankings[EB/OL]. [2013 - 12 - 06]. http://cwur.org/methodology/.

③ Ostriker J P, Kuh C V, Voytuk J A. A Data-Based Assessment of Research-Doctorate Programs in the United States[M]. Washington: The National Academies Press, 2011.

④ Charlton B G. Measuring Revolutionary Biomedical Science 1992 - 2006 Using Nobel Prizes, Lasker (clinical medicine) Awards and Gairdner Awards (NLG metric)[J]. Medical Hypotheses, 2007, 69(1): 1 - 5.

⑤ Charlton B G. Which Are the Best Nations and Institutions for Revolutionary Science 1987 -2006? Analysis Using a Combined Metric of Nobel prizes, Fields Medals, Lasker Awards and Turing Awards (NFLT metric)[J]. Medical Hypotheses, 2007, 68(6): 1191 - 1194.

⑥ Charlton B G. Scientometric Identification of Elite "Revolutionary Science" Research Institutions by Analysis of Trends in Nobel Prizes 1947 - 2006[J]. Medical Hypotheses, 2007, 68(5): 931 - 934.

的作用，从而产生更为广泛的影响。

第二节　如何实现国际科学技术
奖项的评价价值

一、面临的问题

以国际科学技术奖项为典型的科学技术奖励，已然以排名指标的形式成为衡量学术机构的师资力量和科研水平的一把标尺，已然在科学技术评价中发挥了重要的评价价值。然而，奖项在科学技术评价中的应用还存在一定的问题。例如，在 ARWU 中以排名指标形式应用的国际科学技术奖项还仅局限于诺贝尔奖、菲尔兹奖和图灵奖这几项奖项。这引发了一些对该排名的质疑：基于诺贝尔奖和菲尔兹奖建立的排名指标更多反映了过去而不是当前的表现，并且不利于历史较短的大学；排名不利于那些在诺贝尔奖和菲尔兹奖没有覆盖的学科领域取得卓越成就的大学；将获奖人与大学建立联系的过程也因为存在统计问题而引发了担忧等。[1][2][3] 而在 NRC 组织开展的博士点评估中，虽然有包括国际科学技术奖项在内的 1 300 多项奖励被用于构建指标，但是选择这些奖励的标准非常主观，缺乏客观依据。可见，在大学排名中用奖项来构建指标，选择标准是一个亟待解决的问题。

若在科学技术评价中科学地利用国际科学技术奖项作为标准，一方面需要建立一份有代表性的、覆盖广泛学科领域的国际科学技术奖项清单；另一方面需要对这些奖项的声誉的相对大小和它们之间的相对关系要有科学的认识。在此基础上，我们才能在科学技术评价中更好地应用国际科学技术奖项作为评价标准，发挥它们的评价价值。

① Waltman L, Calero-Medina C, Kosten J, et al. The Leiden Ranking 2011/2012: Data Collection, Indicators, and Interpretation[J]. Journal of the American Society for Information Science and Technology, 2012, 63(12): 2419 - 2432.

② Billaut J-C, Bouyssou D, Vincke P. Should You Believe in the Shanghai Ranking? [J]. Scientometrics, 2010, 84(1): 237 - 263.

③ Liu N C, Cheng Y. The Academic Ranking of World Universities[J]. Higher Education in Europe, 2005, 30(2): 127 - 136.

二、解决的意义

已有学者指出,有关奖项研究的局限性主要是由关于奖项数据的严重局限引起的。目前还缺乏一份囊括各个时代、国家、领域和机构中的,不同类型和水平的奖项的清单。因此,研究者们只能从分散的来源获得关于奖项的部分、模糊和不连续的记录。在此背景下,对国际科学技术奖项进行系统的梳理本身就很有价值。而且,建立一份有代表性的、覆盖主流学科领域的奖项清单也是在科学技术评价中广泛应用国际科学技术奖项的基础。

正是由于人们对国际科学技术奖项缺乏系统的整理和认识,因此对奖项的评价也就缺乏基础和标准。人们对奖项的评价更多的还是来自感性认识或常识经验,需要实证研究来支持。此外,如果在更广泛的学科领域内、更多层次上的科学技术评价中应用国际科学技术奖项,需要对奖项之间的相对重要性和相对关系有客观理性的认识。

鉴于此,本研究聚焦以下三大目标:一是,从多渠道搜集国际科学技术奖项,建立一份有代表性的、覆盖广泛学科领域的奖项清单,总结国际科学技术奖项发展的概况。二是,以此清单为基础,测量所搜集的国际科学技术奖项的相对声誉大小。三是,以此清单为基础,研究所搜集的国际科学技术奖项之间的相对关系。本研究通过实现这三大目标,完成对国际科学技术奖项的科学评价。通过实现这三大目标,我们可以解决在科学技术评价中利用国际科学技术奖项所面临的困难。

国际科学技术奖项以同行评价为基础,授予那些取得卓越科学技术成就、做出突出贡献的科学家和学者。国际科学技术奖项自身所具有的评价功能以及其被用于构建排名指标后发挥的评价功能,使其在科学技术评价中具有重要的价值。因此,对国际科学技术奖项的系统梳理以及对它们之间的相对声誉和相互关系的实证研究,具有重要的理论意义和现实的实践意义。

在理论方面,通过系统梳理国际科学技术奖项,可以描绘出国际科学技术奖项的发展现状和特征,丰富人们对国际科学技术奖项的理性认知。其次,实证研究国际科学技术奖项之间的相对声誉和相对关系,可以促进有关科学技术奖励的研究,尤其是对科学技术奖励分层结构的研究。

　　在实践方面,通过系统梳理国际科学技术奖项,能够使更多的奖项进入到评价方的选择范围。通过研究国际科学技术奖项之间的相对声誉和相对关系,能够为评估方选择国际科学技术奖项作为评价指标提供了可靠的实证依据,能够促进国际科学技术奖项在科学技术评价中的应用。

第二章
国际科学技术奖项的研究基础

　　国际科学技术奖项的本质是科学技术奖励,是科学技术奖励的一种类型。对国际科学技术奖项开展研究,必不可少的要回归到已有的对科学技术奖励的研究,以其作为研究国际科学奖项的基础。

　　随着现代科学技术奖励的发展成熟,以科学社会学领域为代表的学者们对科学技术奖励开展了一系列富有成果的理论研究。美国社会学家默顿(Robert K. Merton)于 1957 年在其发表的《科学发现的优先权》(*Priorities in Scientific Discovery*)一文中,首次提出"科学奖励系统"(the reward-system in science)这一概念,开创了从理论上研究科学技术奖励的先河。在默顿眼里,科学是具有规范结构的一种社会建制。[①] "像其他建制一样,科学建制也发展了一种经过精心设计的系统,给那些以各种方式实现了其规范要求的人颁发奖励。"[②]这个系统就是"科学奖励系统"。由于默顿在科学社会学创立的初期,把科学的制度性目标定为"扩展被证实了的知识"[③]。对于小科学时代和纯理论研究来说,这种设定是没问题的。但是这种设定却不能够适用于现今的大科学时代和科学与技术的一体化趋势。因而,我国学者在研究科学社会学,进行科学研究管理和奖励时,根据历史沿留下来的语境和术语使用习惯,把"科

---

①　Mendelsohn E. Robert K. Merton: The Celebration and Defense of Science[J]. Science in Context, 1989, 3(1): 269 - 289.

②　Merton R K. Priorities in Scientific Discovery: A Chapter in the Sociology of Science[J]. American Sociological Review, 1957, 22(6): 635 - 659.

③　R.K.默顿.科学社会学——理论与经验研究(上)[M].鲁旭东,林聚任,译.北京:商务印书馆,2010: 365.

学"改为"科技",把"科学奖励"的概念也相应地发展为"科技奖励"。① 但由于人文学科与社会科学并不被普遍认识的"科技"概念所覆盖,因而根据研究实际,本章文献综述采用外延比"科学奖励"和"科技奖励"更大的"科学技术奖励"这一术语。"科学技术奖励"与"科学奖励"、"科技奖励"的内涵是一致的,只是在奖励覆盖的范围上存在差异。

围绕研究主题和研究问题,以下对科学技术奖励的本质、形式和效应,对科学技术奖励的声誉,以及科学技术奖励的象征作用等方面的已有研究文献进行了梳理和归纳。

第一节　科学技术奖励的本质、形式和效应

一、科学技术奖励的本质

人们有所作为的一个重要动力就是获得社会认可,而奖励就可以被看作这种认可的社会象征。奖励的设立特别地满足了人们对其行为得到公共认可、尊敬和赞誉的需要。② 奖励针对那些令人满意的、值得尊敬的、典型的超越"正常责任"(normal duty)的行为。因此,奖励作为一种信号,向外界表明了奖励获得者具备值得肯定、鼓励和奖励的行为。③ 奖励有着丰富的含义,其心理学、伦理学、社会学和奖励学视角下的含义详见表 2-1。

对于科学技术奖励的本质,由于默顿在科学社会学创立的初期,把科学的制度性目标定为"扩展被证实了的知识"④。"科学家拥有的唯一知识财富是,承认他是一位对科学发展贡献了知识的人。"⑤因此,默顿眼中的"科学奖励"是

① 王炎坤,刘燕美,黄灿宏.试探科技奖励的本质[J].科学学研究,1996,14(2):54-57.
② Frey B S, Neckermann S. Awards: A Disregarded Source of Motivation[M]//Baurmann M, Lahno B. Perspectives in Moral Science. Frankfurt: Frankfurt School Verlag, 2009: 177-182.
③ Frey B S, Neckermann S. Awards as Signals[R]. CESifo working paper: 3229, CESifo, 2010.
④ R.K.默顿.科学社会学——理论与经验研究(上)[M].鲁旭东,林聚任,译.北京:商务印书馆,2010: 365.
⑤ 杰里·加斯顿.科学的社会运行[M].顾昕,柯礼文,朱锐,译.北京:光明日报出版社,1988: 29.

表 2-1 奖励在心理学、伦理学、社会学和奖励学视角下的含义

视 角	奖 励 的 涵 义
心理学	在行为发生后为维持和增强这种行为倾向而给予的一种报酬
伦理学	在道德上,社会对个人或个人对自身的一种以鼓励先进为目的的评价
社会学	对特定社会行为的认可、赞赏和褒扬,属于积极的社会控制范畴
奖励学	社会对人们良好行为或成果的积极肯定的信息反馈

资料来源:王炎坤,钟书华,张宣平,等.科技奖励的社会运行[M].武汉:华中理工大学出版社,1993:44.

"科学共同体对科学家在增进科学知识方面所做出的贡献给予的承认与荣誉"[①],其本质就是"成就—承认",前半部分是贡献,后半部分则是承认,作为对贡献出知识的回报。

国内学者对科学技术奖励的概念与本质也开展了丰富的理论研究。张忠奎认为,"科技奖励是对在科学与技术范畴内做出了贡献,增加和扩展了科学知识量,开拓了新的科学领域或者产生巨大的社会和经济效益,推动了社会发展的科技成果及其完成者给予的奖励。"[②]周寄中、吴佐明认为,随着人们逐渐认识到科学技术的巨大力量以及理解科学技术工作者的活动价值,奖励作为在这种认识和理解的基础上产生的一种正向结果,体现了社会对科学发现和技术发明的一种承认。科学技术奖励从一般意义上说,就是社会对科学技术工作者所取得成果的积极肯定的一种信息反馈。其目的是促使科学技术工作者加快自身发展,为社会做出更大贡献,使全社会培养起尊重科学技术,尊重人才的风气。[③] 王炎坤等认为,理论界对科学技术奖励概念的理解至少有四种看法:第一种是默顿及其学生(默顿学派)发展起来的对"科学奖励"的一种理论解释,即"科学奖励"是社会对科学发现优先权和科研劳动成果的承认。第二种是把科学看成是一种主要对"功"和"利"的追求,把科学技术奖励制度看成某种潜在的经济权益保障制度。由此,科学技术奖励则是社会按照利益交换原则付给科学技术工作者的报酬。第三种是从心理学的"需求—满足"模式

---

① 杰里·加斯顿.科学的社会运行[M].顾昕,柯礼文,朱锐,译.北京:光明日报出版社,1988:18.

② 张忠奎.科技奖励[M].北京:科学出版社,1991.

③ 周寄中,吴佐明.科技奖励学:科技奖励系统的机制和功能[M].杭州:浙江科学技术出版社,1993:6.

出发,将科学技术奖励视为社会对科学技术工作者的激励手段;第四种是把科学看成一个高度自治的系统,将科学技术奖励视为科学系统为维持自身的良性运转而采取的一种自我控制行为。① 比较而言,相对于默顿的理论解释,后三种理论对科学技术奖励的理解比较狭隘。王炎坤等还认为,看似是科学技术奖励本质的承认、激励、竞争以及导向,从深层次看都是科学技术奖励的现象。实际上,通过科学技术奖励实践,国家、团体、个体等各方最终均达到获取功利的目的。确切地说,科学技术奖励的本质是充分发挥和不断强化科学技术的认识世界、改造世界的社会功能,促进科学技术的理论价值和应用价值的实现。② 此外,尚智丛采纳了国外学者拉图尔(Bruno Latour)和乌尔伽(Steve Woolgar)的观点,认为科学技术奖励不同于报酬,其本质是科学共同体以某种公认的形式表达对科学家的科学发现优先权的承认,更进一步而言,是表达对某一科学家科学研究"信用"(credit)或"信用度"(credibility)的肯定。③

二、科学技术奖励的形式

默顿提出的"科学奖励系统"中,能体现对科学家给予承认的奖励的形式很多。首先,默顿把以名字命名(eponymy),将科学家的名字冠在发现和成果之前这一形式排在第一位。因为这种做法使科学家在历史上留下了不可磨灭的标记。④ "以名字命名可能是科学界中一种最持久,而且也许是声望最高的制度化的承认方式。"⑤但是这种方式使许多其他取得革命性发现的卓越科学家们无法受益,无法体现科学技术奖励系统的复杂结构。此外,默顿还列举出了其他相当重要的承认形式:授予科学家奖章(medal)或类似的奖品(award),成为有很高威望的科学研究机构和科学组织的会员(memberships),成为全国或地方性学会的成员(fellowships),在保留贵族头衔的国家中被封侯封爵(ennobled),成为"科学明星"(starred men of science)名人录中的一员,以及获得大学授予的

---

① 王炎坤,钟书华,等.科技奖励论[M].武汉:华中理工大学出版社,2000:26.
② 王炎坤,刘燕美,黄灿宏.试探科技奖励的本质[J].科学学研究,1996,14(2):54-57.
③ 尚智丛.科学社会学——方法与理论基础[M].北京:高等教育出版社,2008:128.
④ Merton R K. Priorities in Scientific Discovery:A Chapter in the Sociology of Science[J]. American Sociological Review, 1957,22(6):635-659.
⑤ R.K.默顿.科学社会学——理论与经验研究(下)[M].鲁旭东,林聚任,译.北京:商务印书馆,2010:406.

名誉学位(honorary degrees)等。[①] 其中,狭义的、被人们所熟知的一类奖励是以奖章等奖品或者证书构成的象征一定荣誉的奖项。这类奖励形式就是本研究的研究对象,它们的中文名称一般是"某某奖"或"某某奖章",英文名称一般冠以"award"和"medal"的称号。这类奖励的获得者一般会被授予代表荣誉的徽章(badges)、奖章(medals)、绶带(ribbons)、戒指(rings)、奖牌(plaques)、奖杯(trophies)、饰带(sashes)、小雕像(statuettes)、胸针(pins)或其他奖品。[②]

国内学者将科学技术奖励划分为精神奖励、物质奖励以及精神奖励与物质奖励相结合的三种奖励形式。精神奖励是授予获奖者以各种荣誉性标志为主的一种奖励形式,如证书、奖杯、奖章、奖状以及各种荣誉称号等。物质奖励是授予获奖者以各种物质或实物形式体现的报酬或其他物质待遇为主的一种奖励形式,如奖金、奖品、晋升工资、休假疗养、提供研究经费和实验设备等各种优厚资源和优惠待遇。精神奖励与物质奖励相结合的形式,能同时满足人的物质需求和精神需求,较单一的精神奖励或物质奖励的激励效果更好,因而是采用最多、最为适宜的一种奖励形式。[③]

国内学者认为,精神奖励是一种无形的荣誉奖励,给予的是一种观念信息。精神奖励具有影响时效性长的特点,可以反复利用而使获奖人长久地享受奖励所带来的影响。这种奖励只能由获奖者及其所属国家、组织享用,不能转予他人享用。而物质奖励是一种有形的奖励,多是一次性授予的,其影响的时效性短。物质奖励所奖励的东西具有客观实在性和流通性,可以转让、遗传或与他人共享。尽管在形式和影响上存在差异,但是精神奖励和物质奖励是互相联系的。由于精神是物质的产物和反映,因此物质奖励本身就具有精神奖励的含义。没有精神奖励的物质奖励不是奖励,而是一种捐赠。此外,物质奖励是精神奖励的载体,可以起到强化精神奖励的作用,否则,精神奖励作用就不容易发挥。[④]

---

① Merton R K. Priorities in Scientific Discovery:A Chapter in the Sociology of Science[J]. American Sociological Review,1957,22(6):635-659.

② Best J. Prize Proliferation[J]. Sociological Forum,2008,23(1):1-27.

③ 王炎坤,钟书华,张宣平,等.科技奖励的社会运行[M].武汉:华中理工大学出版社,1993:49.

④ 王炎坤,钟书华,等.科技奖励论[M].武汉:华中理工大学出版社,2000:96-98.

三、科学技术奖励的效应理论

奖励作为一种激励,多数情况下在整个社会中引起积极的反应,但有时候也会在社会中引起一些消极的反应。国外科学社会学家科尔兄弟(Jonathan R. Cole & Stephen Cole)、杰里·加斯顿(Jerry Gaston)和哈里特·朱克曼(Harriet Zuckerman)等以及国内王炎坤等人,主要提出了科学技术奖励的增强效应、马太效应、时间效应和整体效应。

增强效应是奖励行为所引起的一种正效应。科尔兄弟、加斯顿和朱克曼等著名科学社会学家,在研究科学技术奖励制度的运行状况时,都研究过这种效应。科尔兄弟将120位物理学家分为早期生产者(获得博士学位后的五年内发表了三篇或更多的论文)和其他人(少于三篇),在对这些早期获得不同数量承认(论文引证次数)的物理学家以后的产出率进行比较后发现,奖励系统对产出质量的奖励导致了数量与质量之间的高相关性。他们言简意赅地将这种增强效应表述为:"受到奖励的科学家是多产的,而没有受到奖励的科学家产出逐渐减少。"[①]在科尔兄弟研究的基础上,加斯顿又比较了科学家早晚两个时期内的出版量彼此联系的紧密度与第一时期论文的引证量和第二时期出版量的联系。虽然结果显示用引证量证明的学术承认对后期的产出率不是最重要的影响,不能证明先前的产出率比未来的产出率更为重要,但加斯顿并没有否定科尔兄弟的增强效应理论,而是认为根据增强效应理论,"科学家在某一时间点做出的某些成就,他因这种贡献而获得的承认将影响其在第二时间点的产出量。"[②]事实上,科学家们也有高度发展的现实观念。"卓越的科学家们知道,他们应当授奖,他们得到这些鼓励,诸事就顺利。"[③]之所以奖励会产生这种增强效应,是与科学研究中的积累优势现象分不开的。积累优势指的是一种在科学的奖励分配和资源分配中所表现出来的特殊现象。这种现象所反映

---

① 乔纳森·科尔,斯蒂芬·科尔.科学界的社会分层[M].赵佳苓,顾昕,黄绍林,译.北京:华夏出版社,1989:128.
② 杰里·加斯顿.科学的社会运行[M].顾昕,柯礼文,朱锐,译.北京:光明日报出版社,1988:200.
③ 杰里·加斯顿.科学的社会运行[M].顾昕,柯礼文,朱锐,译.北京:光明日报出版社,1988:206.

的是科学研究中优势地位的形成的过程。① 朱克曼通过研究诺贝尔奖(自然科学方面)获得者的成长经历来说明积累优势过程。她指出,"在科学领域里,当某些个人或团体一再获得有利条件和奖励时,优势就累积起来。这些有利条件和奖励使获奖者越来越快地成长,相反地却使未能获奖者(相对地说)越来越贫乏。"②

马太效应由默顿于1968年首次提出,揭示了科学技术奖励制度中的一种现象,"非常有名望的科学家更有可能被认定取得了特定的科学贡献,并且这种可能性会不断增加,而对于那些尚未成名的科学家,这种承认就会受到抑制。"③就如同《马太福音》描述的那样,"凡有的,还要加给他,叫他多余;而没有的,连他所有的也要夺过来。""因为马太效应涉及不恰当的荣誉分配,所以它在某些个人的事业上造成功能失调;然而,对科学的交流系统而言,这种分配不恰当却被假定有独特的功能。"④斯特雷文斯(Michael Strevens)也指出,马太效应无论是从对科学规范的遵守还是从社会整体角度来看,都是有益的,按照科学技术奖励制度的规则来分配荣誉的同时实现了科学对社会的最大效益。⑤

时间效应是指奖励蕴含的荣誉价值近似恒定不变的现象。不难发现科学技术奖励的另一种奖后现象:一个人获得奖励,尤其是高层次和高等级奖励后,即使他以后不再有新的建树或高的产出率,不再获得新的奖励,也能够使他在很长的时间内,乃至一生中反复地受到已获得奖励给他在声誉、地位、财富、工作条件等方面带来的有效影响,使其不断受益。⑥ 时间效应反映了科学技术奖励的核心是一种荣誉价值的分配。究其原因,是由于随着时间的推移,奖励制度变了,奖励带来的物质财富早已荡然无存,但其蕴含的荣誉价值依然存在。"人们可能只记得居里夫人因发现和研究放射性元素而两度获得诺贝

① 王炎坤,钟书华,张宣平,等.科技奖励的社会运行[M].武汉:华中理工大学出版社,1993:58.

② 哈里特·朱克曼.科学界的精英——美国的诺贝尔奖金获得者[M].周叶谦,冯世则,译.北京:商务印书馆,1979:85.

③ Merton R K. The Matthew Effect in Science [J]. Science, 1968, 159, 56 - 63.

④ 乔纳森·科尔,斯蒂芬·科尔.科学界的社会分层[M].赵佳苓,顾昕,黄绍林,译.北京:华夏出版社,1989:209.

⑤ Strevens M. The Role of the Matthew Effect in Science [J]. Studies in History and Philosophy of Science, 2006, 37(2): 159 - 170.

⑥ 王炎坤,钟书华,张宣平,等.科技奖励的社会运行[M].武汉:华中理工大学出版社,1993:79.

尔奖,但不记得她获得了多少奖金。当奖励的物质早已荡然无存时,奖励的桂冠却仍然在获奖者的头顶上发出光芒。"[1]

整体效应是指科学技术奖励不仅对授奖对象产生激励效果,而且对整个科学界的成员都产生普遍的激励效果。奖励对于获奖者而言是对其所取得成就的一种承认,但是它的社会学内涵却是对角色意识和行为的一种强化。要实现科学技术奖励的整体效应,除了要求奖励的公正性外,还要求奖励的等级、范围和数量等主要因素的设置必须合理。[2]

第二节　科学技术奖励的声誉

一、科学技术奖励声誉的评价

国内外对于科学技术奖励声誉的评价主要集中在对诺贝尔奖的评价和对一些奖励的声誉调查上。

首先,学界基本认定诺贝尔奖在科学技术奖励系统中享有最高声誉这一事实。朱克曼在研究美国科学家的社会分层时认为,"作为'科学界至高无上的荣誉',诺贝尔奖把它的获得者不仅提高为科学界的精英,而且提高到科学界超级精英的最高地位"[3]。诺贝尔奖自诞生起,就在公众心目和科学技术奖励系统中具有独一无二的地位,并已经成为各行各业形容最高成就的一种比喻。[4] 诺贝尔奖是由于它在一系列博取威信的特点上——比较悠久的历史、奖金的数额、授奖单位的威望、颁奖的国际性(不限制获奖候选人国籍)、颁奖的多重性(覆盖多学科领域)和整体性(几个科学领域颁发的诺贝尔奖被准确无误地视为一个整体)、杰出的获奖人等——居于领先地位而成为冠军。[5] 而且,

---

①　王炎坤,钟书华,等.科技奖励论[M].武汉:华中理工大学出版社,2000:97.

②　王炎坤,钟书华,张宜平,等.科技奖励的社会运行[M].武汉:华中理工大学出版社,1993:76-79.

③　哈里特·朱克曼.科学界的精英——美国的诺贝尔奖金获得者[M].周叶谦,冯世则,译.北京:商务印书馆,1979:15.

④　Zuckerman H. The Proliferation of Prizes: Nobel Complements and Nobel Surrogates in the Reward System of Science[J]. Theoretical Medicine and Bioethics, 1992, 13(2): 217-231.

⑤　哈里特·朱克曼.科学界的精英——美国的诺贝尔奖金获得者[M].周叶谦,冯世则,译.北京:商务印书馆,1979:27.

由于诺贝尔奖位于科学技术奖励的最高点,因而是衡量别的奖励的重要性、知名度、影响力和声誉的最佳标准(gold standard)。[①] 例如,医学领域的拉斯克奖(Lasker Awards)被誉为"美国的诺贝尔奖"、菲尔兹奖(Fields Medal)被认为是"授予青年数学家的诺贝尔奖"、维特勒森奖(The Vetlesen Prize)自称是地球科学领域中的"诺贝尔奖"等。

此外,诺贝尔奖也一直是国内学者研究科学技术奖励的一个热点,体现了诺贝尔奖在科学技术奖励系统中的独特位置。国内学者长期以来对诺贝尔奖获奖者的成才过程及其社会环境进行了广泛的分析,而围绕的中心议题一直是"中国何以没有获得诺贝尔奖"、"诺贝尔离我们有多远"等。[②] 这种热潮究其根本是因为诺贝尔奖在众多国际科学奖项中被一致公认为最具权威的科学奖项。诺贝尔科学奖不但反映了现代科学的历史,而且也与20世纪蓬勃发展的技术进步紧密相连。获奖成果不但有重要科学发现、重大理论创新,还有重大技术创新,以及实验方法和仪器的重大发明。诺贝尔科学奖所激励的事实上是对人类社会发展有重大影响的原始性创新。[③]

对于其他科学技术奖励的声誉大小,有研究通过问卷调查进行定量评价。科尔兄弟于1973年出版了《科学家的社会分层》(*Social Stratification in Science*)一书。他们在研究科学技术奖励的知名度这一问题时,大范围地对一批奖励进行了声誉测量。他们从《美国科学家》(*American Men of Science*,1960年版)中20个最高等级的物理系成员的名下,以及《今日物理学》(*Physics Today*)中搜集了包括奖项、学会会员和博士后研究基金在内的共98项奖励,采用了问卷调查法来测量声誉。问卷要求物理学家对问卷所列的奖项给予声誉等级的评价。问卷中每个奖项的声誉等级被分为"高声誉"等级(有1、2、3这三个程度的等级)、"低声誉"等级(有4、5这两个程度的等级),以及由"听说过但没有足够的信息评价它的声誉"和"从未听说过这项奖励"这两个选项共同组成的一个表明哪些奖励最少被物理学家所了解的等级。考虑到

---

① Zuckerman H. The Proliferation of Prizes: Nobel Complements and Nobel Surrogates in the Reward System of Science[J]. Theoretical Medicine and Bioethics, 1992, 13(2): 217 - 231.

② 刘俊婉.从诺贝尔奖现象看科学创造的特征[J].科学学研究,2009,27(9):1289 - 1297.

③ 路甬祥.规律与启示——从诺贝尔自然科学奖与20世纪重大科学成就看科技原始创新的规律[J].西安交通大学学报(社会科学版),2000(4):3 - 11.

每一位物理学家不可能排出 98 项奖励的等级,因此这些奖励被分组列在五个问卷中。声誉分值是通过对样本物理学家所指定的等级取平均值而计算出来;而每一项奖励的知名度由那些对它了解得足够多、完全能给它定等级的物理学家的百分比来度量。在计算奖励声誉的得分时,他们把问卷所得的值倒过来,以便使一项奖励所得的值越高时,它的声誉得分越高。[①]

综上所述,学界对科学技术奖励声誉的已有评价,一方面一致认可诺贝尔奖是科学界至高无上的荣誉;另一方面通过问卷调查对一些奖励的声誉进行定量评价。然而,针对多个学科领域内的国际科学技术奖项的声誉调查,还未开展过。

二、科学技术奖励声誉的影响因素

全世界的科学技术奖励中,有的誉满全球,有的默默无闻。造成这种反差的原因很多。

科尔兄弟在问卷调查测量 98 项奖励声誉的基础上,对奖励声誉与知名度进行了实证研究。这里将他们的研究结果总结如下:① 拥有最高声誉的荣誉(诺贝尔奖和美国国家科学院院士)的科学家,包揽了所有其他的高声誉奖励。② 科学家所获得的荣誉奖励的总数量、最高奖励的声誉,几乎与每一科学成就的其他承认指标都高度相关。③ 根据奖励资料和调查结果的数据,通过构建一个包括奖励声誉、知名度以及其他奖励特征在内的零阶相关矩阵发现,奖励声誉与知名度的相关性最强(0.74);奖励的范围(被定义为从中抽取获奖者的样本的大小)也与知名度强烈相关(0.50);由引证来度量的获奖者研究质量、奖励金额和近年来获奖者的数量都与奖励的知名度中等相关(相关系数在0.20~0.40 之间)。④ 根据所构建的零阶相关矩阵,建立了一个与之最相符的路径模型,以体现这些变量对知名度的独立影响。路径模型如图 2-1 所示,表明唯一对奖励知名度有一点实实在在的独立影响的变量是声誉。所有的其他变量是通过其对声誉的影响间接地影响知名度。[②]

---

① 乔纳森·科尔,斯蒂芬·科尔.科学界的社会分层[M].赵佳苓,顾昕,黄绍林,译.北京:华夏出版社,1989:52.

② 乔纳森·科尔,斯蒂芬·科尔.科学界的社会分层[M].赵佳苓,顾昕,黄绍林,译.北京:华夏出版社,1989:58-63.

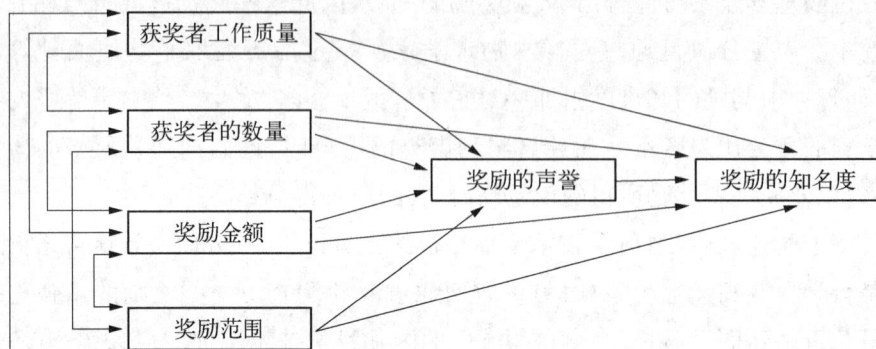

图 2-1　奖励的知名度路径模型

资料来源：乔纳森·科尔，斯蒂芬·科尔.科学界的社会分层[M].赵佳苓,顾昕,黄绍林,译.北京：华夏出版社,1989：60.

科尔兄弟还对路径模型做了以下解释：① 获奖者研究的质量对奖励的知名度没有什么直接影响，而且对声誉仅有中等影响。从对奖励知名度和声誉与获奖者的平均被引证次数的分析可知，荣誉奖励，无论其知名度大小，都几乎无一例外地被授予那些按任何标准来说都是在其领域中第一流的科学家。② 奖励要为人所知不仅必须具有高的声誉，而且科学共同体中必须要有一定数量的获奖者。可是，如果获得某项奖励的科学家非常多，那么任何一个获得这项荣誉奖励的人也许会觉得它不具有重要意义。③ 带有奖金的奖励无论是对知名度还是声誉都只有很小的影响。数据表明，一项奖励的知名度和声誉实际上并不依赖于与之附随的奖金数额。单单是金钱并不使一项奖励知名或具有声誉。事实上存在着一些具有不同程度的知名度和声誉的奖励也包含着数量可观的奖金，也存在着一些具有相当声誉和广泛知名度，但并不奖给获奖者以金钱的奖励。①

王炎坤等是在研究科学技术奖励的社会分层这一问题时，阐述了声誉与知名度的关系以及影响具体奖励声誉的主要因素。首先，对具体奖项的社会承认而言，最能够表征"承认"程度的指标是声誉，而不是知名度。声誉与知名度的关系可以概括为，声誉高的知名度一定大，但知名度大的声誉不一定高。其次，从科学技术奖励的社会运行来看，影响具体奖项声誉的主要因素主要有

① 乔纳森·科尔，斯蒂芬·科尔.科学界的社会分层[M].赵佳苓,顾昕,黄绍林,译.北京：华夏出版社,1989：58-63.

获奖者的工作质量、奖金、获奖者数量、奖励范围和奖励制度。具体来看这些因素对声誉的影响：① 获奖者的工作质量。具体奖项对"优秀"的认可程度存在着差异。这种差异反映了对工作成绩质量评价的参照系不同。尽管每一个奖项均认为它们的获奖者工作质量非常优秀，但从社会整体来看不同奖项获奖者的工作质量是有差异的。获奖者的工作质量高，奖项的声誉就高；工作质量低的，奖项的声誉就可能低。② 奖金。从科学共同体的层面看，不同类型科学家对奖金的态度有差别，但从整个社会层面来看，由于一般人对具体获奖者的工作质量无法准确了解，奖金数额自然就会成为代表奖项声誉的重要标志。③ 获奖者数量。科学技术奖励具有稀缺性，即只有少数科学家享有奖励的荣誉桂冠，可以用获奖者数量与科学家数量的比值来定量表示。如果所有科学家都可以获得同样的一种奖励，那么这种奖励的荣誉价值就降至为零了。稀缺性直接影响奖励的声誉，获奖者数量与科学家数量的比值越小，奖项的声誉越高；比值越大，声誉越低。④ 奖励范围。奖励范围指的是学科和地域。对于单项奖而言，其他条件相同时，奖项涉及的学科层次越高，获奖者数量与科学家数量的比值越小，奖项的声誉自然就高。单项奖所涉及的学科性质也会影响到奖项的声誉。此外，对于综合奖而言，当获奖者数量一致时，获奖者数量与科学家数量的比值小于单项奖，因而综合奖的声誉高于单项奖。最后，当其他因素都相同时，奖项涉及的地域范围越大，声誉就越高。⑤ 奖励制度。奖励制度包括制定奖励规则、确定获奖候选人、评审和授奖四个步骤。这个制度的公正性和权威性都会影响奖项的声誉。例如，最能体现普遍性规范的奖项荣誉有较高的声誉；相反，那些对奖励对象的非学术方面的个人因素限制太多的奖项可能声誉就低。他人陈述推荐的奖项比自己陈述申请的奖项容易有较高的声誉。此外，评审专家的权威性和代表性、评审指标的合理性、评审程序的公正性，以及授奖仪式的隆重程度和媒体的关注度都会影响奖项的声誉。①

　　姚昆仑认为，影响奖励知名度和声誉的因素很多，并不仅仅是科尔兄弟归纳的那几项，总结起来有设奖的时间（历史）、奖励成果的水平或获奖人的影响力、奖项名称、奖金强度、奖励频度、颁奖的规格、固定的颁奖日期、宣传造势等。这些都是影响科学技术奖励声誉的重要因素。但对某一个奖项而言，其

---

① 　王炎坤，钟书华，等.科技奖励论[M].武汉：华中理工大学出版社，2000：113-117.

中的某种或若干因素对声誉的影响举足轻重。①

对于影响奖项声誉的因素,还有其他一些佐证。例如,朱克曼认为,诺贝尔奖给它的获得者带来极大荣誉,把他们提高到科学界超级精英的最高地位的同时,如果获奖者成就之大远远超过为获得奖项所必须具备的资格,那么此时就是获奖人给奖项带来荣誉,而不是相反。"如果诺贝尔奖在 17 世纪就存在的话,几乎可以肯定会授予牛顿、胡克、波义耳和伽利略。同样肯定的是,他们接受奖项就会给奖项带来荣誉和提高奖项的威信,并且将给其他被邀请加入这些伟人行列的人们带来更多的骄傲、愉快和更高的地位。"②

综上所述,不同的研究者分析科学技术奖励声誉的影响因素所出发的视角不同,归纳的影响因素也不尽相同。但总体上,已有研究均认为科学技术奖励的声誉是受多因素共同影响的,科学技术奖励的属性特征是影响奖励声誉的主要因素。此外,已有研究多是理论分析,缺乏定量研究的支撑。

三、科学技术奖励的象征作用

由于科学技术奖励是获奖者取得值得褒奖的突出成就的象征,奖励及其带来的威信已经被用于各种不同的目的,有些符合奖励的初衷,即将奖励作为一种衡量科学人才的尺度,很多则被用来赋予各种投机行为——意识形态的、政治的、商业的和军事的——以合法性。③ 科学技术奖励无论是作为衡量人才的尺度,还是作为授予其他行为合法性的依据,其来源都是其自身的声誉。科学技术奖励的声誉大小直接关系到获奖人的专业成就、个人名誉、社会地位和话语权等,从而使科学技术奖励具有了象征意义。

以诺贝尔奖为例,科学家和其他人已经认识到,诺贝尔奖获得者的名字,特别是很多名字凑集在一起的时候,对科学和公共政治问题具有重大的影响。这种获奖人的个人的和集体的权威在科学问题上表现得最为明显。④ 更接近

---

① 姚昆仑.科学技术奖励综论[M].北京:科学出版社,2008:167.
② 哈里特·朱克曼.科学界的精英——美国的诺贝尔奖金获得者[M].周叶谦,冯世则,译.北京:商务印书馆,1979:15.
③ 哈里特·朱克曼.科学界的精英——美国的诺贝尔奖金获得者[M].周叶谦,冯世则,译.北京:商务印书馆,1979:31.
④ 哈里特·朱克曼.科学界的精英——美国的诺贝尔奖金获得者[M].周叶谦,冯世则,译.北京:商务印书馆,1979.

奖励初衷的是，"诺贝尔奖作为最高成就的象征所具有的越来越大的比喻作用意味着同获奖人的联系被用来在各种社会实体之间竞相博取威信：国家之间和大学之间，企业公司之间和研究机构之间"①。诺贝尔奖几乎从一开始就被用来作为"衡量各国和各组织在科学上的地位的普遍尺度"②。

鉴于科学技术奖励的象征作用，很多大学、科研院所在介绍自己机构的水平时，都会把获得科学技术奖励的数量和质量作为杰出成就的标志。这些组织把获得科学技术奖励当作一种集体荣誉和精神财富。③ 就以科学技术奖励作为炫耀或衡量的具体尺度而言，"最高级的大学一般限于指出重要的科学奖励获得者；那些只有第二流或第三流威信的大学不会忽略它们拥有的任何种类的奖励获得者"④。然而，用来计算和宣称拥有科学技术奖励获得者的标准各有不同，它们反映了那些用获奖人来炫耀自己的不同做法。"分沾奖励的荣誉并不局限于目前在其中工作的单位。凡是获奖人曾在任何时候和以任何方式在那儿待过的每一个机构都能够而且的确从这件事中沾了光。"⑤由此，科学技术奖励的象征性使得获得奖励，尤其是获得高层次奖励的数目被认为是衡量科研机构成绩如何的一个相对客观的尺度。⑥

第三节 科学技术奖励之间的关系

一、科学技术奖励的社会分层

在科学的社会中，"大多数科学家都意识到，科学是一个高度分层的体制"。⑦

① 哈里特·朱克曼.科学界的精英——美国的诺贝尔奖金获得者[M].周叶谦,冯世则,译.北京：商务印书馆,1979：35.
② 哈里特·朱克曼.科学界的精英——美国的诺贝尔奖金获得者[M].周叶谦,冯世则,译.北京：商务印书馆,1979：35.
③ 王炎坤,钟书华,等.科技奖励论[M].武汉：华中理工大学出版社,2000：95.
④ 哈里特·朱克曼.科学界的精英——美国的诺贝尔奖金获得者[M].周叶谦,冯世则,译.北京：商务印书馆,1979：44.
⑤ 哈里特·朱克曼.科学界的精英——美国的诺贝尔奖金获得者[M].周叶谦,冯世则,译.北京：商务印书馆,1979：40.
⑥ 王炎坤,钟书华,等.科技奖励论[M].武汉：华中理工大学出版社,2000：95.
⑦ 乔纳森·科尔,斯蒂芬·科尔.科学界的社会分层[M].赵佳苓,顾昕,黄绍林,译.北京：华夏出版社,1989：40.

"无论我们是把科学分成个人的阶层,还是根据学科或者国家所产生的科学思想来考虑这个问题,我们都会看到在声望和奖励分配上的明显的不平等。"[①]对于科学家的社会分层,社会学家朱克曼以美国为例做出了很好的描述,"与在美国的每个诺贝尔奖获得者相对而言,有大约 6 800 位自封的科学工作者,4 300位载入《全国科技人员登记册》的科学家,2 600 位有足够资格列入《美国男女科学家》一书中的科学家,还有 2 400 位获有博士学位的科学家,而更上一层的是大约 13 位全国科学院院士。"[②]形象地说,朱克曼把科学界的分层结构描绘为一个底部宽广、塔尖耸立的金字塔。塔基由数量庞大的普通科学工作者构成。而居于塔尖的则是那些享有最高学术威望、获得过最高学术荣誉的人。

明显区别于其他社会领域,在科学社会中决定科学家分层的标准不是经济因素和政治因素,收入多寡和权力大小并不会对科学界分层产生多大影响,即使在科学家之间存在明显的收入差距,其分层意义也比要远小于其他社会部门。实际上真正影响科学界分层的是科学家所做出的知识贡献。[③] "在科学活动中,对知识的独创性贡献得到最高的评价。除了少数例外,属于一个人或一个职位的声望,是他们在何种程度上已经或预期会取得独创性贡献的一个函数。对科学知识的贡献是分层体系的支柱。"[④]对于一部分科学家来说,由于他们做出了重要的贡献而获得很高的知名度和学术声誉,逐渐从一般科学家中脱颖而出成为精英。而对于大多数科学家来说,由于对科学的贡献相对较小而始终名声不大或默默无闻,从而产生了分层现象。概括起来就是,科学家由于所做出的贡献不同以及由此而获得的荣誉和声望的不同,因而占据了科学界分层的不同位置。

与科学家的社会分层相对应,科学技术奖励制度也是一个分层体系。科学技术奖励的社会分层就是对科学技术奖励进行等级分类,即根据一定的标

---

① 乔纳森·科尔,斯蒂芬·科尔.科学界的社会分层[M].赵佳苓,顾昕,黄绍林,译.北京:华夏出版社,1989:49.
② 哈里特·朱克曼.科学界的精英——美国的诺贝尔奖金获得者[M].周叶谦,冯世则,译.北京:商务印书馆,1979:14.
③ 叶继红,谭文华.科学社会学新探[M].合肥:合肥工业大学出版社,2010:78.
④ 乔纳森·科尔,斯蒂芬·科尔.科学界的社会分层[M].赵佳苓,顾昕,黄绍林,译.北京:华夏出版社,1989:49.

准去判定具体奖励之间的相对位置,从而把奖励划分为不同的层次。① 尚智丛在介绍国外科学技术奖励制度时,认为美国的科学技术奖励大致可以分为五个层次:第一层次是由国家设立、总统亲自颁发的奖励;第二层次是美国政府某个部门设立的国家级科学技术奖励;第三层次是由美国各级地方政府设立的科学技术奖励;第四层次是由美国高等院校、研究机构、民间学术团体等设立的各种奖励;第五层次是由美国各公司设立的各种奖励。而日本的科学技术奖励体系是由中央政府和各省厅、地方都道府县及民间团体负责的三个层次构成的。② 王炎坤等也将我国的科学技术奖励按照不同维度进行了分层,按奖励涉及的地域范围划分,我国科学技术奖励可分为国际奖、国家级奖、省级奖和地方奖;按行政隶属关系,可分为中央政府各部委奖、厅局级奖和基层单位奖;按学科领域,可分为综合奖、科技奖、一级学科奖和二级学科奖;此外如果把一个奖励的获奖者分为若干等级,那么奖励内部的分层为特等奖、一等奖、二等奖和三等奖等。③ 可见,科学技术奖励的分层现象是普遍存在的。尚宇红还根据科学技术奖励的功能将科学技术奖励体系分为保健层、基本承认层、提高层和特别奖励层,分别发挥鼓舞大众士气、承认科研成果、确定社会级别和鼓励走向最佳的激励功能。④ 按照尚红宇的分类,国际科学技术奖项属于特别奖励层。

虽然科学家在增进知识上的贡献大小不一,而且收入和财富对科学家的分层意义也不重要,但科学家们都追求科学王国中的基本通货——"承认"。"科学中的承认在功能上与财富相当;而且,'承认'的权利对科学家来说的确是不可剥夺的;同行的承认大概也是现代科学中主要的激励因素。因为承认对科学家来说是如此的重要,所以必须有一个奖励系统,来确认科学的杰出成果并授予荣誉,无论它是在何处被发现的。"⑤按照功能主义理论的观点,社会分层对于满足一个复杂的社会系统的要求是必需的。在任何社会中,均有某

① 王炎坤,钟书华,等.科技奖励论[M].武汉:华中理工大学出版社,2000:112.
② 尚智丛.科学社会学——方法与理论基础[M].北京:高等教育出版社,2008:131.
③ 王炎坤,钟书华,等.科技奖励论[M].武汉:华中理工大学出版社,2000:123.
④ 尚红宇.科技奖励体系分层研究[J].哈尔滨工业大学学报(社会科学版),2001,3(1):93-97.
⑤ 乔纳森·科尔,斯蒂芬·科尔.科学界的社会分层[M].赵佳苓,顾昕,黄绍林,译.北京:华夏出版社,1989:50.

些位置在功能上比其他位置更重要,需要更胜一筹者去占据。因此,根据功能理论在科学技术奖励领域的逻辑展开,科学技术奖励的社会分层是必需的,因为它能满足科学共同体成员渴望得到承认的多层次需求。①

在科学技术奖励分层结构中,奖励之间在分层结构中的不同地位,是由对奖励的社会承认,即对该奖励声誉的一种综合评价决定的。声誉高的奖励,在社会分层中的位置自然高;声誉低的位置自然低。将科学技术奖励的分层过程展开来看,某具体奖励在设立初期,一般都通过界定奖励的对象来反映其预期的功能定位,即确定该奖励在未来奖励社会分层中的位置。之后,设立之初就在奖励金额、奖励范围、获奖者声誉等某些因素具有竞争优势的奖励,其优势会随着奖励活动的持续进行不断地积累起来,使奖励获得较高的声誉,引起科学共同体内部和外部的注意,实现上位。而相对而言不具备优势的奖励则在奖励分层结构中自然而然的处于了下位。这种"优上劣下",使每个奖励都达到合理的位置,从而实现了奖励的社会分层。②

此外,奖励的社会分层不是一成不变的,而是处于一种动态的平衡状态。这是因为位于高层次的奖励由于影响其社会声誉相关因素的变化,可能降到低层次;而有的奖励由于对影响声誉的相关因素的控制和强化,会赢得较高的声誉,实现分层地位的上升。最后,新奖励的出现,会导致其他奖励地位的相对变化。③ 代表性的实例有,诺贝尔奖设立之初,以其授奖标准高、授奖学科多、奖励金额大的特点,获得了广泛关注,而其光芒使得当时的其他奖项"黯然失色"。

二、具体科学技术奖励之间的关系

对于具体科学技术奖励之间的关系,已有研究以诺贝尔奖为例,分析了诺贝尔奖与其他若干知名奖项的关系。美国社会学家朱克曼(Harriet Zuckerman)认为,诺贝尔奖的出现对科学技术奖励系统产生了重要影响,引起或者激发了"诺贝尔奖补充型"奖项(Nobel complements)和"诺贝尔奖替代型"奖项(Nobel surrogates)这两类奖项的设立。前者奖励那些在其他领域而

---

① 王炎坤,钟书华,等.科技奖励论[M].武汉:华中理工大学出版社,2000:118.
② 王炎坤,钟书华,等.科技奖励论[M].武汉:华中理工大学出版社,2000:119-121.
③ 王炎坤,钟书华,等.科技奖励论[M].武汉:华中理工大学出版社,2000:122.

非科学领域产生的杰出成就,如奖励领域集中在宗教部分或科学与宗教交叉部分的邓普顿奖(Templeton Prize)。后者奖励那些做出了诺贝尔奖水平贡献的,但由于诺贝尔奖颁奖数量、学科等条件的限制而遗憾没有机会获得诺贝尔奖的科学家,如数学领域的菲尔兹奖、工程领域的德雷珀奖(Charles Stark Draper Prize)、地球科学领域的维特勒森奖、环境科学领域的泰勒环境成就奖(Tyler Prize for Environmental Achievement)以及在多个诺贝尔奖未覆盖的学科颁发的克拉福德奖(Crafoord Prizes)等。[1]

这两大类奖项的出现深刻改变了科学技术奖励体系的顶层结构。从这种视角看,一些奖项更像是出于作为已有奖项的补充而设立的。每个新设立的奖励力图在科学技术奖励体系中找到自己的定位而避免与其他奖励过多重叠。

然而,无论是从分层理论还是从个别奖励的分析视角,都不能直观呈现和分析大样本奖励之间的关系。对于科学技术奖励之间的关系也缺乏定量实证研究的支撑。

本 章 小 结

本章根据本书选题确定的研究方向,对科学技术奖励的本质、形式和效应,科学技术奖励的声誉,科学技术奖励之间的关系,以及科学技术奖励的象征作用的研究文献进行了梳理和归纳。首先,理论界虽从多个角度论述科学技术奖励的本质,但均从奖励是对做出突出贡献的科学家给予承认这个基点来展开的。对于奖励的形式,普遍被公众熟知的形式是以象征荣誉的奖章等奖品为奖励的奖项。奖项作为本研究的对象,是一种制度性的精神奖励,而且一些奖项还会有数额不等的奖金等作为物质奖励。各类科学技术奖励为科学家带来了激励、荣誉以及其他优势,从而产生了增强效应、马太效应、时间效应和整体效应。其次,对于科学技术奖励的声誉的评价,已有研究一方面对诺贝尔奖在奖励系统中的至高无上的地位给予了肯定;另一方面对一些奖励的声

---

[1]　Zuckerman H. The Proliferation of Prizes：Nobel Complements and Nobel Surrogates in the Reward System of Science[J]. Theoretical Medicine and Bioethics，1992，13(2)：217 - 231.

誉采用问卷调查的方法进行定量评价。对于科学技术奖励声誉的影响因素，已有研究从理论上归纳了影响奖励声誉的各种主要因素。再次，对于科学技术奖励之间的关系，有的研究从声誉这个视角，认为科学技术奖励存在一个基于声誉高低的分层结构；有的研究从若干具体奖励的颁奖范围等属性特征出发，分析它们之间的相互关系。最后，对于科学技术奖励的象征作用，已有研究认为这是奖励作为衡量科学人才尺度和科研评价指标的根源所在。

　　总结发现，已有研究在研究对象上，主要以抽象的科学技术奖励作为研究对象，而非以实际存在的奖项作为研究对象。这类研究没有区分具体的奖励形式，模糊了不同奖励形式之间的差异，只是提取出不同奖励形式的共性要素、特征和规律进行研究，因而无法呈现出现实中奖项的现状以及奖项之间的相对重要性，缺乏实践价值。即使是以实际奖项作为对象的研究，要么像朱克曼那样专注于诺贝尔奖这种万众瞩目的个别奖项而忽视了其他的奖项，缺乏对大样本奖项的整体研究；要么像科尔兄弟的实证调查，虽然涉及了数量较多的奖励，但只覆盖了物理学，且没有明确区分具体的奖励形式。在科尔兄弟对奖励知名度和声誉的调查中，除了涉及诺贝尔奖等奖项外，还涉及国家科学院院士、皇家学会会员等具有隶属性质的荣誉，以及国家科学基金会研究员、福特基金会研究员等这样的职务荣誉。因而针对国际科学技术奖项这种特定形式、覆盖广泛学科领域的大样本的研究还非常匮乏。此外，在研究方法和内容上，已有研究多为定性的理论研究，缺乏定量的实证研究。已有研究主要在科学社会学的范畴内研究科学技术奖励的本质、形式、效应、声誉等。这些研究多依赖于对科学技术奖励的普遍认识的总结归纳，多注重对科学家职业特征和行为的分析。这些理论研究为人们理解科学技术奖励这一现象提供了充分的理论基础和解释。然而，很多研究结果理论性过强，但缺乏实践价值。尤其是对于大样本奖项之间的相对重要性和相对关系等问题，则需要通过定量的实证研究予以回答。

　　综上所述，回应已有研究的不足，本书的研究立足于大样本数据，以国际科学技术奖项这一特定奖励作为研究对象，以定量分析为主要研究方法，实证研究奖项间的相对重要性和它们之间的相对关系。

第三章
国际科学技术奖项的研究方法

本章从研究的科学性和可操作性出发，对国际科学技术奖项及其声誉的概念进行了界定，对研究的奖项样本的来源和筛选过程、相关数据的搜集和清理、有关奖项声誉的问卷调查的设计和实施过程、绘制奖项图谱的方法等进行了详尽的陈述。

第一节　相　关　概　念

一、国际科学技术奖项

"国际科学技术奖项"是本书的研究对象。作为社会奖励系统的一个组成部分，国际科学技术奖项是在科学技术领域内提供的国际性奖励项目。

本研究使用"科学技术奖项"一词，而非"科技奖励"、"科学技术奖励"、"科技奖项"等概念，主要是出于以下原因：一是，本研究的研究对象是实体的奖项，是奖励的载体，而不是抽象的、概念化的奖励。二是，人文学科与社会科学并不被普遍认识的"科技"概念所覆盖。我国用"科技"一词将"科学"与"技术"合并称呼的现象大约出现在 20 世纪 50 年代中期。"科技"这个词作为科学与技术的合称，理论上在其外延应该包括科学和技术两者，其含义应是科学与技术两个概念的内涵的整合，然而实际上并非如此。在中国当下的社会文化的语境中，"科技"这个术语从体制上说是"自然科学"和"技术"的总称；从观念上说是"科技性的技术"。① 无论是在学术界，还是在现实社会中，人们在谈到"科

---

① 吴海江."科技"一词的创用及其对中国科学与技术发展的影响[J].科学技术与辩证法，2006(5)：88-93.

技"时,几乎很少把"社会科学"纳入其中。三是,"科技"一词虽然反映了科学与技术发展的一体化特点,但也给我国学术界造成了一定的混乱,科学、技术、科技这三个概念时常被互相替代。① 吴大猷先生就指出:"我们通常将基础科学、应用科学与技术三者,笼统地用'科技'两字包括起来,其实这个简称,已引致了社会上许多人,对科学和技术的混淆了解,和因此而来的政策和措施上的偏差。"② 相对而言,"科学技术"这个概念,一方面可以被理解为是人类有关自然界和人类社会运行规律的知识体系,包括社会科学知识、自然科学知识以及技术知识等;另一方面可以被理解为人们为了扩大其知识储备及应用而进行的各种理论探索活动,包括研究开发、技术创新、工艺设计等等。③ "科学技术"作为"科学"与"技术"的复合概念,全面覆盖了各学科领域内技术化的科学内容以及科学化的技术内容,符合本研究选定研究对象的要求。

此外,"科学圈子是超越国家界限的。"④科学技术活动是无国界的,是国际性的。科学技术活动其核心、独特的使命是知识的生产和技术的开发。知识和技术就其本性而言,具有可共享性,即可以超越民族和国家的界限而为人类所共同拥有。这是科学技术活动国际化的根据。⑤ 而科学技术活动国际化的组织保障是由从事实际研究工作的科学家组成的团体——科学共同体。科学共同体的成员们舍弃了地域上的限制,受过大致相同的专业训练,工作在相同或非常相近的研究领域,保持着密切联系,并遵循着同样的规范。⑥ 科学共同体之所以会成为科学技术活动国际化的制度性载体,在于"科学共同体的一个主要特点就是,原则上它是没有国家界限的。在学术科学中,每一个无形学院的成员都是超越国界的。……尽管研究的资源来自各国政府或像联合国这样的国际组织,但科学家本身却是世界科学共同体的成员,而不是国际文职人员或他们各自国家的公民。"⑦因

---

① 眭纪刚.科学与技术:关系演进与政策含义[J].科学学研究,2009,27(6):801-807.

② 吴大猷.吴大猷科学哲学文集[M].北京:社会科学文献出版社,1996:326.

③ 王春法.当代科学技术发展的基本特点及其含义[J].学习与实践,2002(11):34-38.

④ 黛安娜·克兰.无形学院——知识在科学共同体的扩散[M].刘珺珺,顾昕,王德禄,译.北京:华夏出版社,1988:59.

⑤ 李正风,曾国屏,杜祖贻.试论"学术"国际化的根据、载体及当代特点与趋势[J].自然辩证法研究,2002,18(3):32-34.

⑥ 叶继红,谭文华.科学社会学新探[M].合肥:合肥工业大学出版社,2010:83.

⑦ 约翰·齐曼.元科学导论[M].刘珺珺,张平,孟建伟,等,译.长沙:湖南人民出版社,1988:250-251.

而,由科学技术活动国际性导致的一个直接结果就是对科学技术成果和贡献的承认、褒奖也是可以跨越国界,在世界范围内的科学共同体内实施。本研究所聚焦的国际科学技术奖项就是在奖励对象上突破国籍限定,对国际科学共同体成员的突出成就和贡献给予承认的奖项。

综上所述,国际科学技术奖项的概念可以普遍界定为:对世界范围内科学共同体的成员在科学技术活动中所取得的突出成就和做出的突出贡献给予奖励的项目。国际科学技术奖项的本质内涵仍是奖励。这种奖励是授奖方对在科学技术活动中出现的突出成就及其完成者给予的承认。国际科学技术奖项的形式一般是由奖章等奖品或者证书构成的荣誉象征,是一种精神奖励;而且一些奖项还有数额不等的奖金等作为物质奖励。具体奖项的中文名称一般是"某某奖"或"某某奖章",英文名称一般冠以"award"、"prize"和"medal"的称号。国际科学技术奖项区别于其他类型奖项的核心特征是对获奖候选人的遴选突破了一国国籍的限定,是国际性的奖励。

二、国际科学技术奖项声誉

本研究以国际科学技术奖项为研究对象,研究内容关注的是奖项的声誉。目前,国内外经济学界对声誉的研究非常广泛和深入,研究对象主要是企业声誉。在此,本研究先梳理一下企业声誉的概念,之后在借鉴这些概念的基础上,来界定国际科学技术奖项的声誉。

Fombrun 和 Van Riel(1997)在总结以企业声誉为主题的文献,并相对忽略企业和它们环境的特征的基础上,将声誉置于六个维度下进行解析:① 经济学视角:在经济学家眼中,声誉是特征(traits),也是信号(signals)。博弈论的学者们将声誉描述为区分不同企业的品格特性,并认为声誉可以用来解释他们在博弈环境下的战略选择和战略行为。信息理论的学者将人们的注意力转移到声誉的信号功能上,将声誉视为在各个利益相关者之间交换和传播的、反应博弈方历史记录和特征的信息。在企业及其产品的多数特征不被人们掌握的情况下,声誉作为一种认知的信息信号,可以增强人们对企业产品的信心。虽然侧重不同,博弈论和信息理论的学者们都承认声誉是外部观察者对企业的认知(perceptions)这一事实。② 战略管理的视角:对于战略家而言,声誉是资产(assets),是移动壁垒(mobility barriers)。声誉是来自企业独一无二的内部特征,其形成是需要时间的,因而声誉是很难复制的、具有惯性的。因此,已建立的声誉就成为有价值的能够带来回报的无形资产,并且还能限定自己的行为和限制对手的反应。③ 营销理论的视角:市场营销研究中,声誉经常被理解为"品牌形象"(brand image),体现了信息加工的本质,产生了外界主体们脑海中的画面,向直接面对或间接面对的外界主体提供认知和情感意义的线索。④ 组织理论的视角:对于组织理论的学者,企业声誉根植于雇员的意义建构(sense-making)的经历,来源于共享的企业文化和价值观以及强烈的身份意识。⑤ 社会学的视角:组织社会学家认为,声誉是在企业及其利益相关者构成的社会网络中建立起来的。声誉是企业合法性的指标,是在社会网络背景中根据期望与规范对企业表现做出的集合性评价。可见,社会学家侧重声誉形成过程中的多方参与和相互联系。⑥ 会计学的视角:会计学的专家学者强调将声誉作为应计算其经济价值的一种重要的无形资产进行管理。① 这些维度对于人们理解声誉的实质和作用非常有价值。在梳理以上六个维度的理论观点的基础上,Fombrun 将企业声誉的概念提炼为:对企业的信用(trustworthiness)和可靠性(reliability)做出的主观的、集合性的评价。②

此外,Bennett 和 Kottasz(2000),以及 Walker(2010)先后系统梳理了学术界对声誉或企业声誉的定义,③④去除重复整理后详见表 3-1。其中,前 16 项(a~p)概念是由 Bennett 和 Kottasz 梳理的,之后的 9 项是由 Walker 梳理的。Bennett 和 Kottasz 还在梳理概念的基础上总结了 6 项学术界看待声誉的相同视角和关注点:一是感知、认知的维度(cognitive-perceptual dimension),与其对应的定义有 a、d、h、j、m、n、o、p、q、r、s、t、v、w、x;二是历史的维度(historical dimension),与其对应的定义有 c、d、f、g、i、j、k、m、n;三是质量和行为(qualities and behavior),与其对应的定义有 b、c、d、i、m、n、o、v、w;四是利益相关者(stakeholders),与其对应的定义有 b、d、e、j、k、l、r、s、u、v、w、x;五是

① Fombrun C J, van Riel C B M. The Reputational Landscape[J]. Corporate Reputation Review, 1997, 1(1): 5-13.

② Fombrun C J, van Riel C B M. The Reputational Landscape[J]. Corporate Reputation Review, 1997, 1(1): 5-13.

③ Bennett R, Kottasz R. Practitioner Perceptions of Corporate Reputation: An Empirical Investigation[J]. Corporate Communications: An International Journal, 2000, 5(4): 224-235.

④ Walker K. A Systematic Review of the Corporate Reputation Literature: Definition, Measurement, and Theory[J]. Corporate Reputation Review, 2010, 12(4): 357-387.

形象(image)，与其对应的定义有 a、h、j、l、p、q、s、u；六是期望(expectations)，与其对应的定义有 e、i、j。[①] 由此可见，声誉的内涵非常丰富。

表 3-1　声誉或企业声誉的定义

定　　义	来　　源
a. 企业的声誉是顾客对企业知名度、好坏的程度、可信度的认知。	Levitt (1965)
b. 企业声誉是企业在竞争的过程中形成的。在这个过程中，企业向受众传递其特征的信号，以最大程度的提高其社会地位。	Spence (1974)
c. 企业声誉是一个企业的经济属性与非经济属性的一个集合体，能从企业历史行为中判断出来。	Weigelt and Camerer (1988)
d. 声誉体现了顾客、选民等群体经历一段时间对某一个机构累积起来的判断，是根据对这个机构实质性和象征性行为的社会建构的认知形成的。	Fombrun and Shanley (1990)
e. 声誉体现了关键的利益相关者对企业产品、实践和表现的期望。	Sever and Fombrun (1992)
f. 企业声誉是指存在于对企业历史行为的集体回忆中的企业价值。	Smythe et al. (1992)
g. 企业的声誉反映了其过去行为的历史表现。	Yoon et al. (1993)
h. 企业声誉是由公众对企业形象的评价。	Dowling (1994)
i. 声誉是对某一实体的特征和行为能随着时间保持一致性的估计。	Herbig and Milewicz (1995)
j. 企业声誉是一个企业与其他领先的竞争对手相比，凭借过去的行为与未来的前景对所有关键的利益相关者产生的吸引力在认知层面的表达。	Fombrun (1996)
k. 企业声誉是一个企业的历史行为和成果的集合表征，体现了这个企业向多方利益相关者传递积极成果的能力。对内部员工和外部利益相关者而言，声誉衡量着一个企业在竞争体制环境中的地位。	Fombrun and Rindova (1996)
l. 企业的声誉指的是一个企业的雇员、顾客、客户、供应商、投资者、团体成员、媒体及其他利益相关者对其意见、认知和态度的集合。	Post and Griffin (1997)
m. 企业声誉是指经过一段时间产生的，对企业行为的看法和认知。	Balmer (1998)

①　Bennett R, Kottasz R. Practitioner Perceptions of Corporate Reputation: An Empirical Investigation[J]. Corporate Communications: An International Journal, 2000, 5(4): 224-235.

续表

定　义	来　源
n. 企业声誉指的是对企业属性特征的价值判断,随着时间的推移由一致性的表现所形成,能通过有效的交流得到加强。	Gray and Balmer (1998)
o. 声誉可以被视为一组属性及它们间相互关系的组合,被社会认知环境中的一群人所共享。	Andersen et al.（1999）
p. 企业声誉是指对一个充当特定角色或几种角色的企业的大量信息的速写式的评估,在不需要多余信息且存在一定危险、变数的情况下被用于做出决定。	Schweizer and Wijnberg (1999)
q. 企业声誉是相对于其他企业,公众对某个企业名称或品牌的情感性评价。	Cable and Graham (2000)
r. 企业声誉是一个企业的利益相关者对其做出的评价。	Deephouse (2000)
s. 声誉是一个利益相关者群体和兴趣群体对一个人或其他实体明显的集体印象的表达。	Bromley (2001)
t. 声誉是他人对一个人、物体或行为的有利或不利的评价。	Mahon (2002)
u. 组织的声誉是一个组织从其利益相关者处获得的关于其身份宣示的可信性的一种反馈。	Whetten and Mackey (2002)
v. 声誉是相关利益者对一个组织与其竞争者相比创造价值的能力的认知。	Rindova et al. (2005)
w. 声誉是消费者对制造商感知质量的主观评价。	Rhee and Haunschild (2006)
x. 企业声誉是各类相关利益者所认知的一个企业的关键特征的集合体。	Carter (2006)
y. 企业声誉是观察者们根据对一个企业的经济、社会和环境的长期影响的评估而做出的集体性判断。	Barnett et al. (2006)

资料来源：Bennett R, Kottasz R. Practitioner Perceptions of Corporate Reputation: An Empirical Investigation[J]. Corporate Communications: An International Journal, 2000, 5(4): 224 - 234. Walker K. A Systematic Review of the Corporate Reputation Literature: Definition, Measurement, and Theory [J]. Corporate Reputation Review, 2010, 12(4): 357 - 387.

还有 Barnett(2006)等也对声誉的概念进行了梳理和提炼。Barnett 认为,没有一个单一的对声誉的定义能够被普遍接受,能够涵盖许多独特的含义及其之间的显著的差异。他在梳理以往文献中对声誉的定义后,将这些声誉概念陈述中的含义分为三个集群:第一类是认知(awareness)。这类定义将声誉视为观察者或利益相关者对企业的一个综合的认知,而不做出判断。第二类是评价(assessment)。这类定义都指出声誉是观察者或利益相关者对企业做出的一种评价(a judgment, an estimate, an evaluation or a gauge)。第三类是资产(asset)。这类定义将声誉视为对企业有价值、有意义的资产。这类定义中,声誉是一种资源,是一种无形的、经济的资产。① 这三类定义集群可以有效压缩声誉概念的篇幅,便于人们把握声誉的本质。虽然这三类定义存在重复,但是它们相对存在明显的差异,认知并不意味着评价,而评价也并不意味着声誉转化成为资产。②

综上所述,虽然学术界对声誉或企业声誉的定义陈述颇多、陈词不同,但归纳后还是存在着一些基本相同的视角、关注点和关键词。而这些视角、关注点和关键词就成为本研究把握声誉本质、界定国际科学技术奖项声誉的出发点和素材。大致而言,声誉是一种感知、认知,因而是可测的。声誉是需要一定时间才能形成的,因而是稳定的。声誉是质量和行为的体现,因而是实体特性的总体表征。声誉的形成离不开利益相关方的参与,因而是互动形成的认知的集合。声誉勾勒出一种形象,因而是一种整体的认知。声誉还体现着一种期望,因而是可以用来预测未来,指导实践的。

具体到国际科学技术奖项的声誉而言,由于颁发国际科学技术奖项的机构一般不是从事经济活动的企业,奖项的授予也不是市场买卖行为,奖项也并不像企业产品那样能直接带来经济收益,因此将国际科学技术奖项的声誉视为具有经济价值的资产是不合适的。因而,国际科学技术奖项的声誉实际上指的是一种对奖项的认知和评价,是奖项的利益相关者对奖项的属性特征,以及授奖机构过去的授奖行为和质量(是否符合其理念和授奖标准)形成的普遍认知和总体评价。

三、国际科学技术奖项图谱

在科学共同体中,一些科学家由于毕业名校、师出名门、人际交往能力强等原因一开始就具备优势,因而容易获得更多的发展机会,在科学竞争中处于有利地位。这使得他们能够更快地取得高水平的研究成果,并迅速得到科学共同体的承认。承认带来了荣誉奖励,奖励带来了更好的声誉、更多的机会和

① Barnett M L, Jermier J M, Lafferty B A. Corporate Reputation: The Definitional Landscape[J]. Corporate Reputation Review, 2006, 9(1): 26-38.
② Barnett M L, Jermier J M, Lafferty B A. Corporate Reputation: The Definitional Landscape[J]. Corporate Reputation Review, 2006, 9(1): 26-38.

资源。这些积极的变化又会帮助科学家产出更高水平的研究成果并获得科学共同体的新的承认,从而赢得新的奖励。在这个"优势——成就——承认——奖励——优势"的良性循环中,存在着奖励的增强效应和积累优势效应。[①] 在这个循环中,由于科学家的一项优秀研究成果带来多项奖励时,或者是科学家获得某一项奖励后因为新的成果而再获得其他奖励时,就会形成这些奖励之间存在共同获奖人的现象。

对于不同奖项而言,虽然它们在奖励目的、历史传统、授奖偏好、授奖学科领域、奖金数额、评奖标准与程序等方面存在着或多或少的差异,但最终的获奖者都是经过授奖方综合考虑以上要素后决定的。因此,一个奖项的获奖人群体是这个奖项的属性特征、地位和价值的体现。不难理解,如果两个奖项之间存在越多的共同获奖人,那么这两个奖项的属性特征、地位或者价值就会越接近。这种情况类似于文献耦合,共有一篇或多篇相同参考文献的不同文章是耦合的,相同的参考文献越多,文章间的相似性越大。[②] 如果将某奖项视为一篇文章,那么其获奖者就是这篇文章最后选择出来进行引用的参考文献。因此,以不同奖项之间的共同获奖人作为基础,可以用来比较奖项之间的相似性。

本研究对奖项间共同获奖人的分析是通过绘制国际科学技术奖项图谱来完成的。绘制国际科学技术奖项图谱,就是以这些奖项之间的共同获奖人为比较基础,引入在处理大量有关联的数据和信息方面(如海量文献的共词分析、共引分析等)具有独特优势的科学知识图谱方法[③],可视化呈现这些奖项的相对重要性和相似性。

第二节　样本与数据

一、奖项样本的来源

国际科学技术奖项样本的收集和筛选是本研究面临的第一个问题,也是

---

① 王炎坤,钟书华,等.科技奖励论[M].武汉:华中理工大学出版社,2000.

② Kessler M M. Bibliographic Coupling between Scientific Papers [J]. American Documentation, 1963, 14(1): 10 - 25.

③ 梁秀娟.科学知识图谱研究综述[J].图书馆杂志,2009(6): 58 - 62.

本研究的基础工作。由于目前还没有一份全面涵盖各个时期、国家、学科领域的国际科学技术奖项清单,本研究只能按照一定的标准从分散的来源中筛选奖项样本。

本研究选取国际科学技术奖项样本的来源主要有:一是美国国家研究委员会(National Research Council,简称 NRC)的奖励清单。NRC 于 2010 年完成了一次全国性的研究型博士点评估(Assessment of Research Doctorate Programs)。在该评估中,包括研究/学术奖(research/scholarship awards)、教学奖(teaching awards)、荣誉学会的享有盛名的职位或成员资格(prestigious fellowships or memberships in honorary societies)这三大类型在内的共计 1393 项荣誉和奖励,被用于评价同行对博士点教师的研究活动的认可情况,以此作为一项反映博士点师资质量的排名指标来考察博士点。如表 3－2 所示,这些荣誉和奖励分属人文科学与艺术(arts and humanities)、社会科学(social sciences)、自然科学与工程(physical sciences and engineering)以及生命科学(life sciences)四大领域,且被分为"享有盛誉的"(highly prestigious)和"享有声望的"(prestigious)两大类。[①] 二是维基百科(wikipedia)中的奖项清单。维基百科是一个自由进入、公开编辑的网络百科全书。维基百科中有一个名为"list of prizes,medals and awards"的奖项清单,内含"科学与技术"(science and technology)、逻辑学与哲学(logic and philosophy)、人文学科(humanities)这些科学技术领域的奖项,以及科学技术领域之外的体育、文化、军事等领域的奖项。[②] 三是由张先恩主编的《国际科学技术奖概况》。该书收录了 369 项国际科学技术奖项,基本上包括了从 18 世纪到现在多数重要的国际科学技术奖项,涵盖数学、物理学、化学、天文学、地球科学、生命科学、农学、医学、工程科学等学科领域。该书详细描述了所收集奖项的信息,并列出了获奖人姓名清单。[③] 四是从已入围奖项的获奖人的简历信息中提取出若干经常出现的奖项,以避免遗漏重要国际科学技术奖项。

① National Academy of Sciences. Awards and Honors[EB/OL]. [2014－06－06]. http://sites.nationalacademies.org/PGA/Resdoc/PGA_044718.

② Wikipedia. List of Prizes,Medals and Awards[EB/OL]. [2014－06－06]. http://en.wikipedia.org/wiki/List_of_prizes,_medals_and_awards.

③ 张先恩.国际科学技术奖概况[M].北京:科学出版社,2009.

表 3－2　美国 NRC 博士点评估中采用的各领域奖项和荣誉的分类情况

领　　域	"享有盛誉"类	"享有声望"类	总　　计
人文科学与艺术	61	231	292
社会科学	24	158	182
自然科学与工程	72	506	578
生命科学	52	289	341
总　　计	209	1 184	1 393

资料来源：根据美国 NRC 博士点评估的奖项清单整理。

比较而言，NRC 的清单中奖励数量众多，覆盖的学科领域非常全面，且将奖励划分出较为简单的两个声誉等级，为本研究选取样本提供了很好的参考。但是，该清单中的大部分奖励都是美国的，缺乏国际性奖励；并且奖励类型并不局限于奖项。维基百科的清单虽然覆盖广泛，时效性强，但可任意由他人通过网络进行修改，因而权威性不足。不过，正由于该清单所提供的奖项是通过网络呈现的，因此这些奖项普遍具有相对较高的知名度和影响力。《国际科学技术奖概况》一书所列的都是国际科学技术奖项，就是本书的研究对象，因而针对性很强，但是这些奖项并不涵盖人文学科与社会科学，其中一些还是奖励推广科学、应用技术方面的成就。因此，这些来源可以互为补充，为本研究选择国际科学技术奖项样本提供基础。

二、奖项样本的筛选

虽然上述样本来源已经列出了一定数量的奖励或国际科学技术奖项，但是这些来源均没有对其选取样本的标准进行说明。这一方面是由于奖励数量众多、类型多样，难以厘清；另一方面缺乏衡量这些奖励的标准。本研究在选择奖项样本时也面临同样的困难。为了尽可能选择出具有代表性和影响力的国际科学技术奖项，本研究制定了以下筛选标准：

从奖励的目的来看，本研究选取的国际科学技术奖项是专门或主要奖励科学家在某一学科领域内探索新知识、开发新技术方面取得的突出成就和做出的重要贡献。因此，本研究所收集的奖项在一定程度上是研究性或学术性奖项，而不包括奖学金、教学奖、公共服务奖、学术机构的研究职位或成员资格、旅行或会议资助、研究生或博士后奖励。

从奖励的对象来看,本研究选取的国际科学技术奖项必须是对获奖候选人或被提名者的国籍不做出限定的,或做出限定但不限定在一个国家内的。而且,这些奖项普遍对获奖候选人的种族、性别、年龄、宗教信仰、性取向、残障状态、语言或政治面貌不做出限定。

从奖励的特征来看,本研究选取的国际科学技术奖项一般是由著名的国际组织、基金会、学会和科学院等学术组织设立或颁发;一般具有正规的授奖仪式,有的甚至有国家元首或政府首脑出席;一般具有一定的知名度和声誉,或经常见于科学家的简历等介绍中,或被多个样本来源收录,或被授奖机构认定为是所授全部奖励中最具声望的,或被 NRC 清单归类为"享有盛誉的"(highly prestigious)的;一般都向获奖人颁发证书、奖章等作为荣誉象征,有的还奖励数额可观的奖金。

从奖励的时限来看,本研究选取的国际科学技术奖项是到 2013 年年底(数据搜集窗口终点)为止仍然颁发的奖项,而不是历史上那些已经停止颁发的或未来不再颁发的奖项。

从奖励的范围来看,本研究选取的奖项不包括人文学科与艺术类奖项。

由于客观上缺乏一个可以参照的衡量国际科学技术奖项的固定标准,因此本研究不对授奖机构的类型、奖励的奖金数额和设奖年份等条件进行预先设定,以免遗漏一些重要的国际科学技术奖项。如同以上样本来源一样,本研究构建的国际科学技术奖项清单虽然也没有列出世界范围内的全部国际科学技术奖项,但保守地说已经做到尽量不遗漏重要的奖项。

三、奖项样本的分类

经过认真筛选,本研究的奖项清单最后总共收录了包括诺贝尔奖(不包括诺贝尔文学奖和诺贝尔和平奖)在内的 225 项国际科学技术奖项。这些奖项及其基本信息详见附录 1。为了便于实施未来的关于奖项声誉的问卷调查,本研究按照学科领域对它们进行了分类。现存的科学分类体系,主要体现在世界各国制定的适合各国国情的国家标准学科分类体系,以及根据不同的应用环境和用户需求而灵活设置的实用信息资源学科分类体系。[①] 然而,一个具体

① 王保红,魏屹东.从科学学科分类体系看自然科学学科发展态势[J].情报科学,2012,30(6):930-936.

奖项的颁奖学科领域,是设立该奖项的机构自主决定和规定的,并不一定按照已有的科学分类体系。因此,鉴于具体奖项在授奖学科领域的说明上没有统一规范,本研究对奖项的分类主要是依据这些奖项自身所陈述的授奖学科领域进行的。

需要指出的是,对于在多个学科领域设立奖励的某个综合性奖项,如果授奖机构将获奖人按照学科领域进行分类,即每年颁奖的具体学科或研究领域是固定的,无论是在同一年内一起颁发还是在若干年内循环颁发,本研究都将该综合性奖项按照其奖励的学科领域拆分为若干个单项奖。例如,沃尔夫奖(Wolf Prizes)涉及多个具体固定的学科,因此本研究不将其作为一个单独的奖项,而是将其拆分为沃尔夫化学奖(Wolf Prize in Chemistry)、沃尔夫数学奖(Wolf Prize in Mathematics)、沃尔夫医学奖(Wolf Prize in Medicine)、沃尔夫物理学奖(Wolf Prize in Physics)和沃尔夫农学奖(Wolf Prize in Agriculture)这五项奖项。再如,京都奖(Kyoto Prize)每年在基础科学(basic sciences)、先进技术(advanced technology)和艺术与哲学(arts and philosophy)这三个类别下颁发奖励,并将获奖人按照这三个类别分类。虽然每个类别下还有四个固定的领域,但由于每年颁奖的具体领域是不固定的。因此本研究只将京都奖拆分一次,分为京都奖——基础科学类(Kyoto Prize in Basic Sciences)、京都奖——先进技术类(Kyoto Prize in Advanced Technology)、京都奖——艺术与哲学类(Kyoto Prize in Arts and Philosophy)这三个奖项。此外,即使某个综合性奖项明确说明了其颁奖范围,但是授奖机构并未将获奖人按照学科领域进行分类,即每年所颁奖的具体学科和研究领域是不固定的,那么本研究对该综合性奖项不做拆分。例如巴尔赞奖(Balzan Prizes),该奖每年颁发四个,虽然明确规定其中两个颁发在文学、道德科学和艺术领域(literature, moral sciences and the arts),另外两个颁发在物理学、数学、自然科学与医学领域(physical, mathematical and natural sciences and medicine),但是该奖项每年所颁发的具体学科和研究领域并不固定,因此本研究对巴尔赞奖不做拆分。再如马普研究奖(Max Planck Research Award),按规定每年在自然科学与工程领域(natural sciences and engineering)、生命科学(life sciences)和社会科学(social sciences)下属的具体学科或研究领域循环颁奖,但由于每年的颁奖学科不固定,因此也不做拆分处理。

如表 3-3 所示,本研究将搜集的 225 项国际科学技术奖项大致分为跨领域奖项、生命科学与医学奖、自然科学奖、工程科学奖、社会科学奖与一个新兴的多学科交叉研究领域——脑科学与认知科学奖共六大类。对此分类需要说明的是:第一,跨领域奖项是指奖励范围覆盖以上提及的两个或两个以上其他领域的奖项。显然,这类奖项是典型的综合性奖项。第二,领域内跨学科奖项是奖励范围只针对一个大的特定领域或覆盖这个领域内的若干学科,而不仅仅局限于这一领域内的一个学科的奖项。第三,由于分子生物学的迅猛发展,生命科学与医学的关联非常密切。一大批在分子生物学研究中做出突出贡献的科学家们,既获得了生命科学奖,也获得了医学奖。再加上诺贝尔生理

表 3-3　国际科学技术奖项样本的分类情况(按颁奖范围)

学　科　领　域		奖项数量(项)	奖项所占百分比
	跨领域	21	9.3%
	生命科学与医学	36	16.0%
	脑科学与认知科学	12	5.3%
自然科学	地球科学	15	6.7%
	物理学	15	6.7%
	数学	13	5.8%
	化学	12	5.3%
	天文学	8	3.6%
工程科学	领域内跨学科	8	3.6%
	电子信息与电气工程	13	5.8%
	环境科学与工程	8	3.6%
	材料科学与工程	6	2.7%
	化学工程	6	2.7%
	生物与医学工程	6	2.7%
	土木工程	5	2.2%
	机械工程	4	1.8%
	能源科学与工程	4	1.8%
社会科学	领域内跨学科	7	3.1%
	经济学	11	4.9%
	政治学	8	3.6%
	法学	7	3.1%
总　　计		225	100.0%

学或医学奖(Nobel Prize in Physiology or Medicine)、邵氏生命科学与医学奖(The Shaw Prize in Life Science and Medicine)等奖项无法拆分为生命科学奖和医学奖两类。因此本研究将生命科学奖与医学奖归为一大类。第四,由于奖项样本来源的局限性,部分学科没有搜集到一定数量的奖项,因而暂不进入清单。

四、奖项样本的数据

根据研究目的,本书搜集了225项国际科学技术奖项的颁奖范围、颁奖机构、颁奖机构隶属的国家、奖励起始年限、奖励强度、奖励周期、颁奖仪式、获奖人遴选标准和程序、获奖者姓名等基本信息。在本书中,颁奖范围是指奖项所覆盖的学科领域,以及每次奖励的学科领域范围是否固定,以及以什么方式固定。颁奖机构是指负责获奖人遴选工作和向获奖人颁发奖励的组织或部门。颁奖机构所属国家是指除国际组织外,其他类型颁奖机构所属或所注册的国家。奖励起始年限是指奖项设置后第一次颁发的年份,反映了奖项的历史特征。奖励强度是指奖项每一次颁发所附带的奖金数额,不包括差旅费、与会补贴等。奖励周期是指奖项多长时间颁发一次,在偶然出现不定期颁奖的情况下则选取最常出现的周期,在历史上颁奖周期有发生变化的情况下选取最新的周期。颁奖仪式信息是指是否有正规颁奖仪式,以及是否有国家元首或政府首脑出席。获奖人遴选标准信息是指是否对获奖人的国籍、年龄、性别等条件进行一定的限定。获奖人遴选程序信息是指获奖候选人是由他人提名方式、个人主动申请方式还是以其他方式产生,获奖人遴选的程序由谁负责、如何进行等。获奖者信息是指获奖人姓名及其获奖年份(不是以颁奖仪式的举行时间为准),数据搜集的时间窗口从奖项第一次颁发开始到获奖年份2013年为止。

第三节　奖项声誉调查

人们对诺贝尔奖等若干国际科学技术奖项耳熟能详,而对大多数国际科学技术奖项知之甚少。而且,人们对奖项声誉的认知也主要基于主观的、经验性的模糊判断上,缺乏科学依据。鉴于此,本研究以225项国际科学技术奖项为样本,对这些奖项的声誉大小进行了问卷调查,以定量评价奖项的声誉,并为定量分析奖项声誉与相关影响因素的关系奠定基础。

一、问卷调查的设计

奖项一般是在一定的学科领域内颁发的,被相应学科领域内的科学共同体成员所了解或熟知,也对相应学科领域内的科学共同体成员发挥激励和奖励效应。鉴于此,本研究在设计奖项声誉调查问卷时,是根据奖项所颁发的学科领域分开进行的。本研究已根据奖项所颁发的学科领域,将 225 项国际科学技术奖项样本归类到 21 个学科领域中。

在设计各学科领域的问卷时,将跨领域颁发的 21 项奖项一一分配到所涉及的具体学科领域的问卷中,将工程科学、社会科学中跨学科颁发的奖项也一一分配到各领域内所涉及的具体学科的问卷中。这样,本研究最后编制了 18个问卷,每个问卷针对一个具体的学科领域。而且,每个问卷中关于奖项声誉调查的问题可以分为两个部分:一个是针对专门在问卷所涉及的学科领域颁发的奖项;另一个是针对在包括这个学科领域在内的多学科或多领域范围颁发的奖项。以化学学科为例,问卷设计如附录 2 所示。

在调查奖项声誉相对大小的问题上,需要先选取一个基准作为参照比较的基础。鉴于诺贝尔奖是广受认可的国际奖项,是衡量其他奖项知名度、影响力或声誉的最佳标准(gold standard)[①],因而本研究将在化学、物理学、生理学或医学以及经济学领域颁发的诺贝尔奖视为一个整体,作为衡量其他奖项声誉大小的基准。

在衡量奖项声誉大小的尺度上,如果将声誉的等级划分得过细,对调查对象来说难以如此精确判断每个奖项的声誉大小;如果将声誉的等级划分得过粗,也不便于事后分析各个奖项声誉之间的差距。因此,本研究在设计问卷时采用李克特量表(Likert scale)的五分等级,将声誉等级分为:"可以忽略的声誉"(Negligible)、"低声誉"(Low)、"中等平均水平的声誉"(Average)、"高声誉"(High)、"最高水平的声誉"(Highest)。以诺贝尔奖作为具有最高声誉的

---

① Zuckerman H. The Proliferation of Prizes：Nobel Complements and Nobel Surrogates in the Reward System of Science[J]. Theoretical Medicine and Bioethics, 1992, 13(2)：217 - 231.

国际科学技术奖项,其余奖项将与之进行比较。如果一个奖项被调查者认为具有"最高水平的声誉",那么就意味着该奖项具有与诺贝尔奖同等级别的声誉。

二、问卷调查的对象

国际科学技术奖项的声誉实际上指的是一种对奖项的认知和评价,是奖项的利益相关者对授奖机构过去的授奖行为是否符合其理念和授奖标准,以及对奖项的属性特征形成的普遍认知和总体评价。奖项的利益相关方大致可以分为奖项设立者或设立机构、颁奖机构、资助机构、获奖人、利用奖项进行评价的评估方等,更大范围的相关方还有关心奖项归属的潜在获奖人及他们所隶属的机构,基本上可以概括为整个科学共同体。毕竟,奖项的声誉大小及其最后的归属关系到科学共同体成员的切身利益。

虽然关于奖项声誉的最为全面的问卷调查应当面向以上提及的全部相关方,但这既不现实也无法完成。本研究最终选择各问卷所包括的奖项的获奖人作为相应问卷的调查对象。这样做,一方面是因为在各相关方中获奖人是对所获奖项的声誉及由奖项带来的增强效应感受特别直接的一方。当一位优秀科学家或学者获得某个奖项时,他也自然获得了这个奖项所承载的荣誉。而且,获奖人享有的荣誉还会为他带来更好的工作职位、更理想的研究环境和更多的研究资源。① 自然的,一个奖项的声誉越大,该奖项的获奖人所享有的荣誉越高,由此为其带来的优势也会越大。另一方面,获奖人作为所在学科领域内科学共同体中的佼佼者,相比于其他普通的科学工作者,对本学科领域内的奖项尤其是著名奖项了解得更多。作为各自学科领域内的杰出人才,获奖人除了对自身获得的奖项有更直接的了解外,与科学共同体内的普通成员相比更有机会参与其他奖项的提名或评审过程,更有机会接触到其他奖项的获奖人,也更有机会被提名作为其他奖项的获奖候选人,因此对本学科领域的奖项更为熟知。

鉴于此,本研究选择搜集的 225 项奖项样本的获奖人作为调查奖项声誉大小的对象。对每一个具体学科领域的问卷,其调查对象是这个问卷中所含

① 王炎坤,钟书华,等.科技奖励论[M].武汉:华中理工大学出版社,2000:52.

奖项的获奖人。此外,生命科学与医学、物理学、化学和经济学这四个学科领域的问卷,还增加了相应诺贝尔奖的得主作为调查对象。对于跨领域颁发的奖项以及工程科学和社会科学领域中跨学科颁发的奖项,其获奖人被按照所涉及的具体颁奖学科领域分类,作为相应问卷的调查对象。

三、问卷调查的实施

由于搜集获奖人信息的工作量大,本研究对 18 个问卷的发放是按照学科领域一个个逐步展开的。整个问卷调查工作从 2013 年 3 月开始到 2014 年 5 月底结束,历时一年多。

首先,本研究选择了跨领域奖项覆盖较少的数学学科进行测试。发放数学学科的问卷时,本研究选择了 1980 年及之后获奖的、有电子邮箱作为联系方式的、健在的获奖人作为调查对象,共有 134 人。这些调查对象中有 127 人是 1990 年及以后获奖的。根据数学学科问卷调查的回复情况,考虑到 1990 年之前获奖的科学家普遍年事已高,因此本研究在随后开展的其他学科领域的调查中,统一选取 1990 年及之后获奖的、有电子邮箱作为联系方式的、健在的获奖人作为调查对象。

其次,问卷是通过"Survey Monkey"系统按照调查对象的电子邮箱来发放的。对于电子邮箱被系统拒绝的调查对象,又通过电子邮件直接发送。

最后,每个问卷的调查时间一般在 45 天左右。为了提高问卷回复率,本研究在首次发放问卷大约 20 天左右和问卷截止时间前一周左右,分别发送一封提醒邮件。

第四节 奖项图谱绘制

除通过声誉调查对奖项的地位进行评价外,本研究还从共同获奖人视角,创新性地引入科学知识图谱方法,通过绘制国际科学技术奖项图谱来研究奖项之间的相似性。

一、科学知识图谱的概念与方法

传统的研究一个学科领域整体发展状况的方法近乎残忍:学者们必须查

阅该领域几乎所有的文献。很显然，这种方法费时费力，缺乏重复性，并且还掺杂着学者的主观判断。传统方法在面对文献总量迅速增长的现状以及应对跨学科研究的问题时，都显得捉襟见肘、难以为继。用传统方法来绘制不断发展的科学知识的"全貌图"，犹如盲人摸象一般。毕竟，新的科学文献的不断涌现产生了一个持续变化的学科结构。科学知识图谱（mapping knowledge domain）的出现，使绘制一幅科学知识"全貌图"的理想得以实现。① 科学知识图谱是一个以科学学为基础，涉及应用数学、信息科学及计算机科学诸学科交叉的领域，是科学计量学和信息计量学的新发展。②

科学图谱（map of science）是对科学领域、学科、专业、个人发表论文以及作者之间的相互关系的一种空间表征（spatial representation），呈现出它们的自然邻近程度（physical proximity）和相对位置关系（relative location）。③ 具体而言，科学知识图谱是显示科学知识的发展进程与结构关系的一种图形，是以科学知识为计量研究对象，属于科学计量学范畴。当它在以数学方程式表达科学发展规律的基础上，进而以曲线形式将科学发展规律绘制成二维图形时，便成为最初的知识图谱。④ 按照这个定义，用定量统计方法发现科学知识指数增长规律的科学计量学奠基人普赖斯（Derek John de Solla Price），是科学知识图谱的早期开拓者。随着科学知识的爆炸式增长以及计量学的发展，描绘科学知识和科学活动规律的数学模型，逐渐从二维空间模型发展到三维空间模型，科学知识图谱也相应地从简单的曲线图发展为较复杂的三维立体图。⑤

大致而言，科学知识图谱的绘制包括三个步骤。以绘制文献图谱为例，第一步是选择文献的参考文献、引用文献，或者文献标题或摘要中出现的关键词等要素，作为比较这些文献的基础；第二步是以所选取的要素为基础，利用皮尔森相关系数（the Pearson correlation coefficient）、萨尔顿余弦指数（the Salton's cosine index）、雅卡尔指数（the Jaccard index）、包容指数（the

① Börner K, Chen C, Boyack K W. Visualizing Knowledge Domains[M].//Cronin B. Annual Review of Information Science and Technology. NJ：Information Today，Inc/American Society for Information Science and Technology，2003，37：179–255.

② 陈悦，刘则渊.悄然兴起的科学知识图谱[J].科学学研究，2005(2)：149–154.

③ Small H. Visualizing Science by Citation Mapping[J]. Journal of the American Society for Information Science，1999，50(9)：799–813.

④ 刘则渊，陈悦，侯海燕.科学知识图谱：方法与应用[M].北京：人民出版社，2008.

⑤ 陈悦，刘则渊，陈劲，等.科学知识图谱的发展历程[J].科学学研究，2008(3)：449–460.

inclusion index)或关联强度(the association strength)等测量方法来计算这些文献间的相似性;最后一步是利用诸如聚类分析(cluster analysis)、多维标度法(multidimensional scaling,MDS)这样的多变量分析(multivariate analyses)方法将相似性计算的结果进行可视化。①

　　具体而言,科学知识图谱的绘制可以分为以下七个步骤:一是数据检索(data retrieval),ISI Web of Science、Scopus等多种文献数据库提取的数据以及专利、经费等数据都可以用来绘制图谱。二是预处理(data preprocessing),为了得到更高质量的图谱结果,需要删除重复的和错误的数据,或者将数据分为不同的时间区段,或者将数据简化以得到重要的数据,或者通过网络预处理(networks preprocessing)来去除那些独立的节点(所分析的要素)和不重要的节点间的连接。三是网络提取(network extraction),通过共词分析(co-word analysis)、共同作者分析(Co-author analysis)、文献耦合(bibliographic coupling)、共被引分析(co-citation analysis)等途径构建网络。四是标准化(normalization process),当体现要素间关系的网络构建后,通过计算网络中各要素间的相似性,来实现对数据的标准化转换。五是绘图(mapping),通过映射算法(mapping algorithm)对由各要素构成的网络进行绘图,主成分分析(principal component analysis)、多维标度法(MDS)、聚类算法(clustering algorithms)或探路者网络(pathfinder networks)等为代表的降维技术(dimensionality reduction techniques)在此步骤中将得到应用。六是分析(analysis),通过网络分析(network analysis)、时序分析(temporal analysis)、突发检测(burst detection)或地理空间分析(geospatial analysis)等不同分析方法从图谱中得到有价值的信息。七是可视化(visualization),可视化技术最后被用来呈现科学知识图谱,即呈现应用不同的分析方法得到的结果。②

　　科学知识图谱最大的优点就是利用可视化技术将知识和信息中令人注目的最前沿领域或学科制高点,以多维图像直观地展现出来,以期使专业或非专

---

① Sternitzke C, Bergmann I. Similarity Measures for Document Mapping:A Comparative Study on the Level of an Individual Scientist[J]. Scientometrics, 2009,78(1):113-130.

② Cobo M J, López-Herrera A G, Herrera-Viedma E, et al. Science Mapping Software Tools:Review, Analysis, and Cooperative Study Among Tools[J]. Journal of the American Society for Information Science and Technology, 2011,62(7):1382-1402.

业研究人员可以高屋建瓴地快速地从宏观上把握学科进展及发展趋势、核心作者群以及学科研究热点等。① 随着计算机科学的发展,一批专门用于绘制科学知识图谱的软件被开发出来,用于对大样本进行相似性分析并将分析结果转化为可视化图谱。一些代表性的软件有:Bibexcel、CiteSpace、CoPalRed、IN-SPIRE、Leydesdorff's Software、Network Workbench Tool、Science of Science (Sci2) Tool、VantagePoint 和 VOSViewer 等。

二、Vosviewer 介绍

本研究绘制奖项图谱采用的是由荷兰莱顿大学科学与技术研究中心 (Centre for Science and Technology Studies at Leiden University)开发的 VOSviewer。VOSviewer 是基于共被引用数据(co-citation data)来建立关于作者或期刊的图谱,或者基于共现数据(co-occurrence data)来建立关于关键词的图谱。VOSviewer 采用的是 VOS 图谱技术(VOS mapping technique), VOS 的含义是"相似性的可视化"(visualization of similarities,VOS)。② 本研究采用 VOSviewer 的原因一是由于该软件可直接对共现矩阵自动进行相似性计算;二是由于 VOSviewer 采用的相似性计算方法是关联强度,这种方法这种能够适当地修正规模效应,即在其他条件相同的情况下发生次数多的个体与其他个体间会有更多的共现的现象,③而且还能对高频出现的项目和低频出现的项目进行更为公平的比较。④

VOS 图谱技术的基础是相似性矩阵。设有 n 个需要通过绘制图谱来反映它们之间相似性或关系远近的目标,即 n 个项目(item),分别标记为 $1,\cdots n$。这样,这些项目之间相似度(用 s 来表示)就构成了一个 n 阶的相似性矩阵 S,$S=(s_{ij})$,$i,j\in\{1,\cdots n\}$。其中,s_{ij} 满足以下特征:$s_{ij}\geqslant 0$,即两

① 梁秀娟.科学知识图谱研究综述[J].图书馆杂志,2009(6):58-62.
② Van Eck N J, Waltman L. Software Survey: VOSviewer, a Computer Program for Bibliometric Mapping[J]. Scientometrics, 2010, 84(2):523-538.
③ Van Eck N J, Waltman L. How to Normalize Cooccurrence Data? An Analysis of Some Well-known Similarity Measures[J]. Journal of the American Society for Information Science and Technology, 2009, 60(8):1635-1651.
④ Van Eck N J, Waltman L. Bibliometric Mapping of the Computational Intelligence Field [J]. International Journal of Uncertainty, Fuzziness and Knowledge-Based Systems, 2007, 15(5):625-645.

者间的相似度不为负值；$s_{ij}=0$，即同一项目的相似度为 0；$s_{ij}=s_{ji}$，即项目 i 与项目 j 之间的相似度等于项目 j 与项目 i 之间的相似度。VOSviewer 采用的相似性测量方法——关联强度的计算方法如公式 1 所示，s_{ij} 代表项目 i 与项目 j 之间的关联强度大小，c_{ij} 为项目 i 和 j 共现(co-occurrences)的总次数，w_i 和 w_j 分别是指项目 i 和 j 各自出现或共现的总次数。一般为了数据呈现的方便，还会将相似性计算结果再乘以 N，即全部参与比较项目的共现的总频次。[①] VOS 绘制图谱的目标是，在低维度空间里(一般是二维空间)每对项目间的距离尽可能准确地反映它们的相似度。因此，VOSviewer 绘制的图谱是基于待比较项目之间的距离计算生成的。相似度高的项目，在图谱中的位置就靠近；反之，相似度低的项目在图谱中的位置就离得远。[②]

VOS 图谱技术的绘图理念是最小化所有项目对的欧几里得距离(Euclidean distance)平方的加权和。项目间的相似度越高，它们的平方距离在求和计算中的权重越大。为了避免所有项目在图谱中的位置即坐标一致，VOS 图谱技术还对所有项目进行了约束：所有项目间的平均距离必须等于 1。仍以上述 n 阶矩阵为例，VOS 图谱技术期望最小化的目标函数如公式 2 所示，其中向量 $x_i=(x_{i1}, x_{i2})$ 代表一个在二维知识图谱中项目 i 的位置，$\|\cdot\|$ 代表的是欧几里得范数(Euclidean norm)。目标函数所服从的约束条件如公式 3 所示。其实，在自变量满足约束条件的情况下，将目标函数最小化的问题是一个约束优化问题(constrained optimization)。这个约束优化的过程分两个步骤，先是把约束优化问题转化为非约束性问题，之后再用一种优化算法(majorization algorithm)来解决。VOSviewer 采用的优化算法是重复优化算法(SMACOF)的变体。为了增加找到全局最优解(globally optimal solution)的机会，优化算法会被程序运行很多次，每一次都使用一种不同的计算产生的初始解(initial solution)。[③]

---

①　Van Eck N J, Waltman L. How to Normalize Cooccurrence Data? An Analysis of Some Well-known Similarity Measures[J]. Journal of the American Society for Information Science and Technology, 2009, 60(8): 1635 - 1651.

②　Van Eck N J, Waltman L. VOS: A New Method for Visualizing Similarities between Objects[R]. Research in Management, ERS - 2006 - 020 - LIS, Erasmus Research Institute of Management (ERIM), 2007.

③　Van Eck N J, Waltman L. VOSviewer: A Computer Program for Bibliometric Mapping[R]. ERS - 2009 - 005 - LIS, Erasmus Research Institute of Management, 2009.

公式 1：$s_{ij} = \dfrac{c_{ij}}{w_i w_j}$ 或 $s_{ij} = \dfrac{N c_{ij}}{w_i w_j}$

公式 2：$E(x_1, \cdots, x_n) = \sum_{i<j} s_{ij} \parallel x_i - x_j \parallel^2$

公式 3：$\dfrac{2}{n(n-1)} \sum_{i<j} \parallel x_i - x_j \parallel = 1$

全局最优解（最后的图谱）并不是唯一的。这是因为如果一个解是最优的，那么这个解的任何平移（translation）、旋转（rotation）或映射（reflection）也必须是最优的。显然，能够根据相同的共现矩阵（co-occurrence matrix）生成始终如一的图谱（除了由局部最优导致的差异外），对于 VOSviewer 非常重要。为了实现这个目标，VOSviewer 通过以下三个方式将通过优化计算得到的解进行了转换：① 平移。通过平移使图谱的中心处于原点上。② 旋转。通过旋转使得横向维度上的方差达到最大化。这种转换其实就是主成分分析（principal component analysis）。③ 映射。假设 i 与 j 分别代表横向维度的最低和最高坐标，k 与 l 分别代表纵向维度的最低和最高坐标，那么如果 $i > j$，那么图谱就围着纵轴来映射。如果 $k > l$，那么图谱就围着横轴来映射。通过以上三种转换就可以保证 VOSviewer 生成一致的结果。[①]

三、国际科学技术奖项图谱

本研究引入科学知识图谱技术，利用 VOSviewer，以奖项之间的共同获奖人为比较基础，通过绘制奖项图谱来分析这些奖项之间的相似性。以所搜集的 225 项国际科学技术奖项为样本，绘制奖项图谱的程序如下：

第一步，建立共同获奖人百分比矩阵。以清理好的 225 项国际科学技术奖项的获奖人名单为基础，对每两个奖项之间的共同获奖人进行计数，以此建立一个 225×225 的共现相邻矩阵，即一个包含各个奖项之间共同获奖人数量的对称矩阵。考虑到由于颁奖历史、颁奖频次等方面的原因，不同奖项的获奖人数量差异很大，会直接影响共同获奖人数量的多少。因此以共同获奖人数量矩阵为基础，本研究计算了每两个奖项的共同获奖人分别占这两个奖项获

---

① Van Eck N J, Waltman L. VOSviewer：A Computer Program for Bibliometric Mapping [R]. ERS‐2009‐005‐LIS, Erasmus Research Institute of Management，2009.

奖人数量的百分比,由此建立了一个 225 × 225 的共同获奖人百分比矩阵,用于绘制奖项图谱。由于不同奖项的获奖人数量存在差异,这个矩阵是非对称的。

第二步,根据共同获奖人百分比矩阵,计算奖项之间的相似性。本研究采用的相似性计算方法是关联强度。关联强度可被理解为在两个待比较的个体独立发生的情况下,其观测到的共现频次对预期的共现频次的偏差。[①]具体对本研究而言,由于共同获奖人百分比矩阵是非对称矩阵,VOSviewer在相似性计算过程中,默认将非对称矩阵通过均值方式标准化为对称矩阵。因此,奖项 i 与奖项 j 之间的基于共同获奖人百分比矩阵计算的相似性 S_P,可用公式 4 来表示。在公式中,"i 与 j 的共同获奖人所占百分比之和"为奖项 i 获奖人中获得奖项 j 的百分比与奖项 j 获奖人中获得奖项 i 的百分比之和;"i 与其他奖项的共同获奖人所占百分比之和"(对奖项 j 同理)为奖项 i 获奖人中获得其他每个奖项的百分比与其他每个奖项获奖人中获得奖项 i 的百分比之和。由于实际上是对于"i 与 j 的共同获奖人所占百分比之和"以及"$i(j)$ 与其他奖项的共同获奖人所占百分比之和"取均值处理,因此公式最后表述中存在"乘以 2"。

公式 4: $$S_P = \frac{2 \times \text{矩阵中所有不同奖项之间共同获奖人所占百分比之和} \times i\text{ 与 }j\text{ 的共同获奖人所占百分比之和}}{i\text{ 与其他奖项的共同获奖人所占百分比之和} \times j\text{ 与其他奖项的共同获奖人所占百分比之和}}$$

最后一步,绘制奖项图谱。本研究采用的 VOSviewer 软件可以根据共现矩阵自动完成相似性计算,并根据相似性计算结果在二维空间中生成待比较项目间的距离,完成图谱绘制。此外,VOS 技术绘制的图谱可以直接反映出待比较项目的权重大小。[②] 如果没有主动设定各项目的权重,那么在默认状态下,图谱中一个项目的权重大小等于它与其他所有项目的共现总频次。在本

① Van Eck N J, Waltman L. How to Normalize Cooccurrence Data? An Analysis of Some Well-known Similarity Measures[J]. Journal of the American Society for Information Science and Technology, 2009, 60(8): 1635 - 1651.

② Van Eck N J, Waltman L. VOS: A New Method for Visualizing Similarities between Objects[R]. Research in Management, ERS - 2006 - 020 - LIS, Erasmus Research Institute of Management (ERIM), 2007.

研究中,为了真实体现奖项的重要性,图谱中各个奖项的权重被设定为根据声誉调查结果计算出的奖项声誉大小。换言之,图谱中各奖项的权重由其声誉大小决定,而各奖项间的相对位置由基于共同获奖人百分比矩阵计算出的各奖项间的相似性决定。

绘制 225 个全部奖项样本的图谱后,本研究还按照同样方法分别绘制了生命科学与医学、自然科学、工程科学、社会科学、脑科学与认知科学领域的国际科学技术奖项图谱。

本 章 小 结

本章首先阐述了国际科学技术奖项及其声誉、图谱的概念,之后介绍了本研究样本的来源、选择标准、分类情况以及数据的搜集和整理过程,最后介绍了基于样本奖项进行声誉调查和绘制奖项图谱的研究方法。

本书的研究对象国际科学技术奖项是国际性的奖励,奖励形式一般是由奖章等奖品或者证书构成的荣誉象征,名称一般是"某某奖"或"某某奖章",核心的特点是不将获奖候选人的国籍限定在一国内。国际科学技术奖项的声誉体现的是相关利益方对奖项的认知和评价,具体就是奖项的利益相关者对奖项的属性特征,以及授奖机构过去的授奖行为和质量形成的普遍认知和总体评价。国际科学技术奖项的图谱是指以共同获奖人为比较基础,引入科学知识图谱技术,可视化呈现奖项的相对重要性和它们之间的相似性。

本研究以多个来源互为补充,按照一定标准选择了 225 项国际科学技术奖项。这些奖项主要是比较有知名度的、以奖励优秀研究成果为主的科学技术奖。为了便于后续研究,这些奖项被按照所颁发的学科领域共分为 21 类。有关这些奖项的重要属性特征的数据和获奖人信息也得以搜集和整理。

对于声誉调查,本研究是通过按学科领域设计和发放调查奖项声誉大小的问卷来完成的。问卷选择具有最高声誉的诺贝尔奖作为衡量基准,要求调查对象将问卷中列出的各奖项与之比较,选择相应的声誉等级。各学科领域的问卷的调查对象是相应问卷中所列奖项的获奖人。

对于绘制奖项图谱,本研究是通过引入科学知识图谱技术分析奖项彼此之间的共同获奖人分布情况来完成的。共同获奖人可以作为比较基础,来衡量奖项间的相似性。科学知识图谱非常适合大样本条件下的共现分析。因而，本研究采用 VOSviewer 软件，以根据声誉调查结果计算的各奖项的声誉大小为权重，以共同获奖人百分比矩阵为计算奖项间相似性的基础，创新性地绘制了奖项图谱。

　　从研究方法看，本研究以实证分析和定量分析为支撑，创新性的对大样本的国际科学技术奖项进行声誉调查，并创新性地引入科学知识图谱技术，从共同获奖人视角分析奖项之间的相似性，来完成对奖项的评价。

第四章
国际科学技术奖项的发展现状

本研究的对象是实际存在的国际科学技术奖项,而非抽象的科学技术奖励。本章基于筛选出的 225 项国际科学技术奖项,按照颁奖范围、颁奖历史、颁奖机构类型、颁奖周期和奖励形式这五个维度对它们进行了分类,并总结了各领域、各时期的奖项样本的特征差异以及这些奖项的其他特征。

第一节　国际科学技术奖项的类型

一、按颁奖范围分类

本研究根据针对奖项声誉进行问卷调查的需要,已将 225 项国际科学技术奖项样本分为跨领域奖项、生命科学与医学奖、自然科学奖、工程科学奖、社会科学奖与一个新兴的多学科交叉研究领域——脑科学与认知科学奖共六大类。仅从所搜集的奖项样本来看,如图 4－1 所示,自然科学和工程科学领域的奖项样本所占比例过半,数量也最多,这是因为这两个领域的学科发展非常成熟,是具有较强可检验性的"硬科学"领域[①],自然存在发展较为成熟的科学技术奖励系统。此外,生命科学与医学作为一个与人类生活和健康密切关联的领域,也是设立奖项的热门领域。一个学科领域的国际科学技术奖项多,必然能对该学科领域内科学共同体的成员产生更强的激励效果,发挥更强的整

---

① 潜伟,牛强,李士琦.关于"软科学"与"硬科学"界定的思考[J].中国软科学,2003,(3):147－151.

体效应。可以看出,国际科学技术奖项普遍存在于包括新兴研究领域在内的各个学科领域,其发展程度与学科领域的发展程度息息相关。

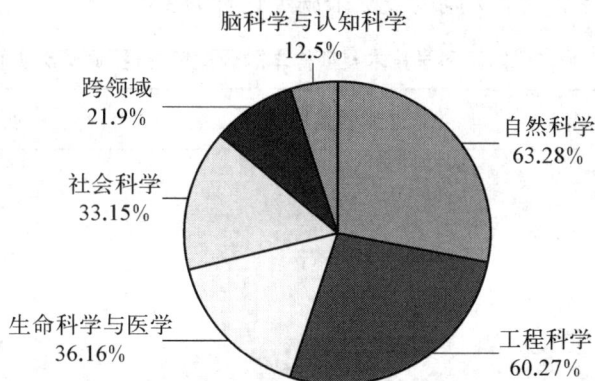

图 4-1　各颁奖领域国际科学技术奖项样本的分布情况

二、按颁奖历史分类

由于科学的无国界特性,因此这一领域制度化的奖励从出现开始就显示了国际化特征。1731 年,英国皇家学会(The Royal Society)开始颁发科普利奖章(Copley Medal),以表彰那些取得最重要的科学发现或通过实验做出伟大贡献的科学家。这被认为是世界上第一个具有制度化性质的科学技术奖励。由于科普利奖章不仅仅颁发给英国人,因此它可被视为最早的制度化的国际科学技术奖项。

根据表 4-1 统计,225 项奖项样本中有 12 项奖项是在 20 世纪前开始颁发的。可见,早在诺贝尔奖出现之前,就已经有一批历史悠久的国际科学技术奖项。进入 20 世纪后,在国际科学技术奖项历史中最为重要的事件就是 1901年诺贝尔奖的颁发。以诺贝尔奖的设立和颁发为标志,国际科学技术奖项的发展进入一个新的阶段。为在各个学科领域做出突出贡献的各国科学家提供奖励,甚至是以高额奖金作为物质奖励已然成为现实。由于所搜集的样本只是全部国际科学技术奖项中的一部分,因此不能反映国际科学技术奖项设立的历史分布情况。但是仅从样本数据来看,自诺贝尔奖颁发后至今的各个年代里,都有新的国际科学技术奖项开始颁发。而且,样本中 84.4% 的奖项是在1950 年以后即二战后开始颁发的。年代越近,颁发的新国际科学技术奖项越多。这可能是由于随着科学技术的快速发展以及新兴学科领域的出现,越来越多地做出突出贡献的卓越科学家需要给予褒奖甚至是重复褒奖,因而激发了更多的国际科学技术奖励的设立来满足这种需要。

表 4-1　国际科学技术奖项样本的分类情况(按颁奖历史)

颁奖起始年(年)	奖项数量(项)	奖项所占百分比
18 世纪	2	0.9%
19 世纪	10	4.4%
1901~1910	6	2.7%
1911~1920	2	0.9%
1921~1930	8	3.6%
1931~1940	2	0.9%
1941~1950	5	2.2%
1951~1960	16	7.1%
1961~1970	17	7.6%
1971~1980	23	10.2%
1981~1990	37	16.4%
1991~2000	41	18.2%
2001~2010	49	21.8%
2011 之后	7	3.1%
总　　计	225	100.0%

三、按颁奖机构分类

对科学技术奖励的研究,存在两种范式。默顿及其追随者发展起来的"普遍主义"范式把科学技术奖励与科学规范结合起来,强调科学共同体依据科学家的贡献给予奖励,这种"成就—奖励"模式,是一种科学同行的内部奖励。之后,沃伦·哈格斯特洛姆、拉图尔和乌尔伽等人从社会建构的视角来研究科学技术奖励,提出了"建构主义"范式。这种范式着眼于社会中的科学,充分考虑科学技术奖励的社会因素,从以科学同行承认为主的内部奖励扩大到外部的社会奖励。[①] 的确,颁发国际科学技术奖项的机构,既有科学院、大学、专业协

① 黄祖军.科学奖励范式转换——从普遍主义到建构主义[J].科学学与科学技术管理,2009(4):53-57.

会、学会等学术组织，也有基金会、政府部门等非学术的社会机构。

从颁奖机构的类型来看，如表4-2所示，225项奖项样本中有123项奖项是由美国国家科学院（National Academy of Sciences）等国家级的科学院或工程院、美国数学学会（American Mathematical Society）等国内专业协会或学会，以及大学和研究机构颁发的，所占的比例过半。可见，科学共同体自身是设立国际科学技术奖项的主要力量。其次是国际组织，样本中的41项奖项是由世界文化委员会（World Cultural Council）、国际数学联盟（International Mathematical Union）、世界科学院（The World Academy of Sciences，TWAS）等国际组织颁发的。国际组织的跨国界特性使其更倾向设立国际科学技术奖项，而不是设立仅仅奖励某一国家科学家的奖项。最后，奖项样本中有多达54项奖项是由基金会颁发的，占到了23.4%。还有少数奖项是由博物馆、行政机构和企业等非学术机构颁发。这是科学共同体外的社会通过捐赠等方式集中起社会资源来奖励优秀科学技术成果，以促进科学技术发展、推动社会进步的体现。这说明，科学技术奖励不仅仅是科学建制自我产生的一种内部承认，更是在大科学时代强化科学家职业角色的一种社会奖励。

表4-2　国际科学技术奖项样本的分类情况（按颁奖机构类型）

颁奖机构类型	奖项数量（项）	奖项所占百分比
基金会	54	23.4%
专业协会或学会（非国际性）	51	22.1%
国家科学院、工程院	44	19.0%
国际组织	41	17.7%
大学	17	7.4%
研究机构	12	5.2%
博物馆	8	3.5%
行政机构	2	0.9%
企业	2	0.9%
总计	231	100.0%

注：因为有8个奖项不止由一个机构颁发的，因此按颁奖机构计算的奖项总数要多于奖项样本总数225项。

从颁奖机构所属的国家或组织来看，如表4-3所示，奖项样本中美国的颁奖机构设立的奖项最多，多达87项。这从一个侧面反映了美国无可匹敌的科研队伍和研究实力,以及与之匹配的高度发达的科学技术奖励体系。样本中还有数量较多的奖项是由诺贝尔奖的诞生地瑞典以及老牌资本主义国家英国、德国的颁奖机构设立的。可见,所搜集的奖项绝大多数来自发达国家。这说明发达国家是设立国际科学技术奖项的主要力量。

表 4-3　国际科学技术奖项样本的分类情况
(按颁奖机构所属国家或组织)

颁奖机构所属国家或组织	奖项数量(项)	奖项所占百分比
美　　　国	87	38.3%
国际组织	41	18.1%
瑞　　　典	17	7.5%
英　　　国	16	7.0%
德　　　国	12	5.3%
西　班　牙	7	3.1%
挪　　　威	7	3.1%
日　　　本	6	2.6%
以　色　列	6	2.6%
荷　　　兰	5	2.2%
加　拿　大	4	1.8%
意　大　利	4	1.8%
中国(香港)	3	1.3%
法　　　国	3	1.3%
俄　罗　斯	2	0.9%
瑞　　　士	2	0.9%
沙特阿拉伯	2	0.9%
阿拉伯联合酋长国	1	0.4%
丹　　　麦	1	0.4%
芬　　　兰	1	0.4%
总　　　计	227	100.0%

注:由于有 8 个奖项不止是由一个机构颁发的,因此按颁奖机构所属国家计算的奖项总数要多于225 项。

四、按颁奖周期分类

颁奖周期反映了一项奖励颁发的频次。颁奖周期直接影响着一个奖项获奖人数量的多少。根据表4-4统计,225项奖项样本中有164项奖项是每年颁发的,占到了72.9%。可见,大多数国际科学技术奖项都是每年颁发的。其次,样本中有29项奖项每两年颁发一次,如千禧科技奖(Millennium Technology Prize)、拉斯奖(Fritz J. and Dolores H. Russ Prize)等。样本中有16项奖项每三年颁发一次,如克拉福德生物科学奖(Crafoord Prize in Biosciences)、克拉福德数学奖(Crafoord Prize in Mathematics)、克拉福德天文学奖(Crafoord Prize in Astronomy)、和克拉福德地球科学奖(Crafoord Prize in Geosciences)等。样本中有9项奖项每四年颁发一次,如菲尔兹奖(Fields Medal)、洛伦兹奖(Lorentz Medal)等。此外,样本中还有7项奖项是不定期颁发的,如克拉福德多发性关节炎研究奖(Crafoord Prize in Polyarthritis)。当评奖委员会认为在关节炎研究领域有值得奖励的科学进展时才颁发该奖。

表4-4 国际科学技术奖项样本的分类情况(按颁奖周期)

颁 奖 周 期	奖项数量(项)	奖项所占百分比
一 年	164	72.9%
两 年	29	12.9%
三 年	16	7.1%
四 年	9	4.0%
不 定 期	7	3.1%
总 计	225	100.0%

根据统计可知,绝大多数国际科学技术奖项是按照固定的周期进行颁发的,这是奖励制度化的体现。与此同时,由于战争等一些不可抗的原因,以及没有合适的或者符合授奖资格的获奖候选人等原因,具有固定颁奖周期的奖项在一些颁奖年份也会停发。例如,每年颁发的诺贝尔物理学奖(Nobel Prize in Physics)、诺贝尔化学奖(Nobel Prize in Chemistry)、诺贝尔生理学或医学奖(Nobel Prize in Physiology or Medicine)这三个奖项,在历史上就分别有6次、8次和9次停发。由表4-5可知,诺贝尔奖停发的多数年份是在第一次世界大战(1914~1918)和第二次世界大战(1939~1945)期间。

表 4-5　历史上诺贝尔科学奖未授奖的年份

奖　项	停　发　的　年　份	停发次数
诺贝尔物理学奖	1916,1931,1934,1940,1941,1942	6
诺贝尔化学奖	1916,1917,1919,1924,1933,1940,1941,1942	8
诺贝尔生理学或医学奖	1915,1916,1917,1918,1921,1925,1940,1941,1942	9

注：根据诺贝尔奖官方网站资料整理。

五、按奖励形式分类

国际科学技术奖项通过制度化的奖励方式,不限国籍的按照一定的标准遴选获奖人,授予获奖人以象征荣誉的奖章、证书、奖品等奖励。这些奖励无疑是一种精神奖励,起到了表彰和激励科学家的作用。与此同时,一些奖项在颁发奖章、证书等象征荣誉的精神奖励的同时,还授予获奖人数额不等的奖金来作为物质奖励。

为便于分析,本研究按奖金数额将物质奖励强度分为无、低等、中等、高等和超高强度五个等级,分别对应的奖金数额和奖项数量详见表 4-6。根据统计,225 项奖项样本中有 54 项奖项只颁发荣誉性的精神奖励,没有奖金。其他附带奖金的奖项中,具有低等强度物质奖励的,即奖金在 1 万美元以下的奖项有 38 项,占到了全部样本的 16.9%。具有中等强度物质奖励的,即奖金在 1 万美元及以上、10 万美元以下的奖项有 52 项,占全部样本的 23.0%。具有高等强度物质奖励的,即奖金在 10 万美元及以上、100 万美元以下的奖项有 56 项,约占全部样本的 24.9%。具有超高强度物质奖励的,即奖金在 100 万美元及以上的奖项有 20 项,约占全部样本的 8.9%。可见,所搜集的国际科学技术奖项的主流奖励形式是给予获奖人荣誉性精神奖励的同时,还给予一定的奖金作为物质奖励,但在奖励强度上存在很大差异。

奖项样本中,于 2012 年开始颁发的基础物理学奖(Fundamental Physics Prize)和于 2013 年开始颁发的生命科学突破奖(Breakthrough Prize in Life Sciences)的奖金数额最多。这两个奖项的获奖人可赢得高达 300 万美元的奖金,大约是诺贝尔奖奖金的 2.5 倍。

表 4 - 6　国际科学技术奖项样本的分类情况(按奖金数额)

物质奖励强度	奖金数额(美元)	奖项数量(项)	奖项所占百分比
无	0	54	24.0%
低等强度	(0,5 000)	16	7.1%
	[5 000,10 000)	22	9.8%
	[10 000,20 000)	22	9.8%
	[20 000,30 000)	10	4.4%
	[30 000,40 000)	2	0.9%
	[40 000,50 000)	3	1.3%
中等强度	[50 000, 60 000)	3	1.3%
	[60 000,70 000)	5	2.2%
	[70 000,80 000)	2	0.9%
	[80 000,90 000)	1	0.4%
	[90 000,100 000)	4	1.8%
	[100 000,200 000)	17	7.6%
	[200 000,300 000)	16	7.1%
	[300 000,400 000)	4	1.8%
高等强度	[400 000,500 000)	3	1.3%
	[500 000,600 000)	12	5.3%
	[700 000,800 000)	2	0.9%
	[800 000,900 000)	1	0.4%
	[900 000,1 000 000)	1	0.4%
超高强度	[1 000 000,3 000 000]	20	8.9%
未公布的一定数量的奖金		5	2.2%
总　计		225	100.0%

注:各奖项奖金换算成美元是根据国家外汇管理局 2014 年 6 月 30 日发布的汇率计算的。

第二节　国际科学技术奖项的特征

国际科学技术奖项的基本特征是对获奖候选人的国籍有较少限定或不做限定。这一特征也是国际科学技术奖项具有广泛知名度和影响力的基础。除此之外,本研究将不同分类纬度结合在一起分析,总结了各领域、各时期国际科学技术奖项的若干特征。需要注意的是,以下所述的奖项特征是基于所搜集的225项具有一定代表性和影响力的国际科学技术奖项总结的,因此这些特征的适用范围有待未来更大样本的检验。

一、各领域奖项样本的特征

本研究将225项国际科学技术奖项样本分为跨领域奖项、生命科学与医学奖、自然科学奖、工程科学奖、社会科学奖、脑科学与认知科学奖这六大类。各领域奖项的特征总结如下:

第一,各领域中,学术组织和社会机构是负责颁发国际科学技术奖项的主要力量。如图4-2所示,在自然科学、工程科学和社会科学领域中,不低于一半的国际科学技术奖项是由科学院或工程院、国内专业性的协会或学会,以及大学和研究机构等学术组织颁发的。在其他领域,由学术组织颁发的奖项所占的比例也不低。学术组织无疑是设立国际科学技术奖项的重要力量。然而,在跨领域范围、生命科学与医学领域、脑科学与认知科学领域中,较高比例的奖项是由基金会、企业等非学术性的社会机构颁发的。这可能是由于社会机构一方面不像专业协会或学会那样只针对某一领域或学科,更适合设立不针对具体学科领域的跨领域奖项;另一方面更愿意将奖励资源投入到与人类健康息息相关的、更受关注的研究领域。

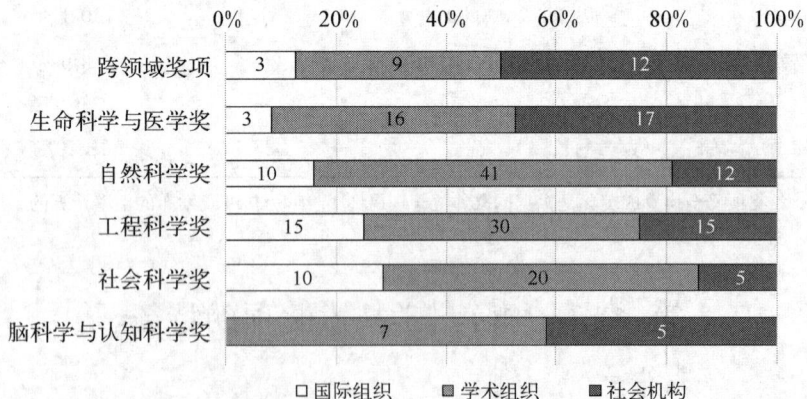

图4-2 各领域中不同类型机构设立的奖项样本的分布情况

第二,各领域国际科学技术奖项中,绝大多数奖项都是固定颁发的,以每年颁发的居多。如图4-3所示,这六个领域都有颁奖周期不同的各类奖项。

在这些领域中,每年颁发的奖项所占的比例最低的是自然科学领域,但也多达58.7%。自然科学和社会科学领域中,非每年颁发的奖项总体所占的比例较高。此外,每三年颁发的奖项较为集中的分布在自然科学领域中,每四年颁发的奖项分布在自然科学和工程科学领域中。

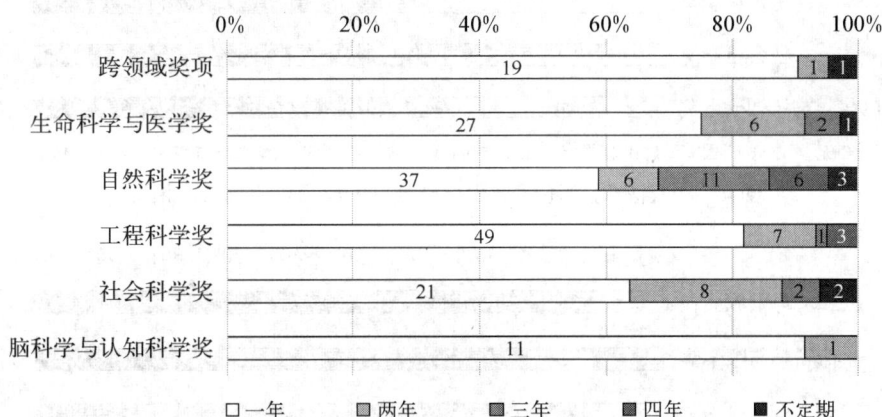

图 4-3　各领域中不同颁奖周期的奖项样本的分布情况

第三,各领域国际科学技术奖项中,多数或绝大多数奖项都给予获奖人一定数额的奖金作为物质奖励,但不同奖励强度的奖项数量及所占比例存在较大的差距。如图 4-4 所示,各领域奖项中均有 60% 以上的奖项带有一定数额的奖金,可见物质奖励和精神奖励相结合的形式是国际科学技术奖项的主要奖励形式。其中,跨领域奖项、生命科学与医学奖中带有奖金的奖项所占的比例非常高,分别达到了 90.5% 和 86.1%。而且,这两个领域以及脑科学与认知科学领域的奖项中,带有 10 万美元及以上高额奖金,即具有高等强度和超高强度物质奖励的奖项所占的比例也非常高,分别达到了 47.6%、47.2% 和50.0%。这应该与这三个领域中社会机构设奖的比例较高有关。

第四,各领域国际科学技术奖项中,大多数奖项都是在 20 世纪下半叶或21 世纪开始颁发的。如图 4-5 所示,在 20 世纪前,多个学科领域就已经出现国际科学技术奖项。自然科学奖中,在 20 世纪之前和 20 世纪上半叶开始颁发的奖项所占的比例最高,达到了 31.7%。而且,20 世纪之前和 20 世纪上半叶开始颁发的奖项中,自然科学奖就占了 57.1%。这说明自然科学领域的国际科学技术奖项发展得较早。相对于其他领域,社会科学、脑科学与认知科学

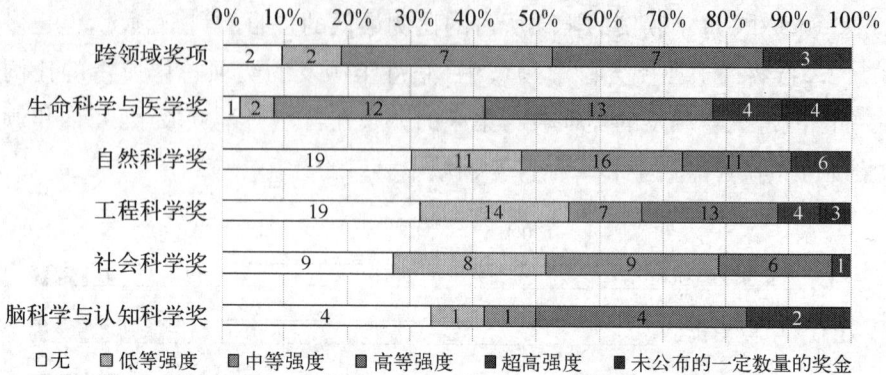

图 4-4　各领域中不同物质奖励强度的奖项样本的分布情况

跨领域奖项：无 2，低等强度 2，中等强度 7，高等强度 7，超高强度 3
生命科学与医学奖：无 1，低等强度 2，中等强度 12，高等强度 13，超高强度 4，未公布的一定数量的奖金 4
自然科学奖：无 19，低等强度 11，中等强度 16，高等强度 11，超高强度 6
工程科学奖：无 19，低等强度 14，中等强度 13，高等强度 4，超高强度 3
社会科学奖：无 9，低等强度 8，中等强度 ，高等强度 6，超高强度 1
脑科学与认知科学奖：无 4，低等强度 1，中等强度 1，高等强度 4，超高强度 2

□无　■低等强度　■中等强度　■高等强度　■超高强度　■未公布的一定数量的奖金

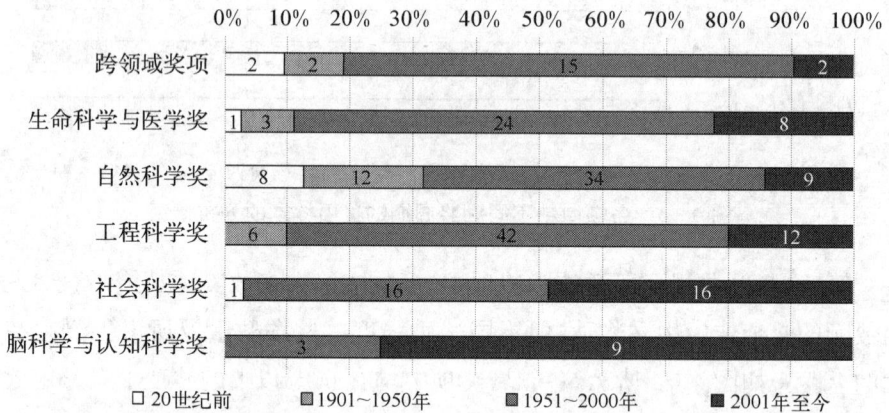

图 4-5　各领域中不同历史时期开始颁发的奖项样本的分布情况

跨领域奖项：20世纪前 2，1901~1950年 2，1951~2000年 15，2001年至今 2
生命科学与医学奖：20世纪前 1，1901~1950年 3，1951~2000年 24，2001年至今 8
自然科学奖：20世纪前 8，1901~1950年 12，1951~2000年 34，2001年至今 9
工程科学奖：20世纪前 6，1901~1950年 ，1951~2000年 42，2001年至今 12
社会科学奖：20世纪前 1，1901~1950年 16，1951~2000年 16
脑科学与认知科学奖：1901~1950年 3，1951~2000年 9

□20世纪前　■1901~1950年　■1951~2000年　■2001年至今

领域的奖项，多数是在 21 世纪后开始颁发的。这说明，国际科学技术奖项的发展与学科的发展息息相关。

二、各时期奖项样本的特征

在 225 项奖项样本中，最早的是英国皇家学会（The Royal Society）于 1731 年开始颁发的科普利奖章（Copley Medal），最新的奖项有 2013 年开始颁发的伊丽莎白女王工程奖（Queen Elizabeth Prize for Engineering）、生命科学突破奖（Breakthrough Prize in Life Sciences）等若干奖项。这些在不同历史时期颁发的国际科学技术奖项具有以下特征：

第一，学术组织是各历史时期负责颁发国际科学技术奖项的主要力量，而社会力量于 20 世纪中期开始也逐渐成为主要力量。如图 4－6 所示，20 世纪之前颁发的 12 项国际科学技术奖项都是由英国皇家学会、英国皇家天文学会（Royal Astronomical Society）、伦敦地质学会（The Geological Society of London）、英国皇家化学学会（Royal Society of Chemistry）、美国国家科学院（National Academy of Sciences）、美国哲学学会（American Philosophical Society）和太平洋天文学会（Astronomical Society of the Pacific）等学术组织负责颁发的。样本中，最早由国际性学术组织负责颁发的国际科学技术奖项是国际数学联盟（International Mathematical Union）于 1936 年开始颁发的菲尔兹奖（Fields Medal），由基金会等社会力量设立和颁发的国际科学技术奖项出现于 20 世纪 40 年代。总体来看，20 世纪中期以前，国际科学技术奖项主要是由科学共同体内的组织机构负责颁发。20 世纪中期以后，随着科学技术的作用受到社会的普遍重视、科学家职业赢得社会的普遍尊重，科学共同体外的国际组织和社会机构也逐渐成为设立和负责颁发国际科学技术奖项的主要力量。尤其是 1980 年以后，非学术组织负责颁发的奖项所占的比例明显高于以往，仅基金会等社会机构颁发的奖项就占了 37.4%。

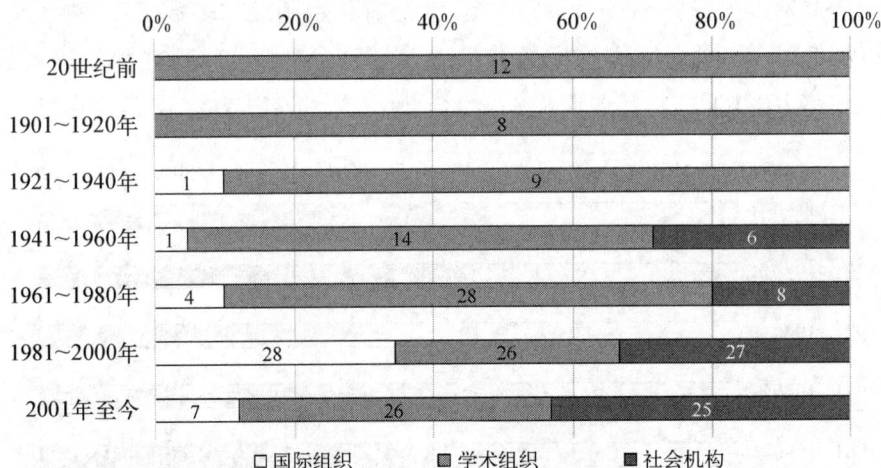

图 4－6　各历史时期不同类型机构设立的奖项样本的分布情况

第二，各历史时期的国际科学技术奖项中，多数奖项都是每年颁发的。如图 4－7 所示，可以看出，各个历史时期都有颁奖周期不同的各类奖项。20 世纪以前设立的奖项样本中，每年颁发的奖项所占的比例最低，但也占到

諾貝尔奖之外的世界

50.0％。进入 20 世纪后,绝大多数设立的奖项都是具有固定的颁奖周期的,这是国际科学技术奖项的颁发呈现制度化的体现。

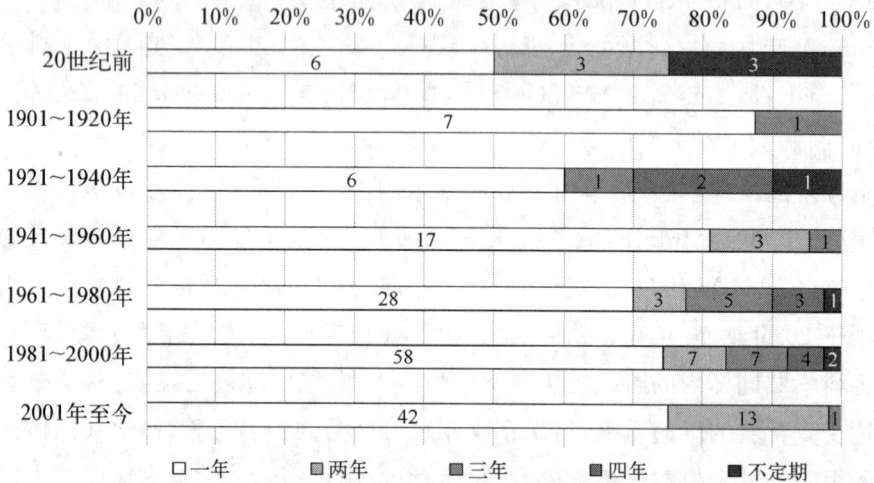

图 4-7 各历史时期不同颁奖周期的奖项样本的分布情况

第三,各历史时期的国际科学技术奖项中,不同物质奖励强度的奖项所占的比例差别很大。如图 4-8 所示,20 世纪前开始颁发的多数奖项,物质奖励强度都低于 1 万美元。在这样的背景下,当诺贝尔奖于 1901 年第一次颁发,授予获奖人以超过 15 万瑞典克朗,约合 2013 年的 819 万多克朗的高额奖金

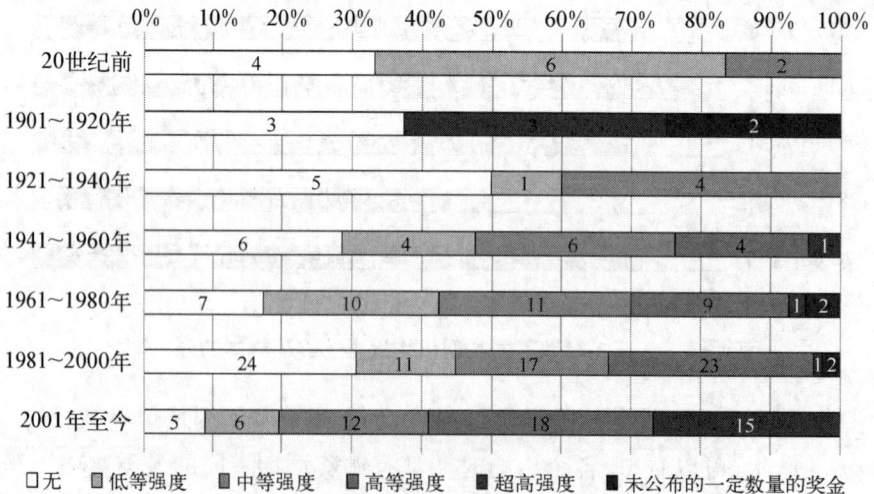

图 4-8 各历史时期不同物质奖励强度的奖项样本的分布情况

时,其所引发的轰动效应就不难理解了。此外根据统计表明,在 1941 年之前就很少再有像诺贝尔奖这样的带有高强度物质奖励的奖项了,而且不带奖金的奖项所占的比例也较高。诺贝尔奖也由此一举奠定了其在国际科学技术奖项体系中的无与伦比的地位。自 20 世纪中期开始,尤其是进入 21 世纪,带有 10 万美元及以上奖金的,即具有高等强度和超高强度物质奖励的奖项所占的比例明显增加。1941~1960 年间开始颁发的奖项中,具有高等强度和超高强度物质奖励的奖项所占的比例为 23.8%。而进入 21 世纪后,这一比例提高到了 58.9%。可见,国际科学技术奖项的物质奖励强度有逐步提高的趋势。

三、奖项样本的其他特征

除了以上总结的特征外,这些奖项样本还具有一些其他特征:

第一,国际科学技术奖项基本上都是通过提名方式确定获奖候选人,再通过评选委员会等部门的同行评议产生获奖人。根据对有信息可查的 192 项奖项进行的粗略统计,这些奖项基本上都是通过提名方式确定获奖候选人的,大都不接受自身提名,只不过在提名者方面存在差异。这些奖项中大约有 160 项奖项接受来自颁奖机构外部的提名。这些来自外部的提名可以是没有任何限定条件的,如盖尔德纳基金会(The Gairdner Foundation)颁发的加拿大盖尔德纳国际奖(The Canada Gairdner International Award),就明确表示在任何时间都可接受来自任何地方的提名。还有一些奖项是指定提名者或者对提名者资格做出一些限定条件的。如挪威科学与文学院(The Norwegian Academy of Science and Letters)颁发的卡夫利奖(The Kavli Prizes),只接受中国科学院(The Chinese Academy of Sciences)、法兰西学院(French Academy of Sciences)、德国马普学会(Max Planck Society)、美国国家科学院(National Academy of Sciences)、英国皇家学会和自身成员的提名。再如香港邵氏奖基金会(The Shaw Prize Foundation)颁发的邵氏奖(The Shaw Prizes),只接受得到邀请的科学家的提名。此外,还有 29 项奖项只接受颁奖机构专设部门或自身成员的内部提名。例如基尔世界经济研究所(Kiel Institute for the World Economy)颁发的全球经济奖(Global Economy Prize),是通过自身成员的提名产生获奖候选人名单的。再如柯尔柏基金会(Körber Foundation)颁发的柯尔柏欧洲科学奖(Körber European Science

Prize),是由欧洲顶尖科学家组成的一个委员会(Search committee)负责选择获奖候选人的。

第二,社会机构负责颁发的国际科学技术奖项中,具有高强度和超高强度物质奖励的奖项所占的比例非常高。如图 4-9 所示,非常明显的是,基金会等社会机构颁发的 66 项奖项中,具有高强度和超高强度物质奖励的奖项占到了三分之二。这是社会将雄厚资源投入到科学技术事业中的体现。

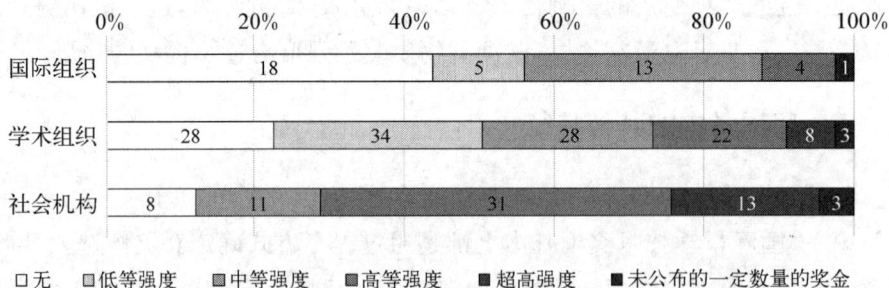

图 4-9　各历史时期不同物质奖励强度的奖项样本的分布情况

第三,国际科学技术奖项基本上都有一定规格的颁奖仪式。为了彰显获奖科学家和学者的贡献,以及给予他们以崇高荣誉,颁奖机构一般都会组织一定规格的颁奖仪式,公开正式地向获奖人颁发奖励。有些奖项的颁奖仪式是在学术组织的年会或学术会议上举行,由学术组织的负责人、奖金资助机构的负责人或上届获奖者等知名人士颁发奖励。还有些奖项具有专门的颁奖仪式或典礼,有的甚至有皇室成员、国家元首或政府首脑出席,并由他们向获奖人颁发奖励。根据粗略统计,225 项奖项样本中就有诺贝尔奖、克拉福德奖(Crafoord Prizes)、哈维奖(Harvey Prize)、沃尔夫奖(Wolf Prizes)、阿斯图里亚斯王子奖(Prince of Asturias Awards)、日本国际奖(Japan Prize)、卡夫利奖(The Kavli Prize)、喜力奖(Heineken Prizes)、霍尔堡国际纪念奖(Holberg International Memorial Prize)、伊丽莎白女王工程奖等 39 项奖项的颁奖仪式是有皇室成员、国家元首或政府首脑出席的。这些奖项无疑是享有殊荣的国际科学技术奖项。

本 章 小 结

本章以所搜集、筛选出的 225 项国际科学技术奖项样本为基础,对这些样本按照一定维度进行了分类描述，进而以分类维度为基础对它们的特征进行了总结。

从颁奖范围来看，国际科学技术奖项普遍存在于各个学科领域，其发展程度与学科领域的发展程度息息相关。随着科学技术发展的国际化程度越来越高，为满足对科学技术成就进行国际比较以及对各国优秀科学家给予奖励的需要，一大批国际科学技术奖项在各学科领域涌现出来。国际科学技术奖项不考虑科学家的国籍，褒奖那些做出了突出贡献的科学家，这本身就是对科学无国界的最佳诠释。同时，不同学科领域的国际科学技术奖项的发展情况存在差异。从所搜集的奖项样本来看，国际化程度高、与社会发展和人类福祉密切相关的学科领域，国际科学技术奖项发展的较为成熟。奖项样本中，在自然科学、工程科学、生命科学与医学领域颁发的奖项占多数。

从颁奖历史来看，在科学技术制度化奖励出现的早期就出现了国际科学技术奖项，这种奖励形式至今没有过时。由于科学技术自身的无国界特点，早期出现的一些奖项就具有了一定的国际性。随着科学技术的快速发展和国际化程度的提高，越来越多地做出突出贡献的卓越科学家需要给予奖励甚至是重复奖励，一大批国际科学技术奖项设立起来以满足这种需要。

从颁奖机构类型来看，国际科学技术奖项的颁发机构非常多样化，除了传统的科学共同体的组织机构，基金会等非学术机构逐渐成为一个主要的设奖力量。科学院、专业协会和学会等科学共同体的组织机构一直以来都是颁发国际科学技术奖项的主要力量。早期，对科学家的同行评议和以评议结果为基础的奖励基本都是在科学共同体内部来完成。随着科学技术在社会经济发展的作用越来越得到重视，科学家成为一种社会职业，对优秀科学家的褒奖也扩展到由社会力量来支持。在大科学时代，颁发国际科学技术奖项不再仅仅是科学共同体内部的一种自我承认，而且成为一种社会奖励。

从颁奖周期来看，样本中的绝大多数国际科学技术奖项是按照固定的周期进行颁发的，其中最常见的是每年都颁发的奖项，体现了奖励的制度化。固定的颁奖周期确保颁奖机构能够规范化的运作评奖委员会的组织、获奖人的评选、颁奖事宜等工作，也能够使奖项更容易赢得外界的关注，积累起声誉。

从奖励的形式来看，国际科学技术奖项的主流奖励形式是给予获奖人荣誉性精神奖励的同时，还给予一定数额的奖金作为物质奖励，但在奖金数额上存在较大差异。国际科学技术奖项的本质依然是一种荣誉性的奖励。荣誉性的精神奖励时效性强，能够提高获奖人的声誉，发挥长久的积极影响。如果缺少这种荣誉性的精神奖励，那么再多的奖金也只是给科学家带来物质上的满足，也只能发挥一时的效应。但必须承认，高额的奖金作为物质奖励，可以强化精神奖励，增强奖励所代表的荣誉感。

结合不同的分类维度，这些奖项样本的特征主要有：第一，在自然科学、工程科学和社会科学领域颁发的奖项主要是由学术组织负责颁发，而在跨领域范围、生命科学与医学领域、脑科学与认知科学领域颁发的奖项主要由非学术性的社会机构颁发。各学科领域的国际科学技术奖项不均由单一类型的机构设立，科学共同体和外部的社会力量均参与进来，体现了大科学时代下科学家作为一种社会职业，需要得到来自科学共同体内部和外部社会的承认。但是，对于涉及多个学科领域的综合性奖项以及涉及人类福祉的学科领域的奖项，社会力量更适合或更有兴趣投入资源设立奖项。第二，跨领域奖项、生命科学与医学奖中带有奖金的奖项所占的比例非常高，而且带有大额奖金的奖项所占的比例也非常高。出现这种情况主要是由于这些领域的奖项有很多都是由社会力量来设立的。科学共同体内部设立的奖项即使没有物质奖励，但也由于其代表了科学共同体对获奖人的承认而具有荣誉性。社会力量设奖时，多凭借其雄厚的资源提供物质奖励，以彰显奖励的价值。第三，自然科学领域的国际科学技术奖项发展较早，社会科学、脑科学与认知科学的奖项发展较晚，这说明国际科学技术奖项的发展与学科的发展息息相关。第四，学术组织是各历史时期负责颁发国际科学技术奖项的主要力量，而社会力量于 20 世纪中期开始也逐渐成为主要力量。小科学时代，科学的规模较小，对科学家的奖励主要来自科学共同体内部。但到了"二战"之后，大科学成为科学界的主导，科学成为一种高强度投资的活动，越来越需要企业、社会机构甚至国家的资助，这使得科学运作要对科学共同体以外的资助者负责。同时，对科学家所做贡献的承认也不再局限于科学共同体内部，科学共同体外的社会力量也逐渐成为科学技术奖励的重要来源。第五，国际科学技术奖项的物质奖励强度具有逐步提高的趋势。随着科学技术对促进社会经济发展、提高人类福祉发挥越来越关键的作用，科学家的社会地位也越来越高，对优秀科学家的奖励也自然水涨船高。为了使新设立的奖项能在科学技术奖励体系中脱颖而出，得到社会的关注和认可,提供高强度的物质奖励则成为一个主要的手段。第六,这些国际科学技术奖项基本上都是通过提名方式确定获奖候选人,再通过同行评议产生获奖人。确定获奖人的过程,不是仅用文献计量指标进行评价就足够的,还需要考察科学家的职业道德、学术贡献和社会贡献。只有通过专业的同行评议,才能优中选优,使获奖人最后作为科学家的杰出代表享受殊荣。第七,这些国际科学技术奖项基本上都有一定规格的颁奖仪式,其中一些奖项的颁奖规格非常高。严肃规范的颁奖仪式,不仅是奖励制度化的体现,也是颁奖机构扩大奖项知名度、提高奖项声誉的重要方法。

综上所述,本研究所搜集的 225 项国际科学技术奖项覆盖了广泛的学科领域,来自跨越四个世纪的不同历史时期,由多种类型的机构负责颁发,具有不同程度的物质奖励。此外,各领域、各时期颁发的国际科学技术奖项在颁奖机构类型、奖励强度等方面存在差异。可以看出,国际科学技术奖项的发展呈现出了多样化态势。这种多样化满足了各历史时期对不同学科领域、不同层次科学家给予承认的需要。

第五章
国际科学技术奖项的声誉研究

奖项的声誉高低决定着其在奖励分层结构中的地位,也是影响其在学术评价中应用价值的直接因素。本研究通过问卷调查,对所搜集的 225 项国际科学技术奖项的声誉进行了调查,为研究国际科学技术奖项之间的等级差距,以及探索奖项声誉的影响因素奠定基础。

第一节　奖项声誉调查的回复情况

对 225 项国际科学技术奖项的声誉调查,前后用了一年多的时间。各学科领域问卷的发放情况和回收情况如表 5-1 所示。从问卷的发放数量和回收数量来看,生命科学与医学领域的问卷发放和回收的最多,有 669 名科学家被邀请参与调查,回收问卷 68 份;机械工程学科的问卷发放得最少,有 39 名科学家被邀请参与调查;生物与医学工程学科的问卷回收的最少,只回收了 6 份。从问卷的回复率来看,政治学学科的问卷回复率最高,有 28.9%;生物与医学工程学科的问卷回复率最低,只有 9.4%。总体来看,各学科领域的问卷在发放数量、回收数量和回复率上存在不小的差距。这是由于各问卷所包括的奖项数量以及各奖项的获奖人数量存在着不小的差距。

经过分析,影响问卷的回收数量和回复率的主要原因有:一是,调查对象中有数量不少的获奖人年事已高,已脱离工作岗位,不便参与问卷调查。根据粗略统计,225 项奖项样本于 1990 年及以后获奖的 3 467 名获奖者中,有至少 40.7% 的获奖人出生于 1940 年以前,有至少 19.4% 的获奖人出生于 1930 年

表 5‑1 各学科领域奖项声誉调查问卷的发放和回收情况

学 科 领 域		问卷发放时间	问卷发放数量	问卷回收数量	回复率
自然科学	数 学	2013 年 3 月 22 日	134	27	20.1%
	化 学	2013 年 7 月 15 日	192	36	18.8%
	天 文 学	2013 年 7 月 22 日	77	17	22.1%
	物 理 学	2013 年 7 月 23 日	244	38	15.6%
	地 球 科 学	2013 年 7 月 31 日	163	21	12.9%
工程科学	电子信息与电气工程	2014 年 3 月 9 日	207	28	13.5%
	化学工程	2014 年 3 月 10 日	90	13	14.4%
	机械工程	2014 年 3 月 10 日	39	9	23.1%
	材料科学与工程	2014 年 3 月 10 日	118	22	18.6%
	生物与医学工程	2014 年 3 月 10 日	64	6	9.4%
	土木工程	2014 年 3 月 10 日	65	7	10.8%
	环境科学与工程	2014 年 3 月 10 日	107	20	18.7%
	能源科学与工程	2014 年 3 月 10 日	175	32	18.3%
社会科学	经 济 学	2014 年 4 月 13 日	119	18	15.1%
	政 治 学	2014 年 4 月 14 日	83	24	28.9%
	法 学	2014 年 4 月 16 日	85	11	12.9%
生命科学与医学		2013 年 9 月 23 日	669	68	10.2%
脑科学与认知科学		2014 年 4 月 4 日	71	17	23.9%

以前。这意味着在 2013 年开始发放问卷时,有很高比例的调查对象的年纪已经达到了七八十岁。二是,尽管本研究在问卷中尽可能列出一个学科领域中有影响力的国际科学技术奖项,但调查对象中有的科学家只获得了问卷所包括的一个奖项或少数几个奖项,对多数奖项的声誉难以评判高低。一些科学家回复邮件表示,尽管获得了其中的一个奖项,但是对于问卷中的多数奖项知之甚少,因此不做评判。由此可见,即便是对获得奖励的科学家而言,评判奖项声誉本身也是一项非常困难的工作。

因为调查对象是国际科学技术奖项的获奖人,都是各学科领域面向国际选拔出来的顶尖科学家和学者,因而他们对奖项声誉做出的评判是值得参考的。例如,化学学科的问卷回复者中有两名诺贝尔化学奖得主,经济学的问卷回复者中有三名诺贝尔经济学奖得主。根据问卷回收数量和回复率,本研究将问卷涉及的 18 个学科领域分为调查结果可靠性强、调查结果可靠性较强、调查结果可靠性较弱和调查结果可靠性弱的学科领域这四大类。最后,各学科领域问卷的分类情况如表 5-2 所示。在 18 个学科领域的问卷调查结果中,有 13 个学科领域的调查结果是基本可靠,此外还有 5 个学科的问卷调查由于回收数量或回复率很低导致结果可靠性不高。对结果可靠性不高的调查结果,需要其他证据对奖项声誉进行分析和判定。

表 5-2 根据问卷回收数量和回复率对各学科领域问卷的分类情况

类　别	分 类 标 准	问卷针对的学科领域
调查结果可靠性强	问卷回复数量不低于 20 份	数学、物理学、化学、地球科学、生命科学与医学、电子信息与电气工程、材料科学与工程、环境科学与工程、能源科学与工程、政治学
调查结果可靠性较强	问卷回复数量接近 20 份,同时回复率不低于 15％	天文学、脑科学与认知科学、经济学
调查结果可靠性较弱	问卷回复数量 10～15 份,或回复数量不足 10 份但回复率不低于 15％	化学工程、机械工程、法学
调查结果可靠性弱	问卷回复数量低于 10 份,同时回复率低于 15％	生物与医学工程、土木工程

根据统计,全部 414 份问卷回复来自 37 个国家或地区的获奖人。在全部回复中,有 210 份回复来自美国的获奖人,占了全部回复量的 50.7％,数量最多。这是美国作为问卷中所列国际科学技术奖项的主要获奖国家的体现。其次,有 43 份回复来自英国的获奖人,占全部回复量的 10.4％;有 30 份回复来自德国的获奖人,占全部回复量的 7.2％;其余回复者来自意大利、法国、加拿大等 34 个国家和地区。图 5-1 呈现了各学科领域奖项声誉调查的美籍回复者所占的百分比。如图所示,美国的获奖人基本上是各学科领域问卷调查的主要回复者。

根据统计,全部的 414 份问卷回复中,有 341 份回复来自在高等教育机构工作的获奖人,占了全部回复量的 82.4％,数量最多;37 份回复来自在独立研

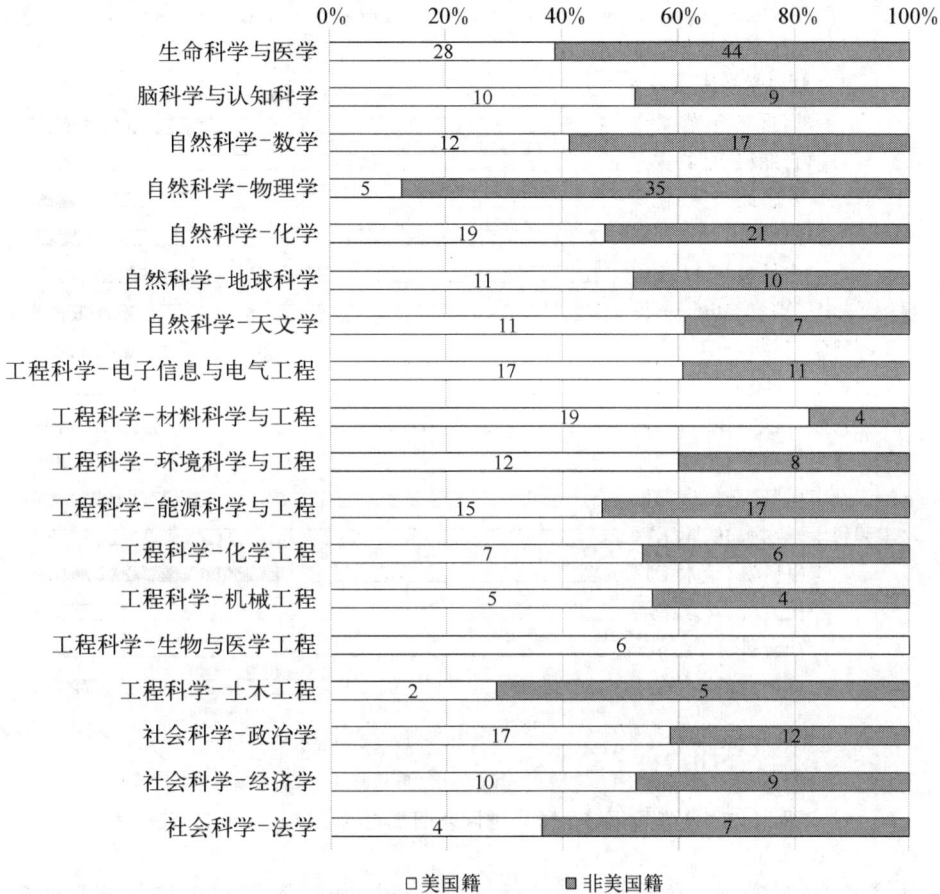

图 5-1　各学科领域奖项声誉调查的美国籍回复者所占百分比

究机构工作的获奖人,占了全部回复量的 8.9%;17 份回复来自在科学院、专业协会和学会等学术组织工作的获奖人,占了全部回复量的 4.1%;其余 20 份回复来自在企业、政府机构或医院这样非学术机构工作的获奖人,占了全部回复量的 4.8%。图 5-2 呈现了各学科领域奖项声誉调查回复者的所属机构分布情况。如图所示,高等教育机构中的获奖人是各学科领域问卷调查的主要回复者。

综上所述,一方面,以获奖人为调查对象开展的奖项声誉调查,其回复情况在各学科领域差异很大。考虑到获奖人的实际年龄及其权威性,多数学科领域的调查回复情况比较理想,调查结果也值得信赖或参考。另一方面,从调

图 5-2 中的内容：

| | 0% | 20% | 40% | 60% | 80% | 100% |

生命科学与医学 51 12 5
脑科学与认知科学 16 1
自然科学-数学 19 4 4
自然科学-物理学 34 2 2
自然科学-化学 33 1 3
自然科学-地球科学 19 2
自然科学-天文学 13 4
工程科学-电子信息与电气工程 22 1 1 4
工程科学-材料科学与工程 16 2 1 3
工程科学-环境科学与工程 17 3
工程科学-能源科学与工程 22 6 1 1 3
工程科学-化学工程 12 1
工程科学-机械工程 7 1 1
工程科学-生物与医学工程 6
工程科学-土木工程 4 3
社会科学-政治学 23 1
社会科学-经济学 17 1
社会科学-法学 10

□ 高等教育机构　　　　　　　　　　▨ 独立研究机构
▨ 科学院、专业协会和学会等学术组织　■ 其他（企业、政府机构、医院）

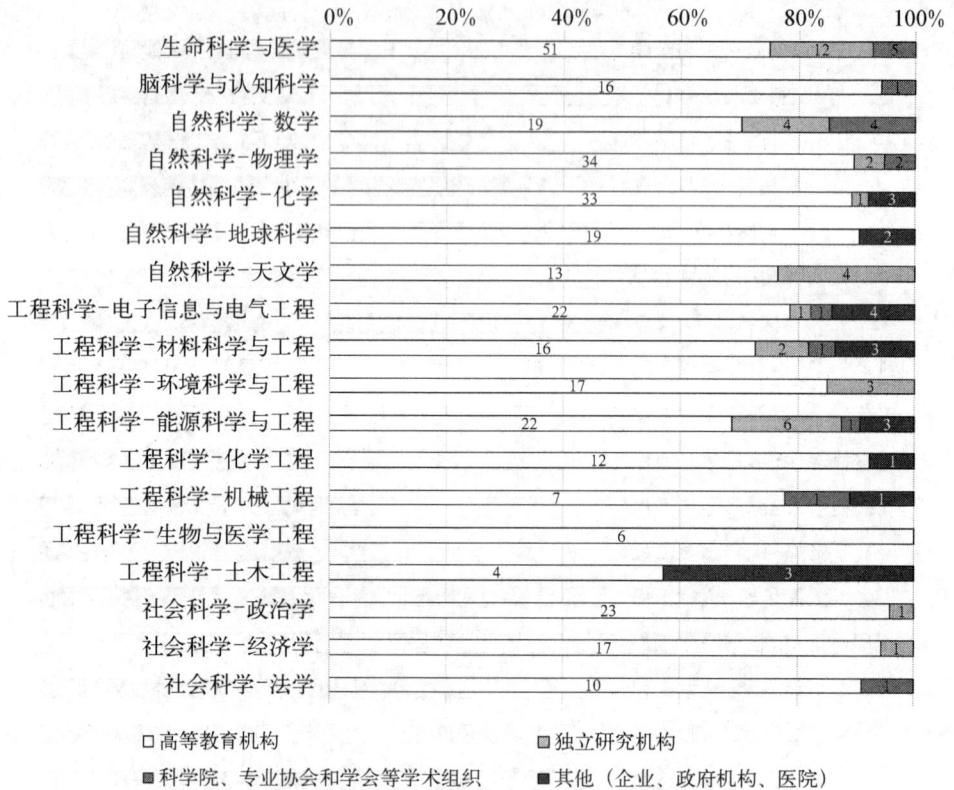

图 5-2　各学科领域奖项声誉调查回复者的所属机构分布情况

查回复者的国籍分布和所属机构分布来看，美国和高等教育机构分别是问卷所列奖项的获奖人的主要集中国家和集中单位。

第二节　奖项声誉调查的结果

在问卷调查中，具有最高声誉的诺贝尔奖是参照奖项，声誉等级为"最高水平的声誉"（Highest），声誉分值设为 1。相应的，问卷中其他四个声誉等级对应的分值是："高声誉"（High）为 0.75，"中等平均水平的声誉"（Average）为 0.50，"低声誉"（Low）为 0.25，"可以忽略的声誉"（Negligible）为 0。根据这个标准，225 项国际科学技术奖项的平均声誉得分就可以计算出来。

整体来看，225 项国际科学技术奖项中，有 15 项奖项的平均声誉得分不低于 0.75,享有"高水平"的声誉;有 82 项奖项的平均声誉得分不低于 0.50 但低于 0.75,享有"较高水平"的声誉;有 123 项奖项的平均声誉得分不低于 0.25 但低于 0.50,享有"较低水平"的声誉;只有 5 项奖项的声誉低于 0.25,具有相对"低水平"的声誉。平均声誉得分不低于 0.50 这一中等平均水平的奖项共 97 项,占全部样本的 43.1%。这从侧面反映了样本清单包括了尽可能多的有代表性、影响力大的奖项。

如图 5-3 所示,具有高水平声誉的 15 项奖项中,有三分之二是来自自然科学领域;具有较高水平声誉的 82 项奖项中,有 73.2% 的奖项是来自自然科学和工程科学领域。这两个领域存在一批数量可观的高声誉奖项,反映了这两个领域的国际科学技术奖项发展成熟。根据声誉大小,这 225 项国际科学技术奖项在奖励分层结构中的相对高低位置得以确定。

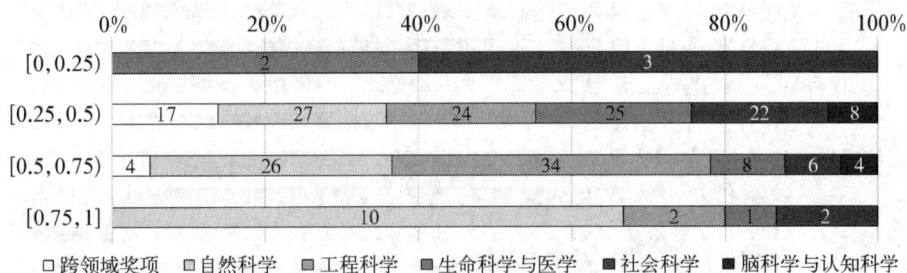

图 5-3 各个声誉等级的国际科学技术奖项分布情况

具体到各个学科领域,如图 5-4 所示,各学科领域国际科学技术奖项的平均声誉得分的分布不均衡。

在 21 个学科领域中,数学、物理学、化学、天文学、工程科学领域内跨学科范围、电子信息与电气工程、材料科学与工程、环境科学与工程、能源科学与工程、化学工程、机械工程、生物与医学工程、法学这 13 个学科领域各有不低于一半的奖项的平均声誉得分不低于 0.50。这些高声誉奖项所占比例过半的学科领域主要分布在自然科学领域和工程科学领域。这体现了这两个领域的国际科学技术奖励发展的较为成熟。

一、跨领域奖项的声誉

本研究搜集的国际科学技术奖项按颁奖领域可分为自然科学奖、生命科

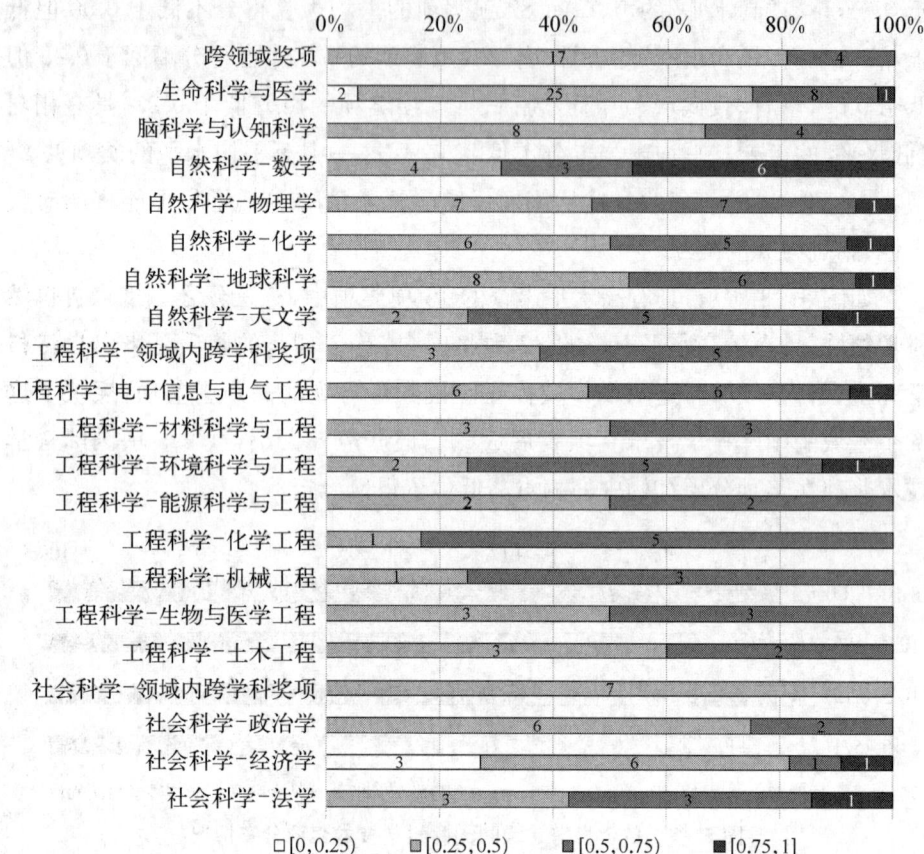

图 5-4　各学科领域国际科学技术奖项的平均声誉得分的分布情况

学与医学奖、工程科学奖、社会科学奖、脑科学与认知科学奖。此外,还有一些奖项的奖励范围是覆盖以上两个或更多领域的,这些奖项即为跨领域颁发的综合性奖项。跨领域奖项每年颁奖的具体学科或研究领域不固定或没有周期性。

　　本研究共搜集了 21 项跨领域奖项。在奖项声誉调查中,将这 21 项奖项按照所涉及的具体学科或研究领域一一分配到相应的问卷中。因此各个跨领域奖项针对不同的调查对象群体,回复数量也自然不同。根据调查结果,如图 5-5 所示,京都奖——基础科学类(Kyoto Prize in Basic Sciences)和日本国际奖(Japan Prize)的平均声誉得分是 0.66,是跨领域奖项中声誉最高的。虽然这两个奖项的声誉未达到"高声誉"级别,但已超过平均水平,因此具有较高的声誉。其中，京都奖奖励那些为人类科学和文明的发展、为深化和提高人们的精神文化做出显著贡献的人士。京都奖每年在基础科学、先进技术、艺术与哲学这三大门类下颁奖，每个门类的奖金高达 5 000 万日元，其中基础科学类包括生命科学、数理科学、地球科学和宇宙科学。① 日本国际奖授予在科学技术方面取得了独创性和飞跃性的成果，对科学技术的发展，人类的和平与繁荣做出了重大贡献的人。日本国际奖每年 11 月由专门委员会（Field Selection Committee）负责公布今后两年奖项颁发的学科领域。② 此外，阿尔伯特·爱

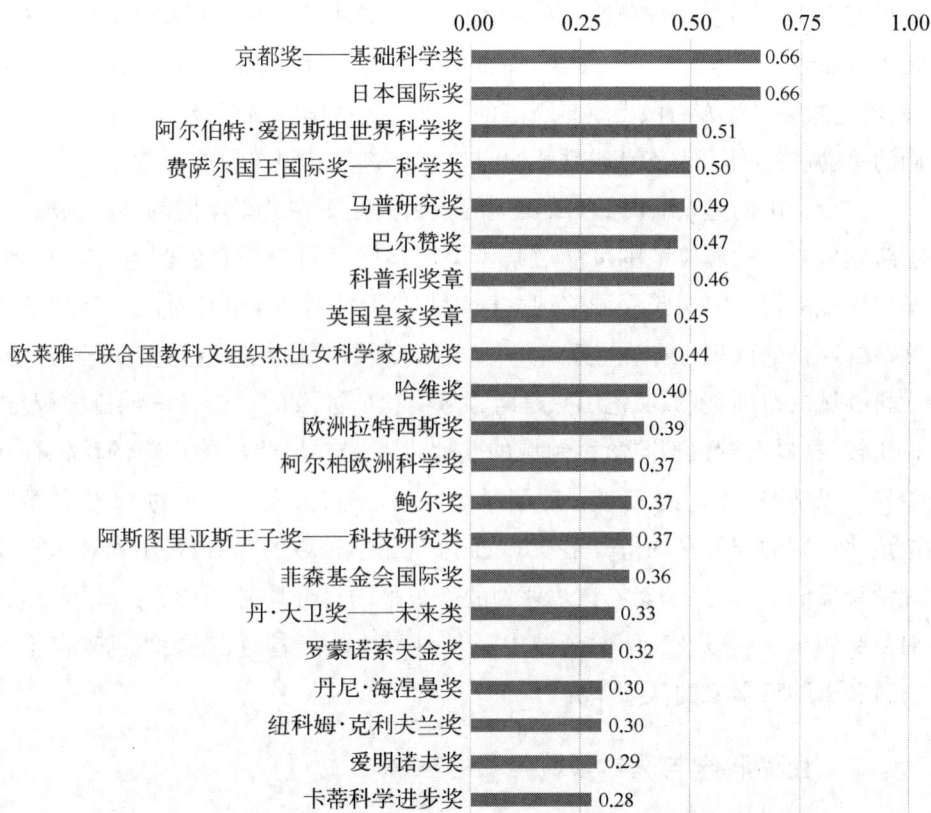

	0.00	0.25	0.50	0.75	1.00
京都奖——基础科学类				0.66	
日本国际奖				0.66	
阿尔伯特·爱因斯坦世界科学奖			0.51		
费萨尔国王国际奖——科学类			0.50		
马普研究奖			0.49		
巴尔赞奖			0.47		
科普利奖章			0.46		
英国皇家奖章			0.45		
欧莱雅—联合国教科文组织杰出女科学家成就奖			0.44		
哈维奖			0.40		
欧洲拉特西斯奖		0.39			
柯尔柏欧洲科学奖		0.37			
鲍尔奖		0.37			
阿斯图里亚斯王子奖——科技研究类		0.37			
菲森基金会国际奖		0.36			
丹·大卫奖——未来类		0.33			
罗蒙诺索夫金奖		0.32			
丹尼·海涅曼奖		0.30			
纽科姆·克利夫兰奖		0.30			
爱明诺夫奖		0.29			
卡蒂科学进步奖		0.28			

图 5-5　国际科学技术奖项平均声誉得分——跨领域奖项

注：图中具体奖项的英文名称详见附录 1，下同。

---

① Inamori Foundation. The Kyoto Prize[EB/OL]. [2014-10-10]. http：//www.inamori-f.or.jp/e_kp_out_out.html.

② The Japan Prize Foundation. Japan Prize[EB/OL]. [2014-10-10]. http：//www.japanprize.jp/en/prize.html.

因斯坦世界科学奖(Albert Einstein World Award of Science)和费萨尔国王国际奖——科学类(King Faisal International Prize in Science)享有中等水平的声誉。其中,阿尔伯特·爱因斯坦世界科学奖是一项世界性的科学大奖,由世界文化理事会(World Cultural Council)设立,授予通过研究为造福人类做出贡献的杰出科学家。[①] 费萨尔国王国际奖是由沙特阿拉伯的费萨尔国王基金会(King Faisal Foundation)设立,在伊斯兰服务事业、伊斯兰研究、医学、科学和阿拉伯文学这五个类别中颁发,每年授予对穆斯林文明以及全人类文明和福祉做出重要贡献的人士。[②] 这些享有较高声誉的国际科学技术奖项都不仅奖励那些在科学技术方面做出卓越贡献的科学家,而且更突出的是旨在奖励在促进人类文明发展、增进人类福祉方面做出卓越贡献的人士。这些国际科学技术奖项凭借其高尚的奖励宗旨,使获奖人获得殊荣的同时,也产生了广泛的社会影响。

需要指出的是,由于跨领域奖项的获奖人分布在若干不同的学科领域,一项跨领域奖项的颁奖范围可能对某一个或某些学科领域有所侧重,因而不同学科领域的科学家对跨领域奖项的熟悉程度是不同的,而且对同一项跨学科奖项的声誉的认识也存在差异。再加上,跨领域奖项在问卷调查中是与不同学科领域的单项奖(颁奖范围只是跨领域奖项所涉及的一个具体学科领域)进行比较,这也会导致不同学科领域的获奖人对跨领域奖项的声誉的认识存在差异。以费萨尔国王国际奖——科学类为例,来自天文学领域的 14 位科学家给该奖评判的声誉平均得分是 0.30,而来自化学领域的 32 位科学家和来自物理学领域的 28 位科学家给该奖评判的声誉平均得分均是 0.53。由此可见,在对待跨领域奖项以及后面的领域内跨学科奖项的声誉时,需要注意来自不同学科领域的科学家的认知差异。

二、生命科学与医学领域奖项的声誉

本研究共搜集了 36 项在生命科学与医学领域颁发的国际奖项。根据调查结果,如图 5-6 所示,除诺贝尔生理学或医学奖(Nobel Prize in Physiology

---

① World Cultural Council. Albert Einstein World Award of Science[EB/OL]. [2014 - 10 - 10]. http://www.consejoculturalmundial.org/awards-science.php

② King Faisal Foundation. King Faisal International Prize[EB/OL]. [2014 - 10 - 10]. http://www.kff.com/en/King-Faisal-International-Prize.

	0.00	0.25	0.50	0.75	1.00

诺贝尔生理学或医学奖 1.00
拉斯克基础医学研究奖 0.72
邵氏生命科学与医学奖 0.60
拉斯克临床医学研究奖 0.60
加拿大盖尔德纳国际奖 0.60
加拿大盖尔德纳全球健康奖 0.58
沃尔夫医学奖 0.56
卡夫利奖——神经科学类 0.55
克拉福德生物科学奖 0.52
罗伯特·科赫奖 0.49
路易斯·让泰医学奖 0.49
拉斯克医学特别成就奖 0.48
费萨尔国王国际奖——医学类 0.47
罗伯特·科赫金质奖章 0.47
喜力医学奖 0.44
保罗·埃尔利希-路德维希·达姆施泰特奖 0.44
国际生物学奖 0.43
达尔文奖章 0.43
路易莎·格罗斯·霍维茨奖 0.43
喜力生物化学与生物物理学奖 0.41
本杰明·富兰克林奖章——生命科学类 0.39
生命科学突破奖 0.39
罗森斯蒂尔奖 0.38
威利生物医学科学奖 0.38
世界科学院生物学奖 0.36
国际环境和谐奖 0.35
马斯利奖 0.34
默克奖 0.34
珀尔·美斯特·格林加德奖 0.34
世界科学院医学奖 0.31
克拉福德多发性关节炎研究奖 0.30
泰勒国际医学奖 0.30
达能国际营养奖 0.29
杰西·史蒂文森·科瓦连科奖章 0.26
贾德森·德兰临床研究突出成就奖 0.24
托拜厄斯奖 0.18

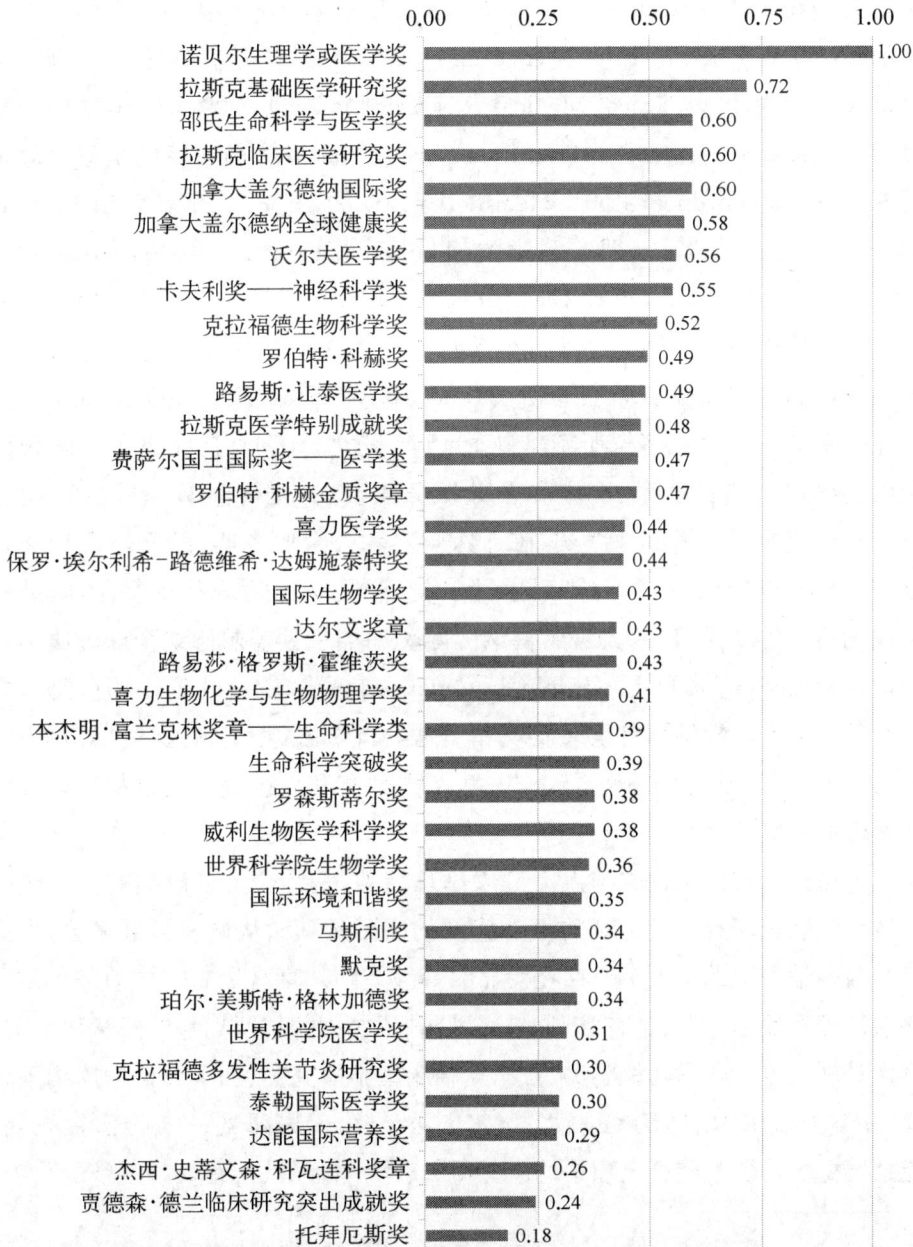

图 5-6　国际科学技术奖项平均声誉得分——生命科学与医学

or Medicine)外,具有较高声誉的国际生命科学与医学奖项有拉斯克基础医学研究奖(Albert Lasker Basic Medical Research Award)、邵氏生命科学与医学奖(The Shaw Prize in Life Science and Medicine)、拉斯克临床医学研究奖(Lasker~DeBakey Clinical Medical Research Award)、加拿大盖尔德纳国际奖(The Canada Gairdner International Award)、加拿大盖尔德纳全球健康奖(The Canada Gairdner Global Health Award)、沃尔夫医学奖(Wolf Prize in Medicine)、卡夫利奖——神经科学类(The Kavli Prize in Neuroscience)和克拉福德生物科学奖(Crafoord Prize in Biosciences)。其中,拉斯克基础医学研究奖的平均声誉得分明显高于其他奖项。拉斯克基础医学研究奖是由阿尔伯特与玛丽·拉斯克基金会(Albert and Mary Lasker Foundation)颁发的拉斯克奖中的一项奖项。拉斯克奖自1945年设立起,一直旨在表彰医学领域做出突出贡献的科学家、医生和公共服务人员,是国际最具声誉的奖项之一。拉斯克奖下设基础医学奖、临床医学奖和公众服务奖,后又增设特殊贡献奖,由于其得奖者通常会得到诺贝尔奖,该奖项在医学界又素有"诺贝尔奖风向标"之称。[1] 加拿大盖尔德纳国际奖和加拿大盖尔德纳全球健康奖均由盖尔德纳基金会(The Gairdner Foundation)颁发,奖金均为10万加元,主要奖励在世界医学领域有重大发现和贡献的科学家,是生物医学界最具声望的大奖之一。[2] 还有邵氏奖、沃尔夫奖、卡夫利奖和克拉福德奖也都是享有国际盛誉的大奖。

生命科学与医学领域与人类健康息息相关,是社会力量设奖的一个热门领域。该领域拥有数量可观的享有盛誉的国际奖项。从调查结果来看,生命科学与医学领域的奖项声誉存在明显的等级差距。享有最高荣誉的诺贝尔奖显然位于最顶端,其次是有"诺贝尔奖风向标"之称的拉斯克基础医学研究奖,再次是邵氏生命科学与医学奖、拉斯克临床医学研究奖、加拿大盖尔德纳国际奖、加拿大盖尔德纳全球健康奖、沃尔夫医学奖、卡夫利奖——神经科学类和克拉福德生物科学奖这七项平均声誉得分较为靠近的、具有较高声誉的奖项,

---

① Lasker Foundation. The Lasker Awards Overview[EB/OL]. [2014 - 10 - 15]. http://www.laskerfoundation.org/awards/index.htm

② The Gairdner Foundation. The Awards[EB/OL]. [2014 - 10 - 15]. http://www.gairdner.org/content/awards.

然后是其他平均声誉得分逐步降低、声誉等级也分开层次的奖项。在诺贝尔奖存在的生命科学与医学领域,奖项声誉大致存在这种"诺贝尔奖—拉斯克奖—邵氏奖等国际大奖—其他奖项"的等级结构。

三、脑科学与认知科学领域奖项的声誉

本研究共搜集了 12 项在脑科学与认知科学领域颁发的国际奖项。根据调查结果,如图 5-7 所示,12 项脑科学与认知科学领域的国际奖项中有格文美尔心理学奖(The Grawemeyer Award in Psychology)、喜力认知科学奖(Heineken Prize for Cognitive Science)、大卫·鲁姆哈特奖(The David E. Rumelhart Prize)和大脑奖(The Brain Prize)这四项奖项的平均声誉得分不低于 0.50,具有较高的声誉。其中,格文美尔心理学奖是由美国路易斯维尔大学(the University of Louisville)颁发的,奖金高达 10 万美金,旨在奖励心理科学的杰出成就。[①] 喜力认知科学奖是由荷兰皇家艺术与科学院(The Royal Netherlands Academy of Arts and Sciences)颁发的喜力奖中的一项,奖金高

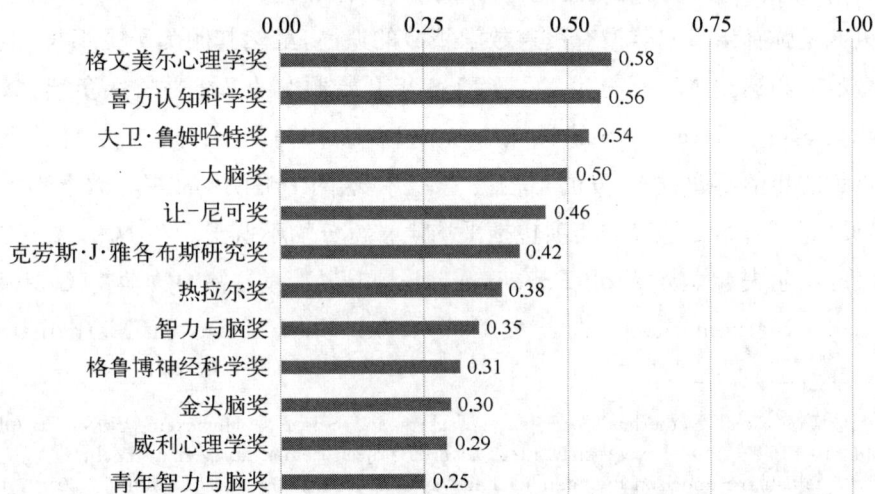

图 5-7　国际科学技术奖项平均声誉得分——脑科学与认知科学

---

① University of Louisville. The Grawemeyer Award in Psychology[EB/OL]. [2014-10-15]. http://www.grawemeyer.org/psychology/.

达 20 万美元,享有国际盛誉。① 大卫·鲁姆哈特奖是由格鲁什—萨缪尔森基金会(Glushko-Samuelson Foundation)颁发,于 2001 年首次颁发,奖金高达 10 万美金,旨在奖励对人类认知的理论基础做出重大贡献的个人或团队。② 大脑奖由格雷特·伦德贝克欧洲大脑研究基金会(Grete Lundbeck European Brain Research Foundation)设立,奖金高达 100 万欧元,奖励对欧洲神经科学发展做出杰出贡献的科学家。③

四、自然科学领域奖项的声誉

(一) 数学

本研究共搜集了 13 项在数学学科颁发的国际奖项。根据调查结果,如图 5-8 所示,数学学科的国际奖项的声誉明显分成了三个等级。位于第一等级的是阿贝尔奖(The Abel Prize)和菲尔兹奖(Fields Medal)。两个奖项都具有超过 0.90 的平均声誉得分,与诺贝尔奖的声誉相当接近。阿贝尔奖由挪威科学与文学院(The Norwegian Academy of Science and Letters)负责管理,于 2003 年首次颁发,授予在数学领域做出非凡贡献的数学家。阿贝尔奖设立的动机就是弥补诺贝尔奖没有覆盖数学领域的遗憾,虽然其颁奖历史不长,但其奖金数额高达约 100 万美元。④ 于 1936 年开始颁发的菲尔兹奖久负盛名,由国际数学联盟(International Mathematical Union)每四年评选一次,评选有卓越贡献的年龄不超过 40 岁的年轻数学家。⑤ 这两个奖项可被视为数学界中的"诺贝尔奖"。第二等级的奖项包括平均声誉得分均不低于 0.75 这一"高声誉"等级的沃尔夫数学奖(Wolf Prize in Mathematics)、克拉福德数学奖(Crafoord Prize in Mathematics)、邵氏数学奖(The Shaw Prize in Mathematical

① The Royal Netherlands Academy of Arts and Sciences. Heineken Prizes[EB/OL]. [2014-10-15]. https://www.knaw.nl/en/awards/prijzen/heinekenprijzen/overzicht.

② Glushko-Samuelson Foundation. The David E. Rumelhart Prize[EB/OL]. [2014-10-15]. http://rumelhartprize.org/.

③ Grete Lundbeck European Brain Research Foundation. The Brain Prize[EB/OL]. [2014-10-15]. http://www.thebrainprize.org/flx/the_brain_prize/.

④ The Norwegian Academy of Science and Letters. The Abel Prize[EB/OL]. [2014-10-10]. http://www.abelprize.no/.

⑤ International Congress of Mathematicians. Fields Medal[EB/OL]. [2014-10-10]. http://www.mathunion.org/general/prizes/fields/details/

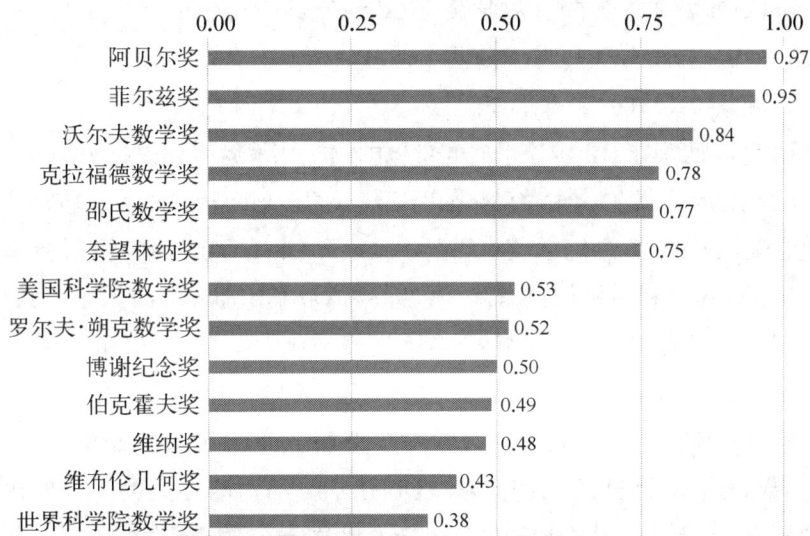

图 5-8　国际科学技术奖项平均声誉得分——数学

奖项	平均声誉得分
阿贝尔奖	0.97
菲尔兹奖	0.95
沃尔夫数学奖	0.84
克拉福德数学奖	0.78
邵氏数学奖	0.77
奈望林纳奖	0.75
美国科学院数学奖	0.53
罗尔夫·朔克数学奖	0.52
博谢纪念奖	0.50
伯克霍夫奖	0.49
维纳奖	0.48
维布伦几何奖	0.43
世界科学院数学奖	0.38

Sciences)和奈望林纳奖(Rolf Nevanlinna Prize)。沃尔夫奖由以色列沃尔夫基金会(Wolf Foundation)负责颁发,主要奖励对推动人类科学与艺术文明做出杰出贡献的人士,分别在农业、化学、数学、医药、物理学和艺术领域设奖。[①]克拉福德奖由瑞典皇家科学院(The Royal Swedish Academy of Sciences)负责颁发,设立目的是对诺贝尔奖遗漏的科学领域的基础研究予以奖励,分别在数学、地球科学、生物科学和天文学领域设奖。[②]邵氏奖由中国香港邵氏奖基金会(The Shaw Prize Foundation)负责颁发,分别在天文学、生命科学与医学以及数学领域设奖,以表彰近期在学术及科学研究或应用上获得突破性的成果,和该成果对人类生活产生深远影响的科学家。[③]沃尔夫奖、克拉福德奖和邵氏奖都是享有国际盛誉的奖项。奈望林纳奖与菲尔兹奖一样,均由权威的国际数学联盟负责颁发。第三等级的有美国科学院数学奖(NAS Award in

---

[①]　The Wolf Foundation. The Wolf Prize[EB/OL]. [2014-10-10]. http://www.wolffund.org.il/.

[②]　The Royal Swedish Academy of Sciences. The Crafoord Prize[EB/OL]. [2014-10-10]. http://www.crafoordprize.se/.

[③]　The Shaw Prize Foundation. The Shaw Prize[EB/OL]. [2014-10-10]. http://www.shawprize.org/en/.

Mathematics)、罗尔夫·朔克数学奖（Rolf Schock Prize in Mathematics）等七个奖项，平均声誉得分明显低于前两个等级。

（二）化学

本研究共搜集了12项在化学学科颁发的国际奖项。根据调查结果，如图5-9所示，除诺贝尔化学奖（Nobel Prize in Chemistry）外，具有较高声誉的国际化学奖项有沃尔夫化学奖（Wolf Prize in Chemistry）、普利斯特里奖章（Priestley Medal）和韦尔奇化学奖（Welch Award in Chemistry）等。其中，沃尔夫奖享有国际盛誉。普利斯特里奖章是美国化学学会（American Chemical Society）颁发的最高奖项，于1922年设立，用以奖励在化学领域做出杰出贡献的科学家。[1] 韦尔奇化学奖是由美国韦尔奇基金会（The Welch Foundation）设立，奖金高达30万美元，以表彰在基础化学方面对改善人类生活发挥重要作用的研究。[2] 此外，美国化学学会在若干化学分支领域颁发的彼得·德拜物理化学奖（Peter Debye Award in Physical Chemistry）、亚当斯化学奖（Roger

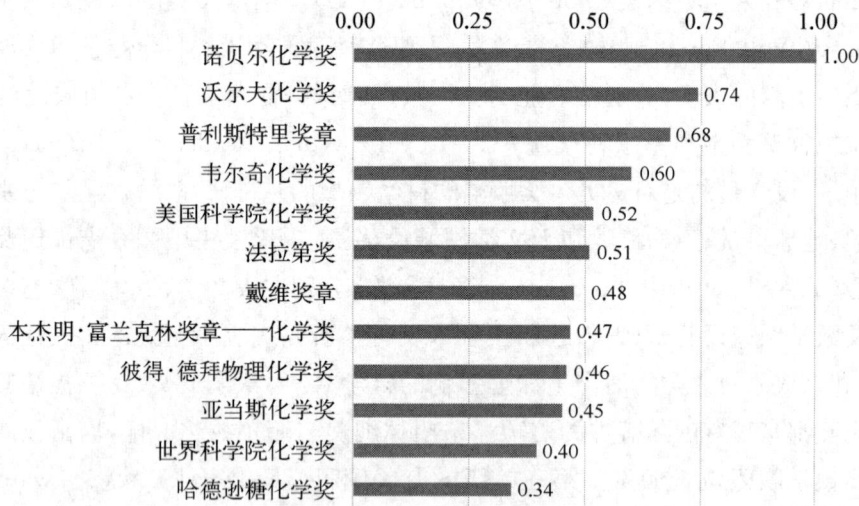

图5-9　国际科学技术奖项平均声誉得分——化学

---

① American Chemical Society. Priestley Medal[EB/OL]. [2014-10-10]. http://www.acs.org/content/acs/en/funding-and-awards/awards/national/bytopic/priestley-medal.html.

② The Welch Foundation. Welch Award in Chemistry[EB/OL]. [2014-10-10]. http://www.welch1.org/awards/welch-award-in-chemistry.

Adams Award in Organic Chemistry)和哈德逊糖化学奖(Claude S. Hudson Award in Carbohydrate Chemistry)具有相对较低的声誉。

（三）物理学

本研究共搜集了15项在物理学学科颁发的国际奖项。根据调查结果，如图5-10所示，除诺贝尔物理学奖(Nobel Prize in Physics)外，具有较高声誉的国际物理学奖项有沃尔夫物理学奖(Wolf Prize in Physics)、牛顿奖章(Isaac Newton Medal)、马克斯·普朗克奖章(Max Planck Medal)和基础物理学奖(Fundamental Physics Prize)等七个奖项具有较高的声誉。其中，沃尔夫物理学奖的声誉明显高于除诺贝尔物理学奖外的其他奖项，彰显了其崇高的国际声誉。牛顿奖章由具有悠久历史的英国物理学会(Institute of Physics)颁发，授予那些对物理学做出突出贡献的科学家。[1] 马克斯·普朗克奖章由德国物理学会(German Physical Society)自1929年起每年颁发给理论物理学领域做

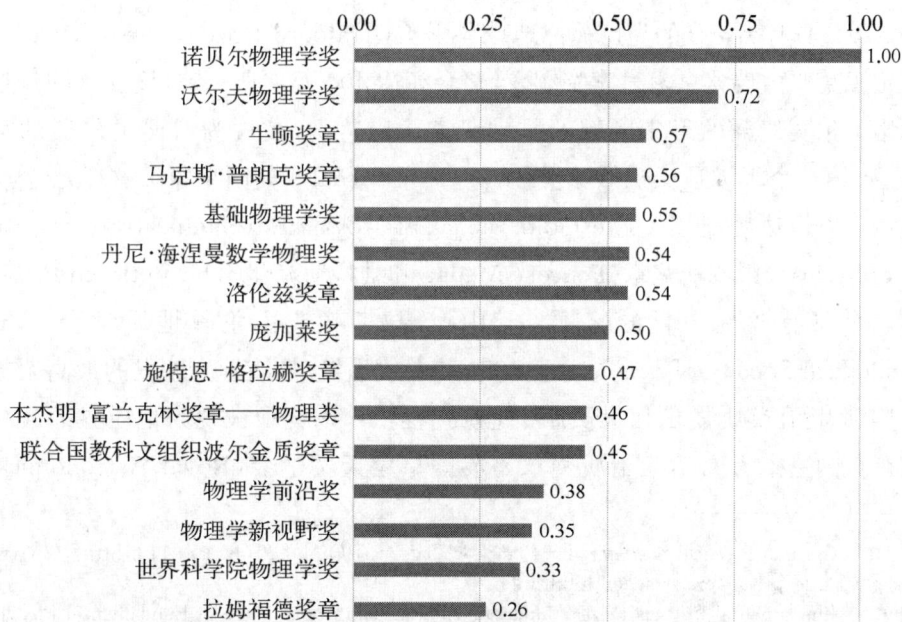

图5-10　国际科学技术奖项平均声誉得分——物理学

---

① Institute of Physics. Isaac Newton medal[EB/OL]. [2014-10-11]. http://www.iop.org/about/awards/newton/page_38399.html.

出杰出贡献的科学家,是该协会荣誉最高的奖励。① 基础物理学奖是一个新奖,又称基础物理学突破奖(The Breakthrough Prize in Fundamental Physics),由俄罗斯亿万富翁尤里·米尔纳(Yuri Milner)于 2012 年捐资设立,奖金高达 300 万美元,是目前已知的奖金数额最高的奖项,旨在奖励世界各国在物理学领域对人类做出重大贡献的物理学家。②

从调查结果来看,国际物理学奖项的声誉存在明显的等级差距。享有最高荣誉的诺贝尔奖显然位于最顶端,其次是享有国际盛誉的沃尔夫物理学奖,再次是牛顿奖章等六个平均声誉得分较为靠近的、享有较高声誉的奖项,然后是其他六个平均声誉得分逐步降低、声誉等级也分开层次的奖项。在诺贝尔奖存在的化学领域,奖项声誉大致也存在这种“诺贝尔奖—沃尔夫奖—其他奖项”的等级结构。

(四)地球科学

本研究共搜集了 15 项在地球科学领域颁发的国际奖项。根据调查结果,如图 5‐11 所示,地球科学领域的国际奖项的声誉大致可以分成三个等级。第一个等级是具有高声誉的克拉福德地球科学奖(Crafoord Prize in Geosciences)。克拉福德奖由瑞典皇家科学院颁发,奖金高达 400 万瑞典克朗,设立目的就是对诺贝尔奖遗漏的科学领域的基础研究予以奖励,被视为对诺贝尔奖的补充。③ 第二个等级是沃拉斯顿奖(Wollaston Medal)、英国皇家天文学会金质奖章——地球物理类(The Gold Medal of Royal Astronomical Society for Geophysics)、彭罗斯奖章(Penrose Medal)和维特勒森奖(The Vetlesen Prize)等六个具有较高声誉的奖项。其中,沃拉斯顿奖由伦敦地质学会(The Geological Society of London)于 1831 年首次颁发,是该学会颁发的最高荣誉的奖励,旨在奖励做出伟大贡献的地质学家。④ 该奖项被视为地质界的最高奖。英国皇家天文学会金质奖章是英国皇家天文学会(Royal Astronomical

① German Physical Society. Max Planck Medal. [EB/OL]. [2014 ‐ 10 ‐ 11]. http：//www. dpg-physik. de/preise/preistraeger_mp.html

② Fundamental Physics Prize Foundation. The Breakthrough Prize in Fundamental Physics [EB/OL]. [2014 ‐ 10 ‐ 11]. https：//breakthroughprize.org/.

③ The Royal Swedish Academy of Sciences. The Crafoord Prize[EB/OL]. [2014 ‐ 10 ‐ 11]. http：//www.crafoordprize.se/.

④ The Geological Society of London. The Wollaston Medal[EB/OL]. [2014 ‐ 10 ‐ 11]. http：//www. geolsoc. org. uk/About/Awards-Grants-and-Bursaries/Society-Awards/Wollaston-Medal.

Society)颁发的最高荣誉的奖励,在天文学和地球物理学领域各设一枚奖章。① 彭罗斯奖章于 1927 年设立,是美国地质学会(Geological Society of America)颁发的最高荣誉的奖励。② 维特勒森奖于 1959 年由维特勒森基金会(G. Unger Vetlesen Foundation)设立,由哥伦比亚大学(Columbia University)负责管理,奖金高达 25 万美元,表彰那些在科学研究中对地球、地球演化史及地球与宇宙的关系方面取得杰出成就的人,旨在成为地球科学领域的"诺贝尔奖"。③ 第三个等级是声誉较低的罗斯贝奖章(The Carl-Gustaf Rossby Research Medal)等八个奖项。

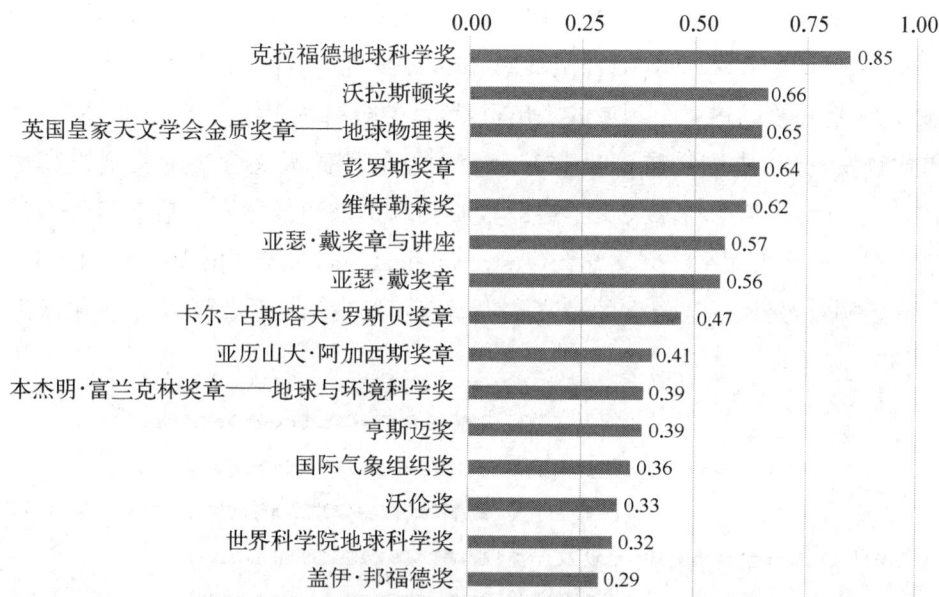

图 5－11 国际科学技术奖项平均声誉得分——地球科学

（五）天文学

本研究共搜集了 8 项在天文学学科颁发的国际奖项。根据调查结果,如

---

① Royal Astronomical Society. Gold Medal (G)[EB/OL]. [2014-10-11]. https://www.ras.org.uk/awards-and-grants/awards/2262-gold-medal-g.

② The Geological Society of America. Penrose Medal[EB/OL]. [2014-10-11]. http://www.geosociety.org/awards/aboutawards.htm#penrose.

③ Lamont-Doherty Earth Observatory. The Vetlesen Prize[EB/OL]. [2014-10-11]. http://www.ldeo.columbia.edu/vetlesen-prize/.

图 5 - 12 所示,天文学领域中克拉福德天文学奖(Craoord Prize in Astronomy)享有最高声誉,其平均声誉得分超过了 0.75 这一"高声誉"等级,再次印证了克拉福德奖在国际科学技术奖励体系中的崇高地位。此外,卡夫利奖——天体物理学类(The Kavli Prize in Astrophysics)、邵氏天文学奖(The Shaw Prize in Astronomy)、英国皇家天文学会金质奖章——天文学类(The Gold Medal of Royal Astronomical Society for Astronomy)和布鲁斯奖(The Bruce Medal)等五个奖项也具有较高的声誉。其中,卡夫利奖由挪威科学与文学院(The Norwegian Academy of Science and Letters)、美国卡夫利基金会(The Kavli Foundation)和挪威教育与科研部(The Norwegian Ministry of Education and Research)合作设立,在天体物理学、神经科学和纳米科学领域设奖,旨在奖励这三个领域的杰出贡献者,奖金高达 100 万美元,于 2008 年首次颁发。[①] 由中国香港邵氏奖基金会颁发的邵氏天文学奖的奖金也高达 100 万美元。[②] 英国皇家天文学会的金质奖章是该学会颁发的最高荣誉的奖励。布鲁斯奖由太平洋天文学会(Astronomical Society of the Pacific)于 1898 年开始颁发,是该学会颁发的最高奖项。每年颁发给一位在天文学领域做出

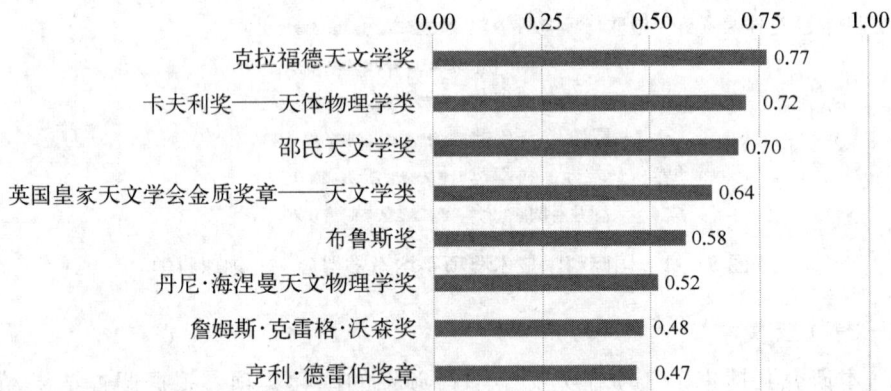

图 5 - 12　国际科学技术奖项平均声誉得分——天文学

　　① The Norwegian Academy of Science and Letters. The Kavli Prize[EB/OL]. [2014 - 10 - 11]. http：//www.kavliprize.org/about.
　　② The Shaw Prize Foundation. The Shaw Prize[EB/OL]. [2014 - 10 - 11]. http：//www.shawprize.org/en/.

重要贡献的科学家。[①]

五、工程科学领域奖项的声誉

(一)工程科学领域内跨学科奖项

本研究共搜集了8项在工程科学领域内颁发,但不局限于某一具体工程学科的国际奖项。根据调查结果,如图5-13所示,京都奖——先进技术类(Kyoto Prize in Advanced Technology)、卡夫利奖——纳米科学类(The Kavli Prize in Nanoscience)、查尔斯·斯塔克·德雷珀奖(Charles Stark Draper Prize)、伊丽莎白女王工程奖(Queen Elizabeth Prize for Engineering)和千禧科技奖(Millennium Technology Prize)这五个奖项的平均声誉得分不低于0.50,具有较高的声誉。京都奖覆盖三个门类,其中先进技术类覆盖电子学、生物与医学技术、材料科学与工程以及信息科学,奖金高达5 000万日元。由挪威科学与文学院管理的卡夫利奖在纳米科学等三个领域设奖,奖金高达100万美元。查尔斯·斯塔克·德雷珀奖由美国国家工程院(National Academy of Engineering)于1989年开始颁发,奖金高达50万美元,旨在奖励那些在任何工程学科中对社会产生重要影响和为改善人们生活质量做出重大贡献的工程技术成就,被认为是全世界对工程技术成就的最高褒奖之一。[②] 伊丽莎白女王工程奖由英国伊丽莎白女王工程奖基金会(The Queen Elizabeth Prize for Engineering Foundation)负责管理,于2013年首次颁发,奖金高达100万英镑,旨在奖励通过开拓性创新为增进人类福祉做出卓越贡献的工程师。[③] 千禧科技奖由芬兰科技学会(Technology Academy Finland)负责颁发,奖金高达100万欧元,旨在奖励技术方面的伟大成就和创新。[④] 可见,在工程科学领域存在若干奖励强度大、覆盖各学科的、具有较高声誉的国际奖项。

---

① Astronomical Society of the Pacific. Catherine Wolfe Bruce Gold Medal[EB/OL]. [2014-10-11]. http://www.astrosociety.org/about-us/awards/.

② National Academy of Engineering. Charles Stark Draper Prize for Engineering[EB/OL]. [2014-10-11]. https://www.nae.edu/Projects/Awards/DraperPrize.aspx.

③ The Queen Elizabeth Prize for Engineering Foundation. The Queen Elizabeth Prize for Engineering[EB/OL]. [2014-10-11]. http://qeprize.org/.

④ Technology Academy Finland. Millennium Technology Prize[EB/OL]. [2014-10-11]. http://taf.fi/en/millennium-technology-prize/.

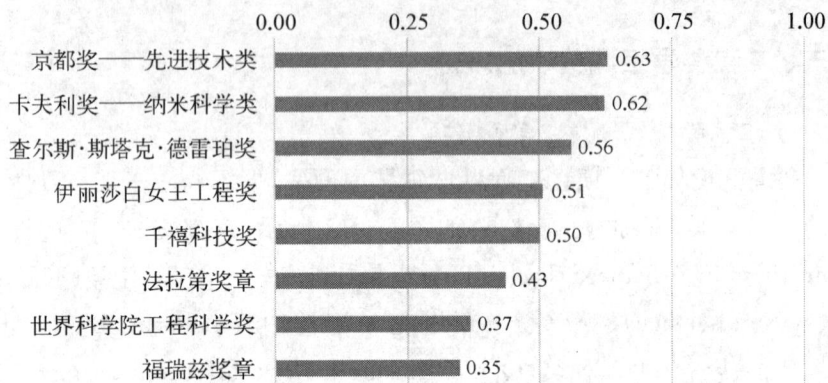

图 5-13　国际科学技术奖项平均声誉得分——工程科学领域内跨学科奖项

（二）电子信息与电气工程

本研究共搜集了 13 项在电子信息与电气工程领域颁发的国际奖项。根据调查结果，如图 5-14 所示，电子信息与电气工程的奖项声誉存在等级差距。该领域中最具声誉的国际奖项是由美国计算机协会（Association for Computing Machinery）于 1966 年设立的、享有高声誉的图灵奖（A. M. Turing Award）。图灵奖久负盛名，被认为是计算机界的"诺贝尔奖"，是计算机协会授予的最高奖励，奖金高达 25 万美元，旨在奖励那些对计算机事业做出重要贡献的个人。[①]　其次是由世界上最大的专业技术组织之一电气电子工程师学会（Institute of Electrical and Electronics Engineers，简称 IEEE）颁发的 IEEE 荣誉奖章（IEEE Medal of Honor）。该奖项的平均声誉得分虽然不及图灵奖，但也明显高于其他奖项。IEEE 荣誉奖章是 IEEE 颁发的最高奖励，于 1917 年设立，奖励给在电气电子工程界做出卓越贡献的人物。[②]　其他奖项的声誉不及这两个著名奖项。

（三）材料科学与工程

本研究共搜集了 6 项在材料科学与工程领域颁发的国际奖项。根据调查

①　Association for Computing Machinery. A. M. Turing Award[EB/OL]. [2014-10-12]. http：//amturing.acm.org/.

②　Institute of Electrical and Electronics Engineers. IEEE Medal of Honor[EB/OL]. [2014-10-12]. http：//www.ieee.org/about/awards/medals/medalofhonor.html.

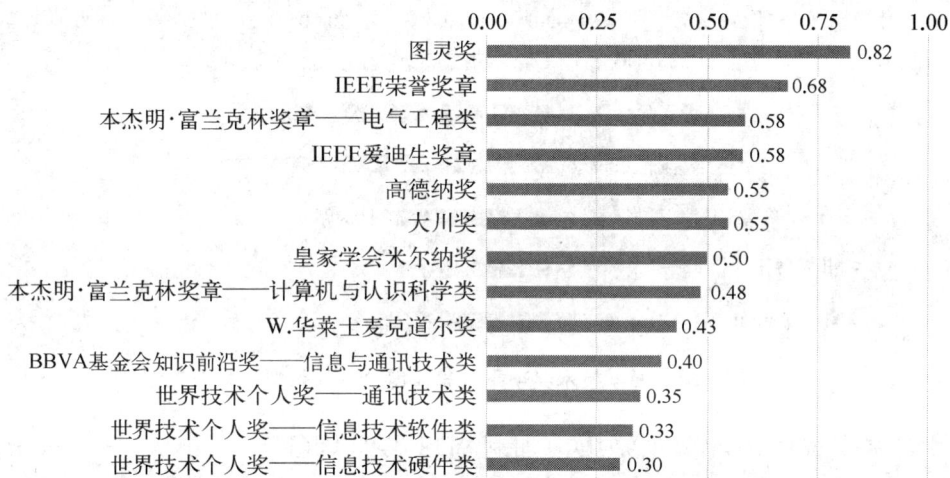

图 5－14　国际科学技术奖项平均声誉得分——电子信息与电气工程

结果,如图 5－15 所示,虽然材料科学与工程领域的奖项搜集得不多,但也存在明显的声誉差距。平均声誉得分超过 0.50、具有较高声誉的是由美国材料研究学会(Materials Research Society,MRS)颁发的冯·希佩尔奖(Von Hippel Award)、材料研究学会奖章(MRS Medal Award)和戴维·汤伯讲座奖(David Turnbull Lectureship)这三个奖项。其中,冯·希佩尔奖是材料研究学会颁发的最高奖励,奖金 10 000 美元,旨在奖励做出突出贡献的材料学家和工程师。[①] 材料研究学会奖章奖励在过去十年材料研究领域出现的杰出成就,奖金 5 000 美元。[②] 戴维·汤伯讲座奖旨在奖励那些通过实验或理论研究为推动材料科学发展做出终生贡献的科学家,奖金为 5 000 美元,而且获奖人有机会在材料研究学会秋季会议上做报告。[③]

(四)环境科学与工程

本研究共搜集了 8 项在环境科学与工程领域颁发的国际奖项。根据调查结果,如图 5－16 所示,环境科学与工程的奖项声誉存在着等级差距。该领域

---

① Materials Research Society. Von Hippel Award[EB/OL]. [2014－10－13]. http://www.mrs.org/vonhippel/.

② Materials Research Society. MRS Medal[EB/OL]. [2014－10－13]. http://www.mrs.org/medal/.

③ Materials Research Society. David Turnbull Lectureship[EB/OL]. [2014－10－13]. http://www.mrs.org/medal/.

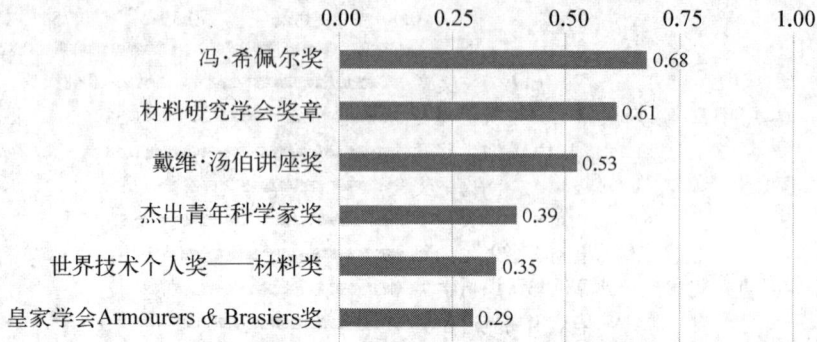

图 5-15 国际科学技术奖项平均声誉得分——材料科学与工程

中最具声誉的国际奖项是由南加利福尼亚大学（University of Southern California）负责颁发的泰勒环境成就奖（Tyler Prize for Environmental Achievement）。泰勒环境成就奖的声誉评价得分达到了 0.75 这一"高声誉"水平。该奖于 1973 年设立，奖金高达 20 万美元，旨在奖励在环境科学、环境卫生和能源领域对增进人类福祉做出突出贡献的人士，被普遍认为是环境科学领域内的最高奖。[①] 此外，还有沃尔沃环境奖（Volvo Environment Prize）、斯德哥尔摩水奖（Stockholm Water Prize）、西班牙对外银行基金会知识前沿奖——生态学与保护生物学类（BBVA Foundation Frontiers of Knowledge Award in Ecology and Conservation Biology）、西班牙对外银行基金会知识前沿奖——气候变化类（BBVA Foundation Frontiers of Knowledge Award in Climate Change）和喜力环境科学奖（Heineken Prize for Environmental Sciences）这五个奖项的平均声誉得分不低于 0.50，具有较高的声誉。其中，沃尔沃环境奖由瑞典沃尔沃环境奖基金会（The Volvo Environment Prize Foundation）颁发，奖金高达约 20.9 万美元，授予在环境和可持续发展领域有卓越创新或科学贡献的个人，被誉为环境与可持续发展领域的"诺贝尔奖"。[②] 斯德哥尔摩水奖由斯德哥尔摩国际水研究院（Stockholm International Water Institute）颁发，奖金高达 15 万美金，授予为解决世界水问题做出杰出贡献的个人或团体，是世界水资源保护领域最重

① University of Southern California. Tyler Prize for Environmental Achievement[EB/OL]. [2014-10-13]. http://www.usc.edu/dept/LAS/tylerprize/.

② The Volvo Environment Prize Foundation. Volvo Environment Prize[EB/OL]. [2014-10-13]. http://www.environment-prize.com/.

要的奖项。[①] 西班牙对外银行基金会知识前沿奖是由西班牙对外银行基金会
(BBVA Foundation)于 2008 年开始颁发,在基础科学(物理学、化学、数学)、
生物医学、生态学与保护生物学、信息与通信技术、经济与金融、现代音乐、气
候变化、发展合作这八个方面设奖,每个类别的奖金高达 40 万欧元,旨在鼓励
世界一流的研究和艺术创作以及奖励对知识前沿开拓做出杰出贡献的人士。[②]
喜力奖是由荷兰皇家艺术与科学院(The Royal Netherlands Academy of Arts
and Sciences)颁发,奖金高达 20 万美元,在生物化学与生物物理学、医学、环境
科学、历史学和认识科学以及艺术这六个领域分别设奖,享有国际盛誉,被认
为是"诺贝尔奖"的预测奖。[③]

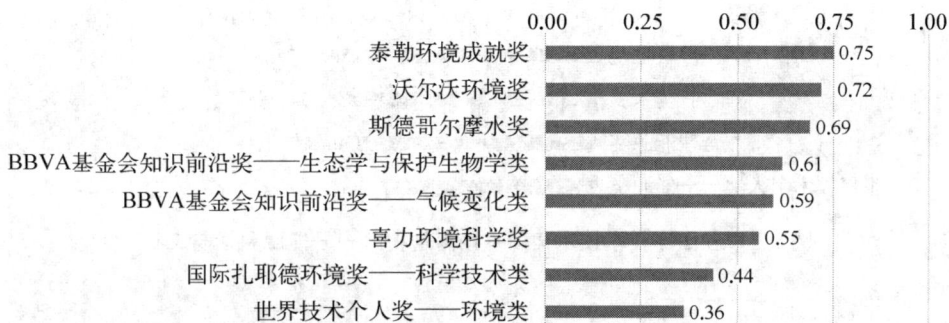

图 5-16　国际科学技术奖项平均声誉得分——环境科学与工程

(五)能源科学与工程

本研究共搜集了 4 项在能源科学与工程领域颁发的国际奖项。根据调查
结果,如图 5-17 所示,埃尼奖(Eni Award)和恩里科·费米奖(The Enrico
Fermi Award)的平均声誉得分不低于 0.50,具有较高的声誉。其中,埃尼奖是
由意大利埃尼集团(Eni S.p.a.)负责颁发,其前身是 1987 年开始颁发的埃尼·
依达尔奖(Eni Italgas Prize),在新前沿的烃类、可再生能源、环境保护和研究
新星这四个领域分别设奖,其中前三个领域的奖金高达 20 万欧元。埃尼奖是

①　Stockholm International Water Institute. Stockholm Water Prize[EB/OL]. [2014-10-
13]. http://www.siwi.org/prizes/stockholmwaterprize/.
②　The BBVA Foundation. BBVA Foundation Frontiers of Knowledge Awards[EB/OL].
[2014-10-13]. http://www.fbbva.es/TLFU/tlfu/ing/microsites/premios/fronteras/index.jsp.
③　The Royal Netherlands Academy of Arts and Sciences. Heineken Prizes[EB/OL].
[2014-10-13]. https://www.knaw.nl/en/awards/prijzen/heinekenprijzen/overzicht.

能源与环境研究领域最权威的奖项之一,旨在通过表彰杰出科学家来鼓励更多学者进一步研究能源与环境问题,传播最新的研究成果,促进能源的高效利用以及创新技术的开发与应用。[1] 费米奖是由美国能源部(U.S. Department of Energy)于1954年设立,奖金5万美金,旨在奖励在核物理领域取得高度成就的杰出人士,是由美国总统签发的一项终身贡献奖。[2] 此外,由国际知名的非盈利机构全球能源非营利合作伙伴(The Global Energy Non-Profit Partnership)于2002年设立的俄罗斯全球能源奖(The Global Energy Prize)也是能源领域的国际大奖之一,奖金高达3 300万卢布,旨在表彰在能源技术科研领域有杰出贡献的科学家。[3]

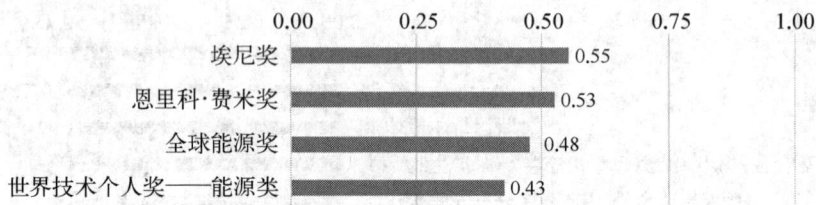

图5-17　国际科学技术奖项平均声誉得分——能源科学与工程

(六)化学工程

本研究共搜集了6项在化学工程领域颁发的国际奖项。根据调查结果,如图5-18所示,6项国际化学工程奖中有5个奖项的平均声誉得分不低于0.50,但均低于0.60,而且声誉差距都不大。从所搜集的样本来看,这说明还未有专门设在化学工程这一领域的享有高声誉的国际奖项。这五个奖项中,化学反应工程威廉奖(R. H. Wilhelm Award in Chemical Reaction Engineering)、Alpha Chi Sigma化学工程研究奖(Alpha Chi Sigma Award for Chemical Engineering Research)、创始人化学工程贡献奖(Founders Award for Outstanding Contributions to the Field of Chemical Engineering)和化学工程专业进步奖

① Eni S.p.a.. Eni Award[EB/OL]. [2014-10-14]. http://www.eni.com/eni-award/eng/home.shtml.

② U.S. Department of Energy. The Enrico Fermi Award[EB/OL]. [2014-10-14]. http://science.energy.gov/fermi.

③ The Global Energy Non-Profit Partnership. The Global Energy Prize[EB/OL]. [2014-10-14]. http://www.globalenergyprize.org/en/.

(Professional Progress Award in Chemical Engineering)这四个奖项都是由成立于1908年的、化学工程领域的专业组织美国化学工程师学会(American Institute of Chemical Engineers)颁发的,奖励在化学工程领域做出突出贡献的人士。[1] 雅克·维莱莫奖章(Jacques Villermaux Medal)是由欧洲化学工程联盟(European Federation of Chemical Engineering,EFCE)于1999年设立的、每四年颁发一次的、旨在奖励联盟框架内取得的突出科学成就。[2] 该领域的奖项声誉调查的回复数量较少,调查结果可靠性较低。

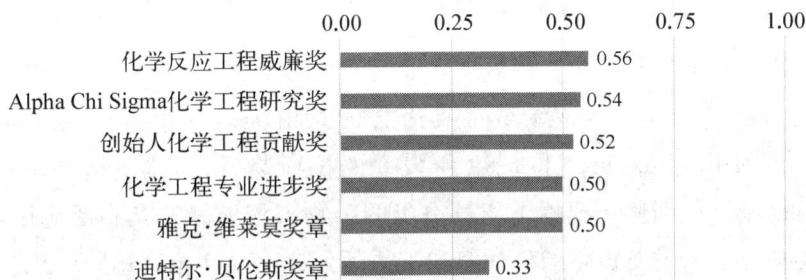

图5-18　国际科学技术奖项平均声誉得分——化学工程

（七）机械工程

本研究共搜集了4项在机械工程领域颁发的国际奖项。根据调查结果,如图5-19所示,四个奖项中声誉最高的两个国际奖项是由成立于1880年的美国机械工程师协会(American Society of Mechanical Engineers,ASME)颁发的协会奖章(ASME Medal)和铁摩辛柯奖(Timoshenko Medal)。这两个奖项的平均声誉得分均为0.59,具有较高的声誉。其中,美国机械工程师协会奖章设立于1920年,是该协会颁发的最高奖励,旨在奖励机械工程领域的杰出成就。[3] 铁摩辛柯奖设立于1957年,奖励在应用力学领域的杰出成就。[4] 该

---

① American Institute of Chemical Engineers. Awards[EB/OL]. [2014 - 10 - 14]. http://www.aiche.org/community/awards.

② European Federation of Chemical Engineering. Jacques Villermaux Medal[EB/OL]. [2014 - 10 - 14]. http://www.efce.info/JacquesVillermauxMedal.html.

③ American Society of Mechanical Engineers. ASME Medal[EB/OL]. [2014 - 10 - 14]. https://www.asme.org/about-asme/participate/honors-awards/achievement-awards/asme-medal

④ American Society of Mechanical Engineers. Timoshenko Medal[EB/OL]. [2014 - 10 - 14]. https://www.asme.org/about-asme/get-involved/honors-awards/achievement-awards/timoshenko-medal.

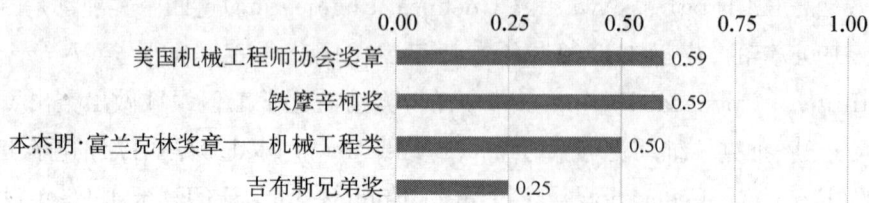

图 5－19　国际科学技术奖项平均声誉得分——机械工程

领域的奖项声誉调查的回复数量较少,调查结果可靠性较低。

（八）生物与医学工程

本研究共搜集了 6 项在生物与医学工程领域颁发的国际奖项。根据调查结果,如图 5－20 所示,该领域最具声誉的是由美国国家工程院（National Academy of Engineering）于 1999 年设立的拉斯奖（Fritz J. and Dolores H. Russ Prize）。拉斯奖主要授予通过杰出的生物工程成就及其广泛应用,为增进人类福祉做出重要贡献的科学家和工程师。该奖项奖金高达 50 万美元,被认为是工程界最重要的奖项之一。[①] 该领域的奖项声誉调查的回复数量较少,调查结果可靠性较低。

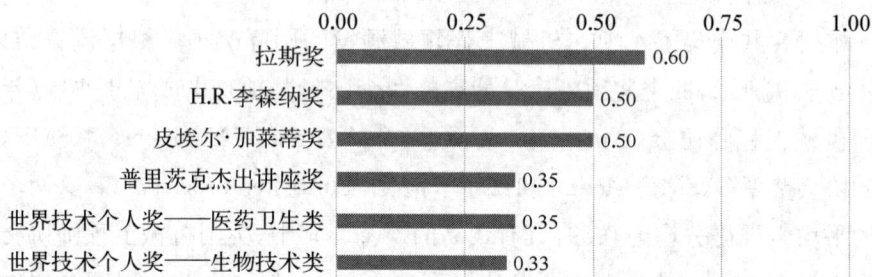

图 5－20　国际科学技术奖项平均声誉得分——生物与医学工程

（九）土木工程

本研究共搜集了 5 项在土木工程领域颁发的国际奖项。根据调查结果,如图 5－21 所示,最具声誉的是弗莱西奈奖（Freyssinet Medal）和结构工程国际优胜奖（International Award of Merit in Structural Engineering）这两个奖

---

① National Academy of Engineering. Fritz J. and Dolores H. Russ Prize[EB/OL]. [2014-10-14]. https://www.nae.edu/Projects/Awards/RussPrize.aspx.

项,平均声誉得分均为 0.50。其中弗莱西奈奖是由国际结构混凝土协会(The International Federation for Structural Concrete,fib)颁发,旨在奖励结构混凝土领域杰出的技术贡献。[①] 结构工程国际优胜奖是由国际桥梁及结构工程协会(International Association for Bridge and Structural Engineering,IABSE)颁发,授予在结构工程领域做出杰出贡献的人士。[②] 从所搜集的样本来看,还未有专门设在土木工程这一领域的享有高声誉的国际奖项。

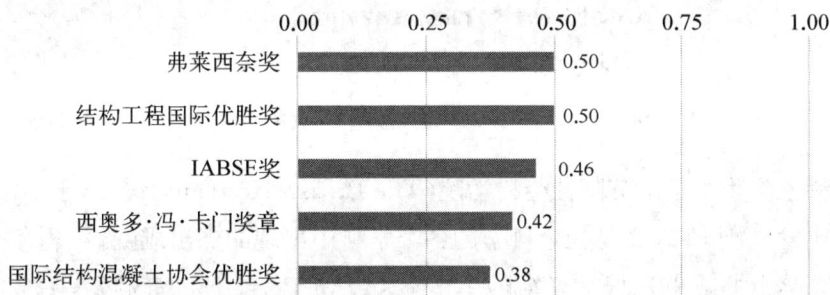

图 5‐21 国际科学技术奖项平均声誉得分——土木工程

六、社会科学领域奖项的声誉

(一)社会科学领域内跨学科奖项

本研究共搜集了 7 项在社会科学领域内颁发,但不局限于某一社会科学领域内具体学科的国际奖项。根据调查结果,如图 5‐22 所示,社科领域的跨学科奖项没有一个奖项的平均声誉得分超过了 0.50,都具有较低的声誉。这也许是因为社科领域内各学科的发展情况差异很大,国际奖励发展得还不够成熟,未形成能得到来自领域内不同学科获奖人都认可的、享有崇高声誉的国际奖项。

这些奖项中,英国社会科学院奖章(The British Academy Medal)和霍尔堡国际纪念奖(Holberg International Memorial Prize)的声誉最高。其中英国

---

① The International Federation for Structural Concrete. Freyssinet Medal [EB/OL]. [2014‐10‐14]. http://www.fib-international.org/awards.

② IABSE. International Award of Merit in Structural Engineering[EB/OL]. [2014‐10‐14]. http://www.iabse.org/IABSE/association/Organisation_files/International_Award_of_Merit_in_Structural_Engineering/International_Award_of_Merit_in_Structural_Engineering.aspx.

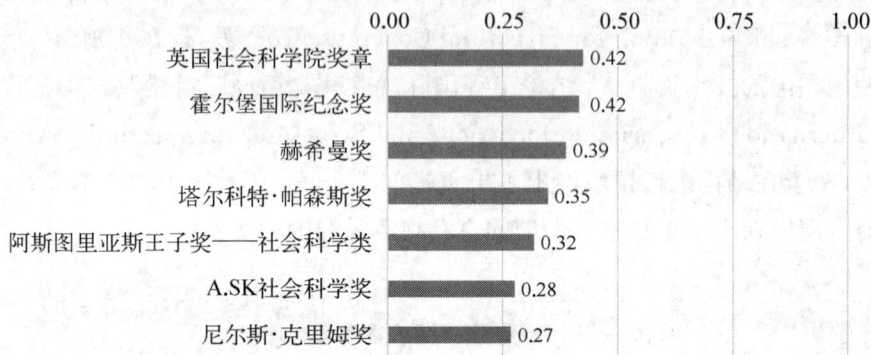

图 5-22　国际科学技术奖项平均声誉得分——社会科学领域内跨学科奖项

社会科学院奖章是由英国社会科学院(The British Academy)设立,于 2013 年开始颁发,授予在人文与社会科学的各个学科中出现的杰出成就。① 霍尔堡国际纪念奖由挪威卑尔根大学(the University of Bergen)负责颁发,奖金高达450 万挪威克朗,约合 73.5 万美元,于 2004 年首次颁发,表彰在艺术与人文、社会科学、法学与神学领域出现的杰出科学成就。② 霍尔堡国际纪念奖是已知的覆盖社会科学各学科的、奖励强度最大的国际奖项。

(二)政治学

本研究共搜集了 8 项在政治学学科颁发的国际奖项。根据调查结果,如图 5-23 所示,8 项国际政治学奖中有约翰·斯凯特政治科学奖(The Johan Skytte Prize in Political Science)和斯坦·罗坎比较社会科学研究奖(The Stein Rokkan Prize for Comparative Social Science Research)这两个奖项的平均声誉得分不低于 0.50,具有较高的声誉。其中,约翰·斯凯特政治科学奖是由约翰·斯凯特基金会(Johan Skytte Foundation)于 1995 年设立,奖金高达 50 万瑞典克朗,约合 7 万美元,授予在政治科学领域做出最具价值的贡献的学者。③ 斯坦·罗坎比较社会科学研究奖是由国际社会科学委员会

---

① The British Academy. The British Academy Medal[EB/OL]. [2014-10-15]. http://www.britac.ac.uk/prizes/British_Academy_Medal.cfm.

② University of Bergen. About the Holberg Prize[EB/OL]. [2014-10-15]. http://www.holbergprisen.no/en/holberg-international-memorial-prize.html.

③ Johan Skytte Foundation. The Johan Skytte Prize in Political Science[EB/OL]. [2014-10-15]. http://skytteprize.statsvet.uu.se/.

(International Social Science Council)、挪威卑尔根大学(the University of Bergen)与欧洲政治研究协会(European Consortium for Political Research)联合颁发的,奖金为5 000美元,主要奖励在比较社会科学研究方面做出卓越贡献的学者。[1]

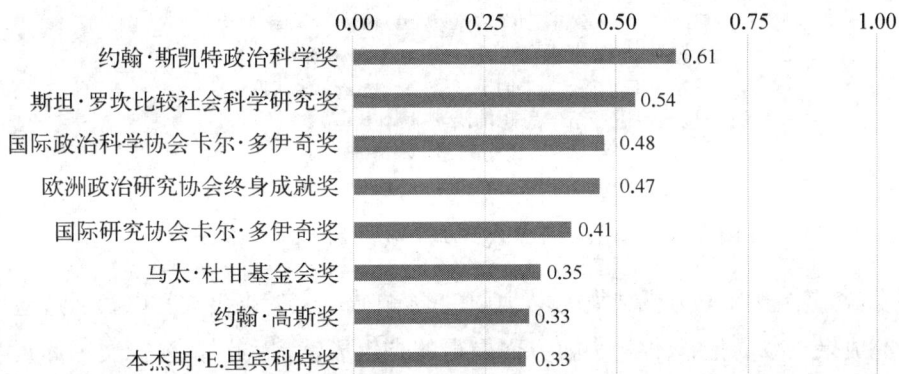

图5-23　国际科学技术奖项平均声誉得分——政治学

（三）经济学

本研究共搜集了11项在经济学学科颁发的国际奖项。根据调查结果,如图5-24所示,除诺贝尔经济学奖(The Sveriges Riksbank Prize in Economic Sciences in Memory of Alfred Nobel)外,只有欧文·普莱恩·内默斯经济学奖(The Erwin Plein Nemmers Prize in Economics)的平均声誉得分不低于0.50,具有较高的声誉。内默斯经济学奖是由美国西北大学(Northwestern University)负责颁发,于1994年设立,奖金为20万美元,旨在奖励具有深远影响和重大意义的卓越学术成就。[2]

（四）法学

本研究共搜集了7项在法学学科颁发的国际奖项。根据调查结果,如图5-25所示,最具声誉的是由斯德哥尔摩大学(Stockholm University)负责颁发的斯德哥尔摩犯罪学奖(The Stockholm Prize in Criminology)。该奖于2006年首次

---

① European Consortium for Political Research. Stein Rokkan Prize[EB/OL]. [2014-10-15]. http://www.ecpr.eu/prizes/prizedetails.aspx? PrizeID=6.

② Northwestern University. The Erwin Plein Nemmers Prize in Economics[EB/OL]. [2014-10-15]. http://www.nemmers.northwestern.edu/economics.html.

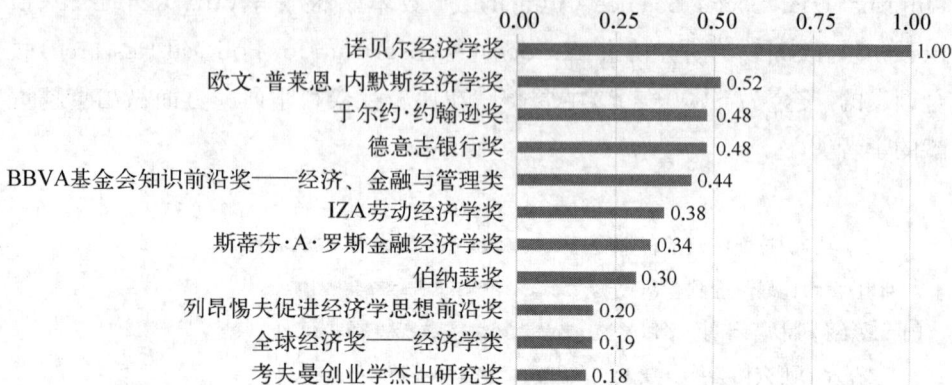

图 5‑24　国际科学技术奖项平均声誉得分——经济学

颁发,奖金高达 100 万瑞典克朗,奖励犯罪学领域研究的杰出成就以及通过应用研究成果在减少犯罪、促进人权方面取得的杰出成就。[1] 此外,爱德文·苏哲兰奖(Edwin H. Sutherland Award)、欧洲犯罪学奖(European Criminology Award)和奥古斯特·沃尔默奖(August Vollmer Award)在法学领域也具有较高的声誉。该领域的奖项声誉调查的回复数量较少,调查结果可靠性较低。

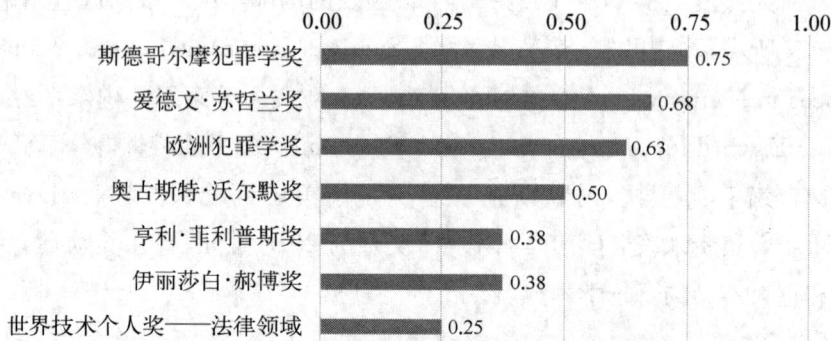

图 5‑25　国际科学技术奖项平均声誉得分——法学

七、非获奖人对奖项声誉的评价

本研究是通过问卷调查来实现对奖项声誉大小的定量评价的。某个学科

---

① Stockholm University. The Stockholm Prize in Criminology[EB/OL]. [2014‑10‑15]. http://www.su.se/english/about/prizes-awards/the-stockholm-prize-in-criminology.

领域的问卷的调查对象,是这个问卷所包括的奖项的获奖人。但是,对于问卷中的一个具体的奖项,对其进行声誉评价的调查对象就分为这个奖项的获奖人和非获奖人了。考虑到获奖人可能出于私利等原因给自身所获奖项的声誉评分较高,因而有必要比较根据非获奖人回复计算的声誉得分各奖项平均声誉得分与根据全部回复计算的平均声誉得分,从而判断获奖人评价对整体结果的影响。

　　本研究计算了各学科领域内每个奖项的非获奖人回复者对该奖项给出的平均声誉得分,详见附录1,并以此为基础,计算了各学科领域内①各奖项的根据非获奖人回复计算的与根据全部回复计算的声誉得分的比值,如图5－26所示。根据计算出的208项奖项样本的数据,有9项奖项的根据非获奖人回复计算的声誉得分与根据全部回复计算的声誉得分的比值大于1,即这9项奖项的获奖人对奖项声誉的评分要低于非获奖人的评分,占到了4.3%。此外,还有69项奖项的根据非获奖人回复计算的与根据全部回复计算的声誉得分的比值等于1,即这69项奖项的获奖人对奖项声誉的评分与非获奖人的评分相同,占到了33.2%。因而,根据非获奖人回复计算的声誉得分与根据全部回复计算的声誉得分的比值不低于1的奖项,总计有78项,占到了37.5%。这些奖项不存在获奖人给自身所获奖项的声誉评分较高的现象。最后,还有130奖项的根据非获奖人回复计算的声誉得分与根据全部回复计算的声誉得分的比值低于1,即这130项奖项的获奖人对奖项声誉的评分高于非获奖人的评分,占到了62.5%。可见,多数奖项的获奖人给自身所获奖项的声誉评分较高。

　　从影响程度来看,根据非获奖人回复计算的声誉得分与根据全部回复计算的声誉得分的比值最大的是世界技术个人奖——生物技术类(World Technology Award in Biotechnology),比值为1.15。该奖项获奖人对声誉的评分低于全部回复者的评分的程度最大。去除该奖的获奖人的评分后,该奖的声誉得分由0.33提高到0.38,即便如此也没有改变该奖的声誉等级。根据非获奖人回复计算的声誉得分与根据全部回复计算的声誉得分的比值最小的

---

① 数学学科不在统计之内,因为在以数学学科作为测试发放问卷时,由于是通过邮箱而不是"SurveyMonkey"系统发放问卷的,因而无法对数学学科的问卷回复者按照获奖人与非获奖人进行区分。

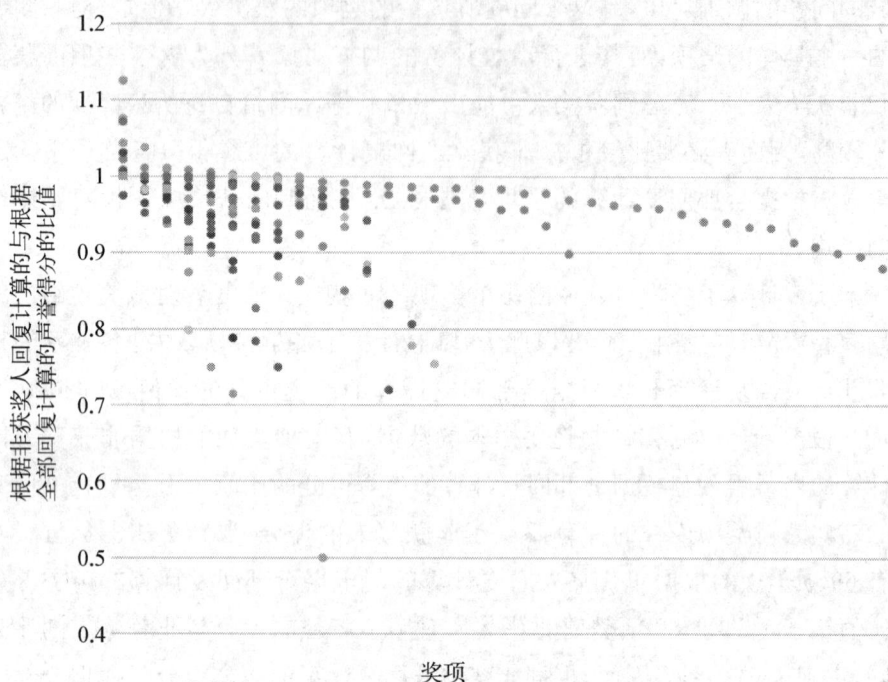

图 5－26　各奖项的根据非获奖人回复计算的与根据全部回复计算的声誉得分的比值

是列昂惕夫促进经济学思想前沿奖（Leontief Prize for Advancing the Frontiers of Economic Thought），比值为 0.5。该奖项获奖人对声誉的评分高于全部回复者的评分的程度最大。去除该奖的获奖人的评分后，该奖的声誉得分由 0.20 降低到 0.10。即便如此，该奖的声誉等级也没有发生变化，依然是经济学里声誉低的奖项。此外，还有亨斯迈奖（A. G. Huntsman Award）、世界科学院地球科学奖（TWAS Prize in Earth Sciences）、W.华莱士麦克道尔奖（W. Wallace McDowell Award）、世界技术个人奖——材料类（World Technology Award in Materials）、H. R.李森纳奖（H. R. Lissner Medal）、普里茨克杰出讲座奖（The Pritzker Distinguished Lecture Award）、国际研究协会卡尔·多伊奇奖（Karl Deutsch Award of International Studies Association）、约翰·高斯奖（John Gaus Award and Lectureship）这八项奖项的根据非获奖人回复计算的声誉得分与根据全部回复计算的声誉得分的比值偏低，低于 0.8 但均高于 0.7。以上这些奖项分布在地球科学、电子信息与电气工程、材料科学与工程、生物与医学工程、政治学和经济学。其余学科领域内各奖项的根据非获奖人回复计算的声誉得分与根据全部回复计算的声誉得分的比值,偏离1的程度不大。

图5-27显示了各声誉等级下根据非获奖人回复计算的与根据全部回复计算的声誉得分的比值。根据统计,该比值低于0.8的奖项有9项奖项,这些奖项的根据全部回复计算的声誉得分均不超过0.50;该比值不低于0.8但小于0.9的17项奖项中,有12项奖项的根据全部回复计算的声誉得分均不超过0.50;在从高到低的四个声誉等级区间内,该比值小于0.9的奖项占各自声誉区间内全部奖项的比例分别是20.0%、16.0%、7.6%和0.0%。随着声誉等级的提高,根据非获奖人回复计算的与根据全部回复计算的声誉得分的比值偏离1的程度更大的奖项,所占的比例降低。这说明,获奖人与非获奖人对奖项声誉评价的差距,主要存在于声誉偏低的奖项上;对于声誉较高的奖项,获奖人与非获奖人对奖项声誉评价的差距不大。

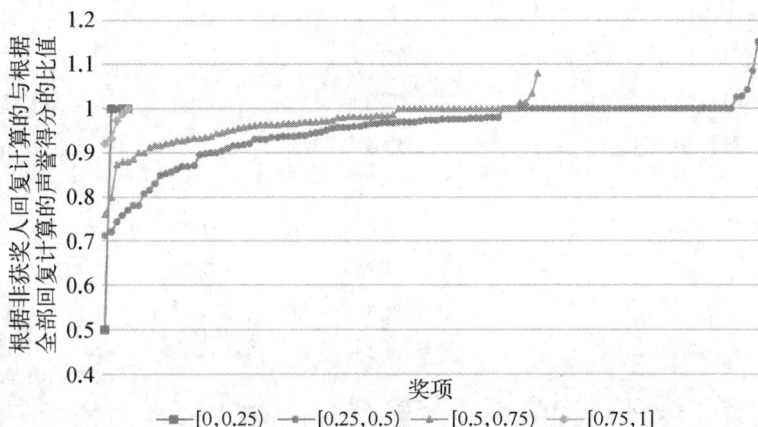

图5-27　各声誉等级的根据非获奖人回复计算的与根据全部回复计算的声誉得分的比值

本研究还根据各学科领域内各个奖项的根据非获奖人回复计算的声誉得分与根据全部回复计算的声誉得分的比值,计算了各学科领域的该比值的平均值,以及非获奖人回复者所占比例的平均值,详见表5-3。

根据统计,各学科领域中只有土木工程以及生物与医学工程的问卷回复者中,获奖人回复者所占比例的平均值超过了20%,非获奖人回复者所占比例

表 5-3　各学科领域非获奖人对奖项声誉的评价

	学　科　领　域	非获奖人回复者所占比例的平均值	根据非获奖人回复计算的声誉得分与根据全部回复计算的声誉得分的比值的平均值	根据非获奖人回复计算的声誉得分与根据全部回复计算的声誉得分的比值的标准差
	跨领域	97.3%	0.98	0.02
	生命科学与医学	95.6%	0.97	0.04
	脑科学与认知科学	82.9%	0.99	0.05
自然科学	地球科学	86.7%	0.94	0.09
	物理学	91.0%	0.95	0.06
	化学	87.2%	0.94	0.04
	天文学	80.9%	0.95	0.03
工程科学	领域内跨学科	96.9%	0.97	0.02
	电子信息与电气工程	92.2%	0.96	0.08
	环境科学与工程	85.2%	0.96	0.04
	材料科学与工程	85.3%	0.94	0.08
	化学工程	87.0%	0.94	0.05
	生物与医学工程	77.8%	0.90	0.15
	土木工程	75.2%	0.98	0.07
	机械工程	90.6%	0.97	0.05
	能源科学与工程	85.4%	0.93	0.09
社会科学	领域内跨学科	98.2%	0.97	0.06
	经济学	90.9%	0.91	0.15
	政治学	86.9%	0.89	0.08
	法学	87.9%	1.00	0.04
平均值		88.1%	0.95	0.07

的平均值低于 80%,但也都高于 75%。而且,这两个学科的问卷回复数量也是最低的,均少于 10 份。生命科学与医学、物理学、电子信息与电气工程、经济学等八个学科领域的问卷回复者中,非获奖人回复者所占比例的平均值均

高于 90％。此外,地球科学、化学、天文学、环境科学与工程、材料科学与工程、化学工程、政治学和法学等十个学科领域的问卷回复者中,非获奖人回复者所占比例的平均值介于 80％到 90％之间。由此可见,给各奖项的声誉进行评分的回复者中,多数或绝大多数都是各奖项的非获奖人。

另根据统计,各学科领域内各个奖项的根据非获奖人回复计算的声誉得分与根据全部回复计算的声誉得分的比值,有生命科学与医学、脑科学与认知科学、物理学、天文学、电子信息与电气工程、环境科学与工程、土木工程、机械工程、法学等 12 个学科领域的该比值的平均值不低于 0.95。还有地球科学、化学、材料科学与工程、化学工程、经济学等七个学科领域的该比值的平均值大于 0.9,但小于 0.95。只有政治学的该比值的平均值为 0.89,虽然最低,但非常接近于 0.9。总体来看,各学科领域的根据非获奖人回复计算的声誉得分接近于根据全部回复计算的声誉得分。

综上所述,鉴于对各奖项的声誉进行评分的回复者中,多数或绝大多数都是各奖项的非获奖人,因而虽然多数奖项的获奖人给自身所获奖项的声誉评分较高,但是这种现象并未对整体结果造成影响。若要更科学地比较一个奖项的获奖人与非获奖人对该奖项声誉的评定差异,还需要更多的获奖人参与到声誉调查中。

第三节　影响奖项声誉的奖项属性特征

本节研究基于对 225 项国际科学技术奖项声誉调查的结果和这些奖项的属性特性,分析了奖项属性特征对国际科学技术奖项声誉的影响。影响奖项声誉的奖项属性特征大致有颁奖范围、奖励强度、颁奖历史、颁奖机构、颁奖规格、宣传造势、奖励频次、奖项名称、奖项评审的公正性等。[①] 但本研究考虑到大多数奖样本的颁奖周期差异不大(85.8％的奖项样本的颁奖周期都是一年或两年)等原因,最后选择了颁奖范围、奖励强度、颁奖历史、颁奖机构、颁奖规格、宣传造势、评奖制度这七项因素进行分析。

---

① 姚昆仑.科学技术奖励综论[M].北京:科学出版社,2008.

一、颁奖范围

科尔兄弟通过定量分析证明,奖励的范围与科学技术奖励的知名度强烈相关。[①] 具有最宽范围的奖励授予任何科学领域中的杰出工作,这些奖励由于具有更多的有资格的获得者而具有更高的知名度。对于国际科学技术奖项的声誉而言,颁奖范围也同样对奖项的声誉具有明显影响。

一方面,一定范围内颁奖、学科领域固定的综合性奖项的声誉普遍高于不固定的综合性奖项。表5-4列出了全部奖项样本中颁奖学科领域固定的七项综合性奖项。从标准差来看,这些奖项在其各自颁奖学科领域内的单项奖之间的声誉得分差距不大。通过对比发现,克拉福德奖、沃尔夫奖和卡夫利奖这四项颁奖范围在三四个学科领域的奖项的平均声誉得分,普遍高于多数的跨领域奖项以及工程科学和社会科学中的跨学科奖项。此外,虽然西班牙对外银行(BBVA)基金会知识前沿奖、本杰明·富兰克林奖章和世界技术个人奖颁奖的颁奖学科领域是固定的,但是其覆盖范围大,因此也与颁奖学科领域不固定的跨领域奖项或跨学科奖项一样具有相对较低的声誉。这说明,在一定范围内的颁奖学科领域固定的综合性奖项,更具有多重性和普遍性,因而更易积累起声誉。而颁奖范围过大或颁奖范围不固定的综合性奖项,由于其颁奖对象过于分散,奖励资源被稀释过多,反而较难获得属于某一特定学科领域的科学共同体的认可,因此难以积累起很高的声誉。以诺贝尔奖为例,其颁奖范围涉及四个科学领域,因而"每年有四位至十二位获奖人这样一个幅度,似乎广泛到足以产生各种不同的社会影响,而又狭窄到足以保持奖金的票面价值和重大意义,使之不致流于过分琐碎。"[②]

另一方面,同一学科内颁奖范围更大的奖项具有较高的声誉。以数学和化学学科为例,在数学分支领域颁发的伯克霍夫奖(George David Birkhoff Prize in Applied Mathematics)、维纳奖(Norbert Wiener Prize in Applied Mathematics)和维布伦几何奖(Oswald Veblen Prize in Geometry),以及在化

---

① 乔纳森·科尔,斯蒂芬·科尔.科学界的社会分层[M].赵佳苓,顾昕,黄绍林,译.北京:华夏出版社,1989.
② 哈里特·朱克曼.科学界的精英——美国的诺贝尔奖金获得者[M].周叶谦,冯世则,译.北京:商务印书馆,1979:30.

表 5-4　颁奖学科领域固定的综合性奖项的平均声誉得分

综合性奖项	颁奖的学科领域	平均声誉得分	标准差
诺贝尔奖	物理学、化学、生理学或医学、经济学	—	—
克拉福德奖	生物科学、数学、地球科学、天文学	0.73	0.14
沃尔夫奖	物理、化学、数学、医学	0.72	0.12
卡夫利奖	神经科学、天体物理学、纳米科学	0.63	0.09
西班牙对外银行（BBVA）基金会知识前沿奖	信息与通信技术类、气候变化类、生态学与保护生物学类以及经济、金融与管理类	0.51	0.11
本杰明·富兰克林奖章	生命科学、物理学、化学、地球与环境科学、电气工程、计算机与认知科学、机械工程	0.47	0.07
世界技术个人奖	通信技术类、信息技术软件类、信息技术硬件类、材料类、生物技术类、医药卫生类、环境类、能源类、法律	0.34	0.05

学分支领域颁发的彼得·德拜物理化学奖、亚当斯化学奖和哈德逊糖化学奖的平均声誉得分均低于 0.50，与各自学科的颁奖范围覆盖整个学科的其他奖项相比，具有相对较低的声誉。仅面向学科下某一分支领域的奖项，不会授予在其他分支领域取得卓越成绩的科学家，也自然无法获得这些科学家作为获奖人所带来的殊荣。事实上，各学科领域，声誉最高的那些奖项，其颁奖范围基本都是覆盖所对应的整个学科领域，而不是下属的某个分支学科或具体的研究领域。

　　已有的理论研究认为，稀缺性是科学技术奖励的本质要求。[①] 朱克曼和科尔兄弟等人的研究表明，科学共同体内部按照科学家所取得的成就大小和所获得的承认高低存在着分层现象。少数取得突出成就和得到广泛承认的科学家处于分层结构的上部，他们也自然是科学技术奖项的重点奖励对象。正是因为相对于全部科学共同体成员，只有其中处于分层结构顶层的少数科学家能够获得奖励，才导致了科学技术奖励的稀缺性。如果所有科学家都能获得某一奖项，那么这个奖项就毫无荣誉价值了。反之，如果科学家很难获得某一

---

　　① 王炎坤，钟书华，等.科技奖励论[M].武汉：华中理工大学出版社，2000.

奖项,那么这个奖项的荣誉价值就大。从这个角度看,同一学科领域内的奖项,颁奖范围面向整个学科领域的科学共同体成员的奖项,比那些只面向分支学科或某一具体研究领域的奖项,奖励对象涉及的学科层次更高,面向着更多分支学科和更广泛研究领域的科学家,因而其奖励更具有稀缺性,其声誉也越高。本研究声誉调查的结果证明了这一点。

而对于跨领域和跨学科颁发的综合性奖项,实际情况更为复杂。从理论上看,综合性奖项与只限于某一学科或研究领域的单项奖相比,奖励对象为多个学科领域的科学家,面向的奖项对象更多,在获奖人数量一样时更具有稀缺性,因而具有更高的声誉。但实际情况是,综合性奖项由于覆盖了多个学科领域,分析其荣誉价值或声誉的大小时,不能只单一地考虑其颁奖的范围大小,还要考虑其颁奖范围的设定方式,以及奖励资源被分散的程度。换言之,如果一个综合性奖项所覆盖的学科领域是不固定的或者是过于广泛的,那么与在固定的几个较少学科领域颁发的综合性奖项相比,或者与所包括的某一学科领域内的著名单项奖相比,其奖励资源并不是集中面向某个学科领域的科学共同体成员,因而更不易在所包括的各学科领域内积累起声誉。

二、奖励强度

奖励强度是影响国际科学技术奖项声誉的一个重要因素。在本研究中,奖项的奖励强度指的是物质奖励的强度,即颁发给获奖人的奖金的多少。一个奖项的奖金数额越高,其奖励强度就越大。

奖励强度影响奖项声誉的原因,理论上看,主要是由于一定强度的物质奖励能为获奖科学家带来荣誉,并帮助他购买仪器设备、招聘人员、改善工作条件、开展新的研究、获得新的发展机会等,从而积累起发展优势,产生新的影响更大的研究成果,并获得更高的荣誉。这就是科学技术奖励的积累优势效应和增强效应。换言之,奖励强度高的奖项,其积累优势效应和增强效应更大,对科学家的价值也更大,其获奖人更受所对应学科领域的科学共同体成员的认可,因而其声誉也更高。

对 225 项国际科学技术奖项的奖励强度和声誉进行统计发现,如图 5-28 所示,具有低水平声誉即平均声誉得分小于 0.25 的奖项,全部都是没有奖金和具有低等、中等强度奖金的奖项。具有较低水平声誉即平均声誉得分不低于0.25但低于0.50的奖项中,没有奖金和具有低等、中等强度奖金的奖项所占的比例高达75.0%。带有奖金的、声誉得分低于0.50平均水平的全部125项奖项中,只有24.0%的奖项具有高等强度或超高强度的奖金。具有较高水平声誉即平均声誉得分不低于0.50但低于0.75的奖项中,没有奖金和具有低等、中等强度奖金的奖项所占的比例降到了58.8%。而具有高声誉即平均声誉得分不低于0.75的15项奖项中,具有高等、超高强度奖金的奖项所占的比例高达86.7%。从图中可以直观地看出,随着声誉等级的提高,带有高等强度和超高强度奖金的奖项所占的比例逐渐增大。这说明,大多数享有相对较高声誉的国际科学技术奖项,其奖励强度都非常可观。

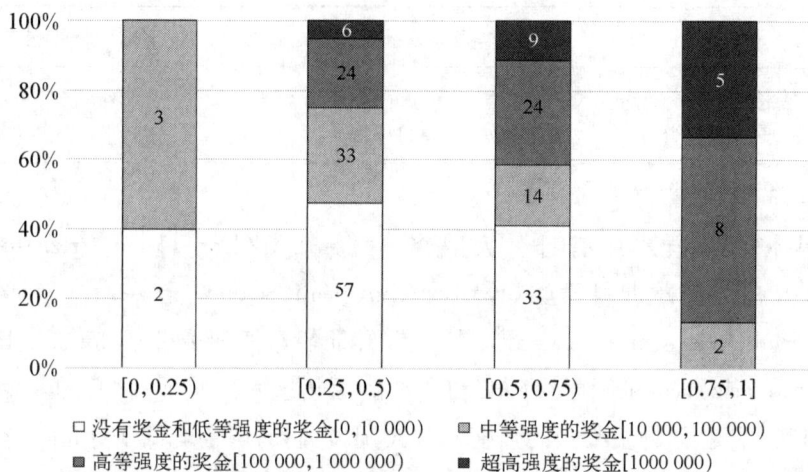

图 5-28　各声誉等级的奖项样本的奖励强度分布情况(单位:美元)

从另一个角度来看,根据统计,全部92项没有奖金或具有低等强度奖金的奖项中,有64.1%的奖项的平均声誉得分低于0.50,具有相对低的声誉;全部52项具有中等强度奖金的奖项中,有69.2%的奖项的平均声誉得分低于0.50,具有相对低的声誉;全部56项具有高等强度奖金的奖项中,有57.1%的奖项的平均声誉得分不低于0.50,具有相对高的声誉;全部20项具有高等强度奖金的奖项中,有70.0%的奖项的平均声誉得分不低于0.50,具有相对高的声誉。可见,较高强度的物质奖励有利于奖项声誉的形成。

由于奖励强度划分的区间过大,为深入分析奖励强度与奖项声誉的关系,本研究对奖项样本的奖金数额与平均声誉得分进行了相关性分析。结果如表5-5所示,奖项的奖励强度与声誉存在显著相关,但线性相关程度较低。这意味着,奖励强度不是影响奖项声誉的唯一因素,并不是一个奖项的物质奖励强度越大,其声誉就越高。例如,所搜集的奖项中有生命科学突破奖(Breakthrough Prize in Life Sciences)、基础物理学奖、千禧科技奖、伊丽莎白女王工程奖和大脑奖这五项奖项的奖金高于诺贝尔奖,但它们的声誉还不能与诺贝尔奖比肩。再如,如图5-28所示,有30项具有高等强度或超高强度奖金的奖项,其平均声誉得分低于0.50,声誉相对较低;还有49项没有奖金或具有低等、中等强度奖金的奖项,其平均声誉得分不低于0.50,声誉相对较高。

表5-5　奖项样本的奖励强度与声誉的相关性分析

	奖金数额(美元)	平均声誉得分
奖金数额(美元)	1	.311**
平均声誉得分	.311**	1

**.在0.01水平(双侧)上显著相关。

　　具体来看,样本中有丹·大卫奖——未来类(Dan David Prize for the Future)、柯尔柏欧洲科学奖(Körber European Science Prize)、马普研究奖(Max Planck Research Award)、克劳斯.J.雅各布斯研究奖(Klaus J. Jacobs Research Prize)、生命科学突破奖和全球能源奖这六项奖项,它们的奖金都超过了100万美元,物质奖励的强度非常大,但它们的声誉均低于0.50。这六项奖项中,除柯尔柏欧洲科学奖外,其余五项奖项都是在2000年以后开始颁发的,其中生命科学突破奖还是于2013年才开始颁发的,它们的颁发历史都比较短。此外,除生命科学突破奖的颁奖范围较为固定外,丹·大卫奖——未来类、柯尔柏欧洲科学奖和马普研究奖都是颁奖范围非常广泛的综合性奖项,所涉及的学科都是不固定的;克劳斯·J·雅各布斯研究奖和全球能源奖虽然各自针对一个特定的研究领域,但也都涉及多个学科。可见,即使一个奖项的奖励强度非常大,但由于颁奖历史较短,奖项的声誉一时难以积累起来,或者颁发范围过大,奖励资源过于分散,从而导致其声誉受到影响。

　　样本中还有两个奖项,虽然只有中等强度的奖金作为物质奖励,但是它们的平均声誉得分却不低于0.75。这两个奖项是在数学学科颁发的菲尔兹奖和奈望林纳奖。由于这两个奖项是由权威的国际数学联盟负责颁发,评审程序严格,评奖结果广受认可,颁奖历史也较长,因而被评为高声誉奖项。可见,奖励强度不大的奖项,也可以凭借由权威机构负责颁奖、制定严格的评奖制度等,通过历史积累逐渐获得较高的声誉。尽管如此,高强度的物质奖励还是对奖项声誉的形成非常有利的。例如,诺贝尔奖于 1901 年首次颁发时,其中每项奖金高达 150 782 瑞典克朗。"对广大公众来说,诺贝尔奖金这笔巨款构成了一种象征性的信息,它以一种使了解情况和不了解情况的人们都能懂得的方式说明科学和科学家真正受到重视。对许多科学家本身来说,奖金使他们对科学知识做出的重大贡献得到了自己队伍中象征性的和公开的承认。"①

综上所述,奖励强度只是影响奖项声誉的其中一个因素,并不是一个奖项的物质奖励强度越大,其声誉就越高。奖励强度高的奖项,通过对获奖人产生更大的积累优势效应和增强效应,更易获得广泛的认可,赢得较高的声誉。高强度的物质奖励虽然不是奖项赢得高声誉的一个必要条件,但却是一个非常有利的条件。

三、颁奖历史

设奖时间的长短是反映一个奖项历史积淀的维度。一般说来,设立后的奖项只要持续颁奖,其声誉都会随着时间的延续而增强。其原因一方面是时间越长,奖项对人的强化次数越多,给人印象不断加深;②另一方面是设立早的奖项在开始颁发时有一个非常有利的条件,那就是有许多当时健在的科学巨人可供挑选作为获奖人。例如,诺贝尔奖在早期颁发时,遴选了伦琴、罗伯特·科赫、巴甫洛夫、拉姆齐、冯·贝林、卢瑟福、爱因斯坦、居里夫人等一些最杰出的科学家作为获奖人,使其奖励"由于与杰出的科学成就联系在一起而有了合法地位"③,从而提高了它的威信。

---

① 哈里特·朱克曼.科学界的精英——美国的诺贝尔奖金获得者[M].周叶谦,冯世则,译.北京:商务印书馆,1979:23.
② 姚昆仑.科学技术奖励综论[M].北京:科学出版社,2008.
③ 哈里特·朱克曼.科学界的精英——美国的诺贝尔奖金获得者[M].周叶谦,冯世则,译.北京:商务印书馆,1979:50.

　　对 225 项国际科学技术奖项的颁奖历史长短和声誉大小进行统计,如图 5 - 29 所示,具有低水平声誉即平均声誉得分小于 0.25 的奖项,全部都是截至 2013 年颁奖历史不超过二十年的奖项。具有较低水平声誉即平均声誉得分不低于 0.25 但低于 0.5 的奖项中,颁奖历史不超过四十年的奖项占到了 68.3%,颁奖历史不超过二十年的奖项占到了 42.3%。具有较高水平声誉即平均声誉得分不低于 0.50 但低于 0.75 的奖项中,颁奖历史不超过四十年和二十年的奖项所占的比例均有所下降,颁奖历史不少于四十年的奖项所占的比例达到了 36.6%。而具有高声誉即平均声誉得分不低于 0.75 的奖项中,颁奖历史不超过二十年的奖项所占的比例则降到了 20.0%,颁奖历史不少于四十年的奖项所占的比例则上升到了 46.7%。可见,随着声誉等级的提高,颁奖历史较短的奖项所占的比例在逐渐下降,颁奖历史较长的奖项所占的比例在逐渐上升。历史悠久的奖项,更有机会积累起较高的声誉。

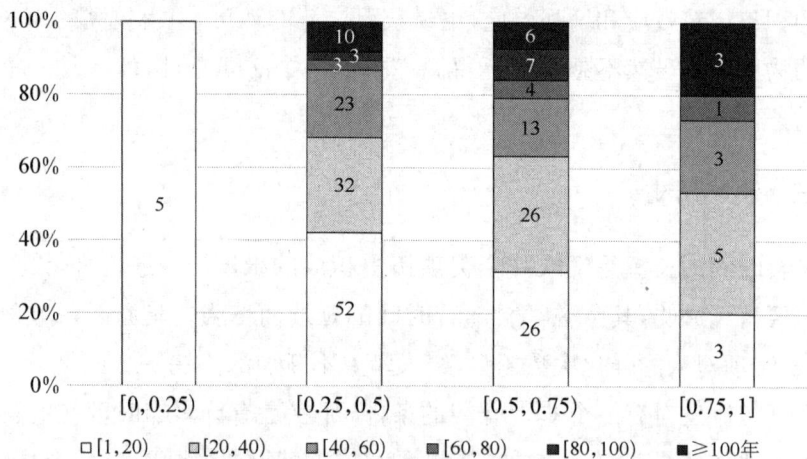

图 5 - 29　各声誉等级的奖项样本的颁奖历史分布情况(单位:年)

　　对奖项样本的颁奖历史长短与平均声誉得分进行相关性分析,结果如表 5 - 6 所示,奖项的颁奖历史与声誉的线性相关的程度很低,因此并不是奖项的颁奖历史越久,其声誉就越大。这是因为,颁奖历史并不是影响奖项声誉的唯一因素,影响奖项声誉的因素还有颁奖范围、奖励强度等。由图 5 - 29 也可看出,具有较低水平声誉的 123 项奖项中,有 39 项奖项的颁奖历史不少于六十年,占到了 31.7%,此外还有 10 项奖项的颁奖历史不少于百年。

具有较高声誉水平的 82 项奖项中,颁奖历史少于二十年的奖项有 26 项,占到了 31.7％。而具有高声誉的 15 奖项中,也有三项奖项的颁奖历史少于二十年。

表 5－6 奖项样本的颁奖历史与声誉的相关性分析

	颁奖历史(年)	平均声誉得分
颁奖历史(年)	1	.180＊＊
平均声誉得分	.180＊＊	1

＊＊.在 0.01 水平(双侧)上显著相关。

具体来看,样本中有 19 项奖项的颁奖历史超过了一百年,可谓历史悠久,但其中有 10 项奖项的声誉低于 0.50。这 10 项奖项中,科普利奖章(Copley Medal)、英国皇家奖章(Royal Medal)、达尔文奖章(Darwin Medal)、拉姆福德奖章(Rumford Medal)、戴维奖章(Davy Medal)、亚历山大·阿加西斯奖章(Alexander Agassiz Medal)、福瑞兹奖章(John Fritz Medal)和亨利·菲利普斯奖(Henry M. Phillips Prize)这八项奖项的奖金均不超过 1 万美金,亨利·德雷伯奖章(Henry Draper Medal)和詹姆斯·克雷格·沃森奖(James Craig Watson Medal)这两个奖项的奖金虽然过万,但也没有超过 2.5 万美金,因此这些奖项的奖励强度都比较低。此外,科普利奖章和英国皇家奖章是颁奖学科不固定的综合性奖项,亨利·德雷伯奖章、詹姆斯·克雷格·沃森奖和亨利·菲利普斯奖的颁奖周期都是不固定的。可见,即使一个奖项具有较长的颁奖历史,如果其颁奖范围或者颁奖周期不固定,奖励强度也没有逐渐提高,那么很有可能会被由权威机构颁发、颁奖范围固定、奖励强度更大的后来者超越。

此外,样本中的阿贝尔奖、邵氏数学奖和斯德哥尔摩犯罪学奖这三项奖项,它们的颁奖历史虽然都少于二十年,但平均声誉得分却都不低于 0.75,处于高声誉等级。这三项奖项的颁奖历史虽短,但它们的奖金数额都非常高,奖励强度都非常大。阿贝尔奖和邵氏数学奖的奖金都在 100 万美金左右,斯德哥尔摩犯罪学奖的奖金虽然只有 15 万美金左右,但这种奖励强度在社会科学中已非常可观了。可见,颁奖历史短的奖项,其声誉可以通过奖励强度等其他方面的加强而得到提升。因而不难理解,如果一个奖项的颁奖历史长,而且又带有高强度的物质奖励,那么其声誉就容易维持在较高的水平。例如,15项高声誉即平均声誉得分不低于0.75的奖项中,有图灵奖、泰勒环境成就奖以及四项诺贝尔科学奖,都是颁奖历史较长、奖励强度较大的奖项。

综上所述,颁奖历史只是影响奖项声誉的其中一个因素,并不是一个奖项的颁奖历史越长,其声誉就越高。颁奖历史长的奖项,通过不断的颁奖进行强化,以及有机会在早期遴选当时还健在的杰出科学家作为获奖人,更容易积累起威信。因此,悠久的颁奖历史虽然不是奖项赢得高声誉的一个必要条件,但却是一个非常有利的条件。

四、颁奖机构

颁奖机构对奖励声誉的影响作用不可低估。有些颁奖机构自身的权威性一开始就给所颁发的奖项带来了重大影响。一般来说,颁奖机构具有的政治地位和学术权威越高,其社会影响也就越大,所颁发奖励的知名度和声誉也就越高。[①]

虽然本研究没有对各奖项的颁奖机构的政治地位和学术地位进行评价,但是一般来说,就政治地位而言,一国的政府最具权威;就学术地位来看,国家级的科学院和工程院最具权威。此外,对于某一个具体的学科而言,其国际性的或全国性的学术团体也具有很高的权威。因而,由这些机构颁发的奖项,其声誉也理应比较高。

对225项国际科学技术奖项的颁奖机构类型和声誉大小进行统计,结果如图5-30所示。样本中15项高声誉即平均声誉得分不低于0.75的奖项中,有7项奖项是由国家级的科学院和工程院颁发的,占到了46.7%。这七项奖项分别是由瑞典皇家科学院负责评奖和颁发的诺贝尔物理学奖、诺贝尔化学奖、诺贝尔经济学奖、克拉福德数学奖、克拉福德地球科学奖、克拉福德天文学奖,以及由挪威科学与文学院负责颁发的阿贝尔奖。

然而,颁奖机构的权威性不是影响奖项声誉的唯一因素,并不是颁奖机构的权威性越高,其所颁发的奖项的声誉就一定越高。根据统计,由瑞典皇家科学院、挪威科学与文学院、美国国家科学院、荷兰皇家艺术与科学院、英国皇家

---

① 姚昆仑.科学技术奖励综论[M].北京:科学出版社,2008.

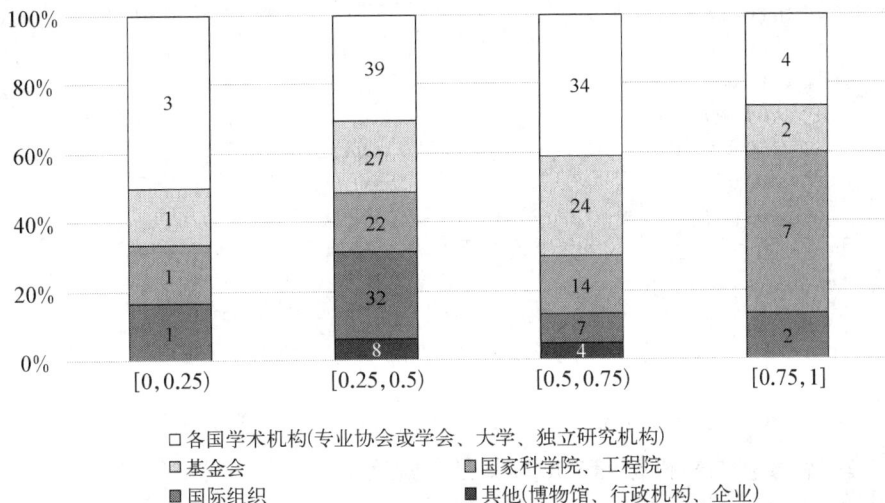

图 5‑30　各声誉等级的奖项样本的颁奖机构类型分布情况

学会等国家级科学院或工程院颁发的 44 项奖项中,有 23 项奖项的平均声誉得分低于 0.50,占到了 52.3％。如图 5‑31 所示,这 23 项处于较低声誉水平的奖项,它们的奖励强度整体低于位于较高声誉等级的、由国家级科学院或工程院颁发的其他奖项。这 23 项奖项中,有 20 项奖项的奖金数额不超过 2.5 万美金,具有低等或中等奖励强度的奖项占到了 87.0％。由国家级科学院或工程院颁发的、平均声誉得分不低于 0.50 但低于 0.75 的 14 项奖项中,奖金数额不超过 10 万美金即具有低等或中等奖励强度的奖项占到了42.9％。由国家级科学院或工程院颁发的、平均声誉得分不低于 0.75 的七项高声誉奖项,全部具有高等强度或超高强度的物质奖励。可见,即使是由同一类型的权威机构负责颁发的奖项,其声誉也由于奖励强度等因素的不同而存在较大差距。

此外,平均声誉得分不低于 0.75 的 15 项高声誉奖项中,还有诺贝尔生理学或医学奖、菲尔兹奖、奈望林纳奖、邵氏数学奖、沃尔夫数学奖、图灵奖、泰勒环境成就奖和斯德哥尔摩犯罪学奖这八项奖项不是由国家级的科学院负责评奖和颁发的。但是,这并不意味着这些奖项的颁奖机构的权威性不高。例如,菲尔兹奖和奈望林纳奖是由数学领域内权威的国际学术组织——国际数学联盟负责颁发的,图灵奖是由世界上第一个科学性及教育性计算机学会——美

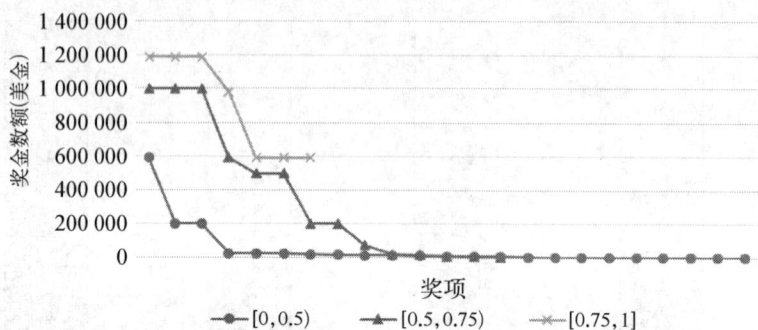

图 5-31　由国家级科学院或工程院颁发的 44 项奖项的奖励强度分布情况

国计算机协会(Association for Computing Machinery)负责颁发的。

综上所述,颁奖机构的权威性只是影响奖项声誉的其中一个因素,并不是颁奖机构的权威性越高,其所颁发的奖项的声誉就越高。即使是由学术权威很高的国家级科学院或工程院颁发的奖项,如果奖励强度不大,那么其声誉也会受到影响。然而,一个奖项由权威性高的机构负责颁发,有利于它获得广泛的认可,赢得较高的声誉。

五、评奖制度

评奖制度主要规定了获奖人的评审方法和程序,是奖励制度化的重要体现,也是确保奖项实至名归、赢得声誉的重要保障。合理的评奖制度能够保证奖励结果的公正性。但是毕竟没有完美的制度。朱克曼曾指出:一群科学上居第四十一席者[①]的存在,证明了即使像诺贝尔奖这样的最高级别的奖励,其评奖制度也执行的不够完善。[②] 显然,评奖制度直接影响到奖项的声誉。

虽然诺贝尔奖的评奖制度也不是完美的,但它之所以享有最高的荣誉,占据最权威的地位,主要是因为它的评奖制度。[③] 诺贝尔奖评奖过程的客观公正

---

① 有资格能够获得奖励的人总是多于实际获奖者。总是有一些没有戴上桂冠的人们,他们在各方面都与获奖人不相上下,只不过是没有获得奖励。这些科学家就像那些未能有幸被包括在法国科学院的四十个席位之内的“不朽者”一样,可以说是科学界的居“第四十一席”者。

② 哈里特·朱克曼.科学界的精英——美国的诺贝尔奖金获得者[M].周叶谦,冯世则,译.北京:商务印书馆,1979.

③ 刘辉.解读诺贝尔自然科学奖评奖制度[J].科学管理研究,2009,27(3):39-42.

性就来源于这个制度。① 以诺贝尔化学奖为例,其整个评奖过程由瑞典皇家科学院负责,包括七个步骤:每年九月到十月,诺贝尔化学奖委员会(Nobel Committee for Chemistry)向全世界化学领域的大学教授、瑞典皇家科学院院士、诺贝尔物理学奖和化学奖得主、诺贝尔物理学奖和化学奖的委员会成员以及符合条件的约 3 000 名科学家发放提名表格,邀请他们提名来年的获奖候选人,另外不接受自身提名;来年二月前,提名反馈给诺贝尔化学奖委员会,委员会对提名进行评审并选择出初始候选人;三月到五月,委员会根据特别任命的专家们对候选人工作的评价意见,对候选人进行评估;六月到八月,委员会撰写被推荐作为最终候选人的报告,报告最终需由所有委员会成员签字;九月,委员会向科学院提交报告,科学院组织两次专门会议就委员会推荐的最终候选人进行讨论;十月,通过投票选择出诺贝尔奖得主,投票结果是最终的,不得任何人申诉;十二月,举办颁奖典礼,向获奖人颁发奖励。此外,诺贝尔奖的整个评审过程相当保密,提名者和被提名者的信息,以及有关获奖资格的调查和意见都将保密 50 年。②

从诺贝尔化学奖的评奖过程来看,首先,诺贝尔奖具有严格的评奖组织程序。评奖的各个阶段以及每个阶段的任务都非常明确,保证了评奖任务高效的顺利完成。通过高标准界定提名者的资格和不接受自身提名,保证了评奖结果的质量。其次,同行评议贯穿于评奖的每一个环节。同行评议是最早的也是迄今最为合理的学术评价方式。③ "诺贝尔奖的评奖制度中,自始至终地贯彻着同行评议原则。如果说其评奖步骤的设计体现了评奖活动的形式正义,那么同行评议制度的实行则体现了评奖活动的实质正义。"④最后,针对评奖过程建立的保密制度,既可以确保评委对候选人进行评估时完全自由、民主地讨论并完成评审,又可以使评委、提名人和被提名人的隐私权不受侵犯。诺贝尔奖科学、公正的评奖制度保证了颁奖结果的权威性,有利于奖项声誉的积累。

① 张功耀.从诺贝尔奖的评奖制度说起——为纪念诺贝尔奖颁奖 100 周年而作[J].研究与发展管理,2002,14(5):10 - 15.
② The Nobel Foundation. Nomination and Selection of Chemistry Laureates[EB/OL]. [2015 - 05 - 19]. http://www.nobelprize.org/nomination/chemistry/.
③ 刘明.同行评议刍议[J].科学学研究,2003(6):574 - 580.
④ 刘辉.解读诺贝尔自然科学奖评奖制度[J].科学管理研究,2009,27(3):39 - 42.

此外,克拉福德奖、阿贝尔奖、菲尔兹奖、邵氏奖、卡夫利奖等一批高声誉奖项,虽然在提名者资格、评奖委员会的构成以及保密制度等方面与诺贝尔奖存在着一些差异,但基本都制定了规范的评奖制度,邀请权威机构或科学家来提名,坚持不接受自身提名,组建国际化的由权威科学家组成的评奖委员会,在评奖中以同行评议为主。以上做法是这些奖项赢得较高声誉的重要保障。

六、颁奖规格

颁奖规格的高低是提高奖励声誉的重要一环。正因为如此,颁奖机构一般在学术年会、颁奖典礼等公开正式的场合进行颁奖,并尽可能邀请权威科学家、学术机构负责人、政要和社会名流出席并由他们亲自向获奖人颁奖,以彰显该奖的重要性和地位,提高奖项的影响力和声誉。最高规格的颁奖仪式,当属有皇室成员、国家元首或政府首脑出席并向获奖人颁发奖项的颁奖典礼。这类颁奖典礼具有很强的象征意义,代表了国家和政府对获奖人所做贡献的认可,体现了国家和社会对科学事业的重视和支持。

根据统计,225 项奖项样本中有 39 项奖项的颁奖仪式是有皇室成员、国家元首或政府首脑出席的,占到了全部样本的 17.3%。这些颁奖规格极高的 39 项奖项中,有 10 项奖项的平均声誉得分不低于 0.75,享有高水平的声誉。这十项奖项分别是由挪威国王亲自向获奖者颁发的阿贝尔奖、由以色列总统颁发的沃尔夫数学奖、由香港特首颁发的邵氏数学奖,以及由瑞典国王颁发的四项诺贝尔科学奖和三项克拉福德奖(数学、地球科学及天文学领域)。全部有皇室成员、国家元首或政府首脑出席颁奖典礼的 39 项奖项中,共有 27 项奖项的平均声誉得分不低于 0.50,占到了 69.2%。可见,大多数有皇室成员、国家元首或政府首脑出席颁奖典礼的奖项,都具有较高的声誉。

颁奖规格不是影响奖项声誉的唯一因素,并不是颁奖规格越高的奖项,其声誉就越高。有皇室成员、国家元首或政府首脑出席颁奖典礼的 39 项奖项中,有 12 项奖项的平均声誉得分低于 0.50,具有较低的声誉。这些奖项中,巴尔赞奖(Balzan Prizes)、哈维奖(Harvey Prize)、阿斯图里亚斯王子奖——科技研究类(Prince of Asturias Award for Technical and Scientific Research)、阿斯图里亚斯王子奖——社会科学类（Prince of Asturias Award for Social Sciences）和霍尔堡国际纪念奖（Holberg Prize）都是颁奖范围不固定在某些具体学科的综合性奖项；克拉福德多发性关节炎研究奖（Crafoord Prize in Polyarthritis）是颁奖周期不固定的奖项，有值得表彰的研究成果时才会颁发。国际扎耶德环境奖——科学技术类（The Zayed International Prize for the Environment）是由阿拉伯联合酋长国的国际扎耶德环境基金会（Zayed International Foundation for the Environment）负责颁发的，颁奖机构的权威性不高。

此外，15 项平均声誉得分不低于 0.75 的高声誉奖项中，有五项奖项的颁奖仪式是没有皇室成员、国家元首或政府首脑出席的，但它们的颁奖规格仍然很高。其中，菲尔兹奖和奈望林纳奖每隔四年在国际数学联盟组织召开的国际数学家大会（International Congress of Mathematicians）上颁发；斯德哥尔摩犯罪学奖的颁发是在举办斯德哥尔摩犯罪学研讨会（Stockholm Criminology Symposium）期间，由瑞典司法部的部长向获奖人颁发奖项；图灵奖和泰勒环境成就奖均有隆重的颁奖典礼。

综上所述，颁奖规格虽然不是影响奖项声誉的唯一因素，但高规格的颁奖仪式有利于提升奖项的影响力和荣誉价值，以及声誉的积累。大多数有皇室成员、国家元首或政府首脑出席颁奖典礼的奖项，都具有较高的声誉。高声誉奖项也普遍具有规格很高的颁奖典礼。

七、宣传造势

奖项声誉是在颁奖机构与利益相关者的互动中形成的，因而颁奖机构为奖项进行宣传造势有助提高奖项的声誉。经过宣传包装的奖项，更容易吸引科学界、社会公众以及新闻媒体的关注，进而积累起声誉。

首先，高声誉的国际科学技术奖项一般都设有专门的网站，规范地介绍关于奖项的历史、颁奖范围、颁奖周期、奖励强度、评奖制度、颁奖仪式、获奖人等信息，为扩大知名度和积累声誉奠定基础。例如，诺贝尔奖、阿贝尔奖、图灵奖、克拉福德奖、拉斯克奖、沃尔夫奖、邵氏奖、卡夫利奖、千禧科技奖等一些具有较高声誉的奖项，均设有自己的官方网站，并通过网站详细介绍了奖项和获奖人的信息。而由美国数学学会、美国化学学会、美国机械工程师协会等专业性学术机构颁发的声誉较低的奖项，没有专门的官网，有关奖项和获奖人的信息需要到颁奖机构的网站中查找。

其次，高声誉的国际科学技术奖项，其颁奖机构一般会在颁奖期间组织一系列活动来为奖项宣传造势。例如，诺贝尔奖在其"诺贝尔颁奖周"（The Nobel Week）里，会组织诺贝尔奖得主、顶尖科学家和政策制定者们一起进行研讨，并举办"诺贝尔奖音乐会"（Nobel Prize Concert）等活动。此外，阿贝尔奖、克拉福德奖和日本国际奖也在其相应的颁奖周里举办学术研讨会或报告会。这些举措丰富了颁奖活动的内容，扩大了奖项的影响。

最后，有的国际科学技术奖项还会以"诺贝尔奖"作为宣传素材，以提高其影响力和声誉。例如，拉斯克奖在其官方网站上宣称，由于能经常预测出诺贝尔奖得主，共有 86 名获奖人也是诺贝尔奖得主，因而它自我介绍为"美国的诺贝尔奖"（America's Nobels）[1]；维特勒森奖自称最初设奖的初衷是要成为地球科学领域的"诺贝尔奖"[2]；喜力奖、费萨尔国王国际奖等一些奖项宣传其获奖人中获得诺贝尔奖的人数，以强调其获奖人的实至名归。

本 章 小 结

本章以 225 项国际科学技术奖项样本为基础，通过问卷调查的方式，定量测量了这些奖项相对于诺贝尔奖的声誉大小，并以测量结果为基础，结合案例分析，分析了影响国际科学技术奖项声誉的因素。

从问卷回收情况来看，由于各学科领域的问卷在所包括的奖项数量以及各奖项的获奖人数量上存在着不小的差距，因而各学科领域的问卷在发放数量、回收数量和回复率上也存在不小的差距。整体来看，大多数学科领域的问卷调查结果是有保障的。数学、物理学、化学、地球科学、生命科学与医学、电子信息与电气工程、材料科学与工程、环境科学与工程、能源科学与工程、政治学、脑科学与认知科学、经济学与天文学这 13 个学科领域的问卷回复数量接

---

① The Albert and Mary Lasker Foundation. The Lasker Awards Overview[EB/OL]. [2015 - 06 - 01]. http：//www.laskerfoundation.org/awards/.

② Lamont-Doherty Earth Observatory. The Vetlesen Prize[EB/OL]. [2015 - 06 - 01]. http：//www.ldeo.columbia.edu/vetlesen-prize/

近或超过 20 份,调查结果具有较强的可靠性。而化学工程、机械工程、法学、生物与医学工程、土木工程这 5 个学科的问卷回复数量和回复率较低,因此结果可靠性较低。但考虑到作为调查对象的获奖人是所属学科领域的精英或者顶尖科学家,具有很高的专业性和权威性,故而本研究的调查结果是可信的或者说是具有一定参考价值的。

从调查结果来看,225 项国际科学技术奖项样本中,以诺贝尔奖为参照,有 15 项奖项享有"高水平"的声誉,有 82 项奖项享有"较高水平"的声誉,有 123 项奖项享有"较低水平"的声誉,只有 5 项奖项具有相对"低水平"的声誉。平均声誉得分不低于 0.50 这一中等平均水平的奖项共 97 项,占全部样本的 43.1%。总体来看,国际科学技术奖项的声誉呈现明显的等级差距。同一学科领域内的科学家,按照贡献大小赢得不同层次的奖项。对于一名科学家而言,按照其职业生涯中不断取得的成绩大小,赢得不同层次的奖项。在科学技术奖励的分层结构中,这些国际科学技术奖项按照声誉大小占据了不同的位置,满足了对不同学科领域、不同水平的科学家给予承认的需要。从奖项样本来看,国际科学技术奖项发展至今,已经涌现出一大批享有盛誉的奖项。

具体到各个学科领域,国际科学技术奖项的平均声誉得分的分布也不均衡。在 21 个学科领域中,数学、物理学、化学、天文学、工程科学领域内跨学科范围、电子信息与电气工程、材料科学与工程、环境科学与工程、能源科学与工程、化学工程、机械工程、生物与医学工程、法学这 13 个学科领域各有不低于一半的奖项的平均声誉得分不低于 0.50。这些高声誉奖项所占比例过半的学科领域主要分布在自然科学领域和工程科学领域。此外,生命科学与医学领域有绝对数量较多的、平均声誉得分不低于 0.50 的国际奖项。这说明自然科学、工程科学、生命科学与医学这三个领域的国际科学技术奖项发展较为成熟。

仅从所搜集的奖项样本的声誉来看,生命科学与医学领域、自然科学领域的各个学科、工程科学和社会科学领域的若干学科的国际科学技术奖项的声誉均存在明显的等级差距。这些学科领域中有个别奖项的声誉明显高于其他奖项,代表了该学科领域内的极高荣誉。除诺贝尔奖外,已存在若干个具有高水平声誉的国际奖项,例如拉斯克奖、邵氏奖、加拿大盖尔德纳国际奖、沃尔夫奖、卡夫利奖、克拉福德奖、阿贝尔奖、菲尔兹奖、京都奖、图灵奖和泰勒环境成就奖等。

此外,本研究还探索了获奖人与非获奖人对奖项声誉评价的差异以及这种差异对整体结果造成的影响。结果表明,全部样本中有 62.5% 的奖项,其获奖人对奖项声誉的评分高于非获奖人的评分。这说明多数奖项的获奖人给自身所获奖项的声誉评分较高。此外,获奖人与非获奖人对奖项声誉评价的差距,主要存在于声誉偏低的奖项上;对于声誉较高的奖项,获奖人与非获奖人对奖项声誉评价的差距不大。总体来看,各学科领域的根据非获奖人回复计算的声誉得分接近于根据全部回复计算的声誉得分。

对于影响国际科学技术奖项声誉的因素,本研究只定量分析了颁奖范围、奖励强度、颁奖历史、颁奖机构、评奖制度、颁奖规格和宣传造势这七个因素对奖项声誉的影响。

从颁奖范围来看,一定范围内颁奖学科领域固定的综合性奖项的声誉普遍高于不固定的综合性奖项。综合性奖项在确定的多个学科领域内颁发可以扩大奖励的覆盖范围,提高奖项的知名度和影响力。但是,颁奖范围过大或者学科领域不固定的综合性奖项,也会由于奖励资源被稀释或缺乏针对性而影响声誉的积累。此外,同一学科内颁奖范围更大的奖项具有较高的声誉。授予对学科整体发展做出贡献的科学家的奖项,其评价获奖人的标准和获奖人的影响力要高于授予对学科下某一分支领域做出贡献的科学家的奖项,因此更易积累起声誉。

从奖励强度来看,奖励强度大,对获奖人的激励作用越大,通过使获奖人拥有更强的发展优势而产生的增强效应也越大。带有高额奖金的奖项也更容易吸引科学家、公众和媒体的关注,更便于积累起声誉。但必须认识到,高强度的物质奖励只是锦上添花。如果颁奖机构的权威性不够,颁奖历史较短,评审程序缺乏公正性,评审结果有失偏颇,颁奖过程不规范,那么即使奖金再高,奖项的声誉也很难积累起来。毕竟,对科学家的奖励归根结底还是来自科学共同体的承认。只有在这种承认确立的前提下,奖金才能发挥提高荣誉的作用。

从颁奖历史来看,历史悠久的奖项,其获奖者清单中囊括了更多功成名就的科学家,相对于新设立的奖项更有机会积累起知名度和声誉。长长列出了历史上众多著名科学家的获奖人清单,是一个历史悠久奖项的声誉的保证,体现了这个奖项慧眼识珠的能力。后来的科学家也以获得这些历史悠久的奖项为荣,毕竟这相当于与先前的那些科学巨人齐名。但是,后来设立的奖项也可以凭借在奖励强度、颁奖机构的权威性等方面的突出优势,在短时间内积累起声誉,成为后起之秀。

从颁奖机构来看,一般来说,颁奖机构具有的政治地位和学术权威越高,其社会影响也就越大,所颁发奖励的知名度和声誉也就越高。从这个角度看,颁奖机构的声誉也自然会传递到其颁发的奖项上。政治地位和学术权威高的颁奖机构,有能力邀请顶尖学术组织或著名科学家参与提名和评奖过程,有能力持久的投入资源来提供奖励,有能力组织高规格的颁奖典礼,因而其颁发的奖项更易积累声誉。

从评奖制度来看,制定规范的评奖制度,邀请权威机构或科学家来提名,不接受自身提名,组建国际化的由权威科学家组成的评奖委员会,在评奖中以同行评议为主,是评奖结果具有公正性和权威性的重要保证,也是奖项赢得较高声誉的重要保障。

从颁奖规格来看,颁奖仪式是奖励制度化的体现,具体讲就是颁奖过程规范化的体现。规范的颁奖仪式不仅是向获奖人授予奖励,使获奖人享受殊荣的时刻,而且通常还是顶尖科学家、社会名流乃至国家政要齐聚一堂的时刻。高规格的颁奖典礼是科学界吸引社会关注的最佳平台,是社会力量支持科学事业的典型体现,对于提高奖项的知名度和声誉非常有效。

从宣传造势来看,知名的国际科学技术奖项通过建设官方网站、举办学术活动、宣传获奖人成就等方式积极扩大影响力和积累声誉。一个奖项的颁发不仅仅只是授予科学家个人的荣誉,只有通过宣传造势,才能更有效地发挥奖励对广大科学工作者的激励作用。

因此,如果一个奖项的颁奖范围较广、奖励强度大、颁奖历史悠久、评奖制度科学规范、颁奖机构的权威性和颁奖规格都非常高,那么这个在众多方面都具有优势的奖项无疑会享有盛誉。不难发现,享有崇高声誉的诺贝尔奖就具备了这些有利因素。然而"诺贝尔奖的任何一个特点都不足以说明它之所以获得巨大声望和威信的原因。毋宁说,这种声望和威信来自它整体说来由于综合了一些互相作用的特点而形成的优势地位。……诺贝尔奖由于它在一系列博取威信的特点上居于领先地位而成为冠军。"①

综上所述,影响国际科学技术奖项声誉的因素是多方面的,没有一个因素能够与奖项声誉存在显著性的线性强相关,奖项声誉的形成是一个多因素共同作用的结果。

---

① 哈里特·朱克曼.科学界的精英——美国的诺贝尔奖金获得者[M].周叶谦,冯世则,译.北京:商务印书馆,1979:27.

第六章
国际科学技术奖项的相对关系研究

除声誉外,对国际科学技术奖项的另一种重要评价是考察它们之间的相对关系。本研究创新地利用科学知识图谱绘制软件 VOSviewer,以奖项声誉大小为权重,以每两个奖项彼此之间的共同获奖人所占的百分比为比较基础,通过绘制国际科学技术奖项图谱来定量分析奖项之间的相似性。本研究在绘制了全部 225 个奖项样本构成的奖项图谱后,为了呈现图谱细节,又按照同样方法绘制了各领域的奖项图谱,并针对每个图谱分析了奖项之间的共同获奖人的分布情况。对于跨领域颁发的奖项,由于其涉及多个领域,因而将其放在全部奖项样本中进行分析。

之后,本研究以诺贝尔奖为例,重点研究了其他奖项与诺贝尔奖之间的相似性。利用奖项图谱,本研究分析了与诺贝尔奖存在共同获奖人的奖项的分布情况,列举出与诺贝尔奖的相似性位列前 20% 的奖项,并分析了它们的特征。

最后,本研究还以诺贝尔奖为例,利用其他奖项与诺贝尔奖的相似性大小,结合考虑相关奖项获奖人中获得诺贝尔奖的百分比,以及相关奖项与诺贝尔奖的共同获奖人中后获得诺贝尔奖的百分比,采用聚类分析方法选择出适合预测诺贝尔奖的奖项。

第一节　国际科学技术奖项图谱

一、全部样本的奖项图谱

以全部 225 项奖项样本之间的共同获奖人多少为计算奖项之间相似性的

基础,利用 VOSviewer 对相似性计算结果进行可视化呈现后,基于全部样本绘制的奖项图谱如图 6-1 所示。图谱中的每一个圆圈代表一个奖项,圆圈和奖项名称的标志越大,奖项的权重越大。在图谱中,每一个奖项的权重大小是由问卷调查结果计算得出的声誉大小决定的。图谱中两个奖项之间的连线表明它们之间存在共同获奖人,相似性越大的两个奖项,距离越近。[①]

从全部奖项的图谱可以看出,迪特尔·贝伦斯奖章(Dieter Behrens Medal)、吉布斯兄弟奖(Gibbs Brothers Medal)、尼尔斯·克里姆奖(Nils Klim Prize)、欧洲犯罪学奖(European Criminology Award)、托拜厄斯奖(Tobias Prize)等一些奖项与其他大多数奖项的距离较远。这是因为,这些奖项与其他所有奖项不存在共同获奖人,或者只与其他个别奖项存在共同获奖人。由图 6-1 所示,当局部放大后,大多数奖项在图谱中的相对位置得以呈现出来。可见,通过绘制奖项图谱,可以直观地呈现奖项之间的相对重要性和相对关系。

奖项图谱中,享有较高声誉的奖项脱颖而出,声誉较低的奖项则显现的少。例如,诺贝尔奖(Nobel Prizes)、图灵奖(Turing Award)、克拉福德奖

a. 全部奖项的图谱

---

① Van Eck N J, Waltman L. Software Survey: VOSviewer, a Computer Program for Bibliometric Mapping[J]. Scientometrics, 2010, 84(2): 523-538.

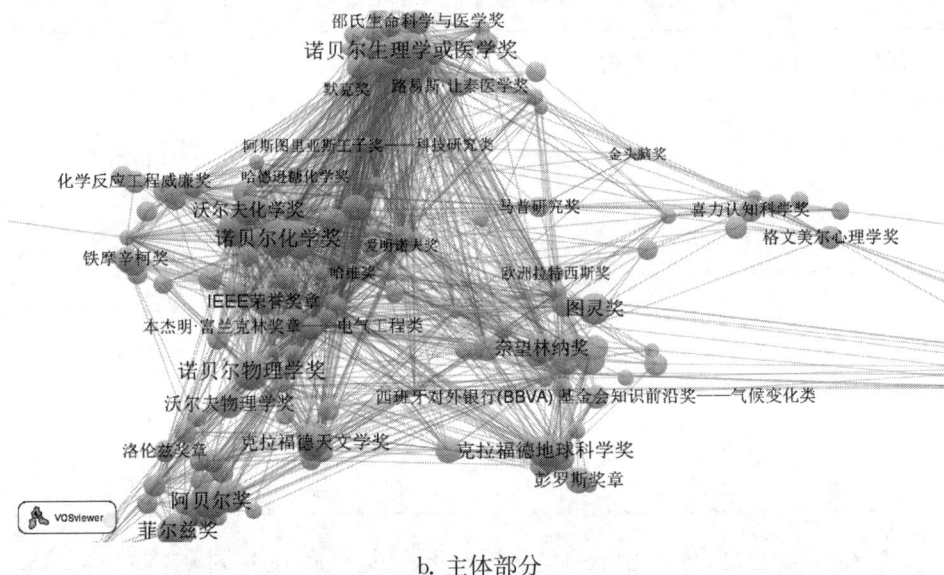

b. 主体部分

图 6－1　基于 225 项全部样本绘制的国际科学技术奖项图谱

(Crafoord Prizes)、阿贝尔奖(The Abel Prize)、菲尔兹奖(Fields Medal)、沃尔夫奖(Wolf Prizes)等一批重要奖项由于声誉较高,权重较大,因而明显出现在图谱中,易于辨出。此外,图谱中的奖项基本按学科领域聚集,同一学科领域的奖项彼此之间的距离相对较近,相似性较大。这是因为一个学科领域的奖项的奖励对象大致是同一科学共同体的成员,彼此之间具有更多的共同获奖人。

　　基于 225 项国际科学技术奖项样本建立的奖项图谱中,根据表 6－1 统计,有一项奖项与 90 多个其他奖项存在共同获奖人,有两项奖项与 80 个以上的其他奖项存在共同获奖人,有 4 项奖项与 70 个以上的其他奖项存在共同获奖人,有 7 项奖项与 60 个以上的其他奖项存在共同获奖人,有 13 项奖项与 50 个以上的其他奖项存在共同获奖人。可见,一些奖项的颁奖范围广,与众多的其他奖项存在共同获奖人。此外,全部样本中,有 128 项奖项与 10 个以上的其他奖项存在共同获奖人,有 210 项奖项与或多或少的其他奖项存在共同获奖人。而只有在图谱中位置远离大多数奖项的迪特尔·贝伦斯奖章、吉布斯兄弟奖、尼尔斯·克里姆奖、欧洲犯罪学奖、托拜厄斯奖等 15 项奖项,与其他奖项不存在任何共同获奖人。这说明绝大多数奖项或多或少的与其他奖项存在共同获奖人,奖项之间存在共同获奖人是普遍现象。

表 6 - 1　全部奖项样本的共现情况

与奖项 i 有共同获奖人的奖项数量	奖项 i 的数量	奖项 i 所占百分比
>90	1	0.4%
>80	2	0.9%
>70	4	1.8%
>60	7	3.1%
>50	13	5.8%
>40	26	11.6%
>30	43	19.1%
>20	79	35.1%
>10	128	56.9%
>0	210	93.3%
≥0	225	100.0%

　　值得注意的是,样本中有 15 项不与其他奖项存在共同获奖人的奖项。统计这些奖项的平均声誉得分发现,它们的平均声誉得分只有 0.33。其中,有 13 项奖项的声誉得分不超过 0.40;有 8 项奖项的声誉得分不超过 0.30;有 6 项奖项的声誉得分不超过 0.25,占样本中声誉得分不超过 0.25 的所有奖项的四分之三。可见,多数与其他奖项不存在共同获奖人的奖项,其声誉也较低。这可能是因为这些奖项的颁奖范围较窄或者颁奖时间较短,导致获奖人数有限,获奖人的代表性不足,因而未能在相应的学科领域中产生较大的影响。

　　表 6 - 2 列出了样本中与 50 多个其他奖项存在共同获奖人的 13 项奖项。其中,由以色列理工学院(Technion-Israel Institute of Technology)负责颁发的哈维奖(Harvey Prize),与样本中的 97 个其他奖项存在共同获奖人,数量最多。这是由于哈维奖奖励在科学、技术以及人类健康领域的杰出成就,颁奖的学科领域非常广泛。此外,除了生命科学与医学领域的加拿大盖尔德纳国际奖(The Canada Gairdner International Award)、拉斯克基础医学研究奖(Albert Lasker Basic Medical Research Award)、罗森斯蒂尔奖(Rosenstiel Award)以及化学领域的诺贝尔化学奖(Nobel Prize in Chemistry)外,包括哈维奖在内的其余九项奖项都是跨领域颁发的综合性奖项。由于它们的颁奖范围不局限于一个学科,因而与更多的奖项存在共同获奖人。考虑到共同获奖

人现象是杰出科学家先后获得多项奖励,即在积累优势的过程中产生的,因此这些与众多奖项存在共同获奖人的奖项得以发挥更广泛的奖励效应。

表 6 - 2　全部样本中与 50 多个其他奖项存在共同获奖人的 13 项奖项

奖　　项　i	与奖项 i 存在共同获奖人的奖项数量
哈维奖	97
英国皇家奖章	86
费萨尔国王国际奖——科学类	76
巴尔赞奖	73
加拿大盖尔德纳国际奖	68
阿斯图里亚斯王子奖——科技研究类	65
日本国际奖	65
科普利奖章	60
丹·大卫奖——未来类	57
拉斯克基础医学研究奖	56
阿尔伯特·爱因斯坦世界科学奖	53
罗森斯蒂尔奖	53
诺贝尔化学奖	51

注:表中具体奖项的英文名称详见附录1,下同。

　　同一学科领域的奖项在图谱中汇集在一起,而对于跨领域颁发的 21 项综合性国际科学技术奖项而言,如图 6 - 2 所示,一方面,与不同跨领域奖项存在共同获奖人的其他奖项的数量差异很大。多数跨领域奖项的与其存在共同获奖人的奖项数量较多,跨领域奖项中有 13 项与 40 个以上其他奖项存在共同获奖人,占了同类奖项的一半;有 16 项与 30 个以上其他奖项存在共同获奖人,占了同类奖项的 37.2%。这说明,在与较多的奖项存在共同获奖人的奖项中,跨领域奖项是主要部分。这些跨领域奖项与较多的奖项存在共同获奖人,对更广范围的科学家发挥影响,从而产生更广泛的奖励效应。个别跨领域奖项的与其存在共同获奖人的奖项数量较少,这是由于其颁奖范围等条件的限定。例如,欧洲拉特西斯奖(European Latsis Prize)主要面向欧洲科学家。另一方面,与跨领域奖项存在共同获奖人的其他奖项的领域分布也不均衡,但是除自身领域的其他奖项外,这些奖项主要集中在生命科学与医学、自然科学和工程科学领域,较少分布于社会科学和新兴的脑科学与认知科学领域。这说明综合性国际科学技术奖项的颁奖范围重点集中在生命科学与医学、自然科学和工程科学领域,社会科学和新兴研究领域是综合性奖项设奖的薄弱地带。以上两点都决定了,跨领域奖项在图谱中不像其他学科领域的奖项那样聚集在一起。

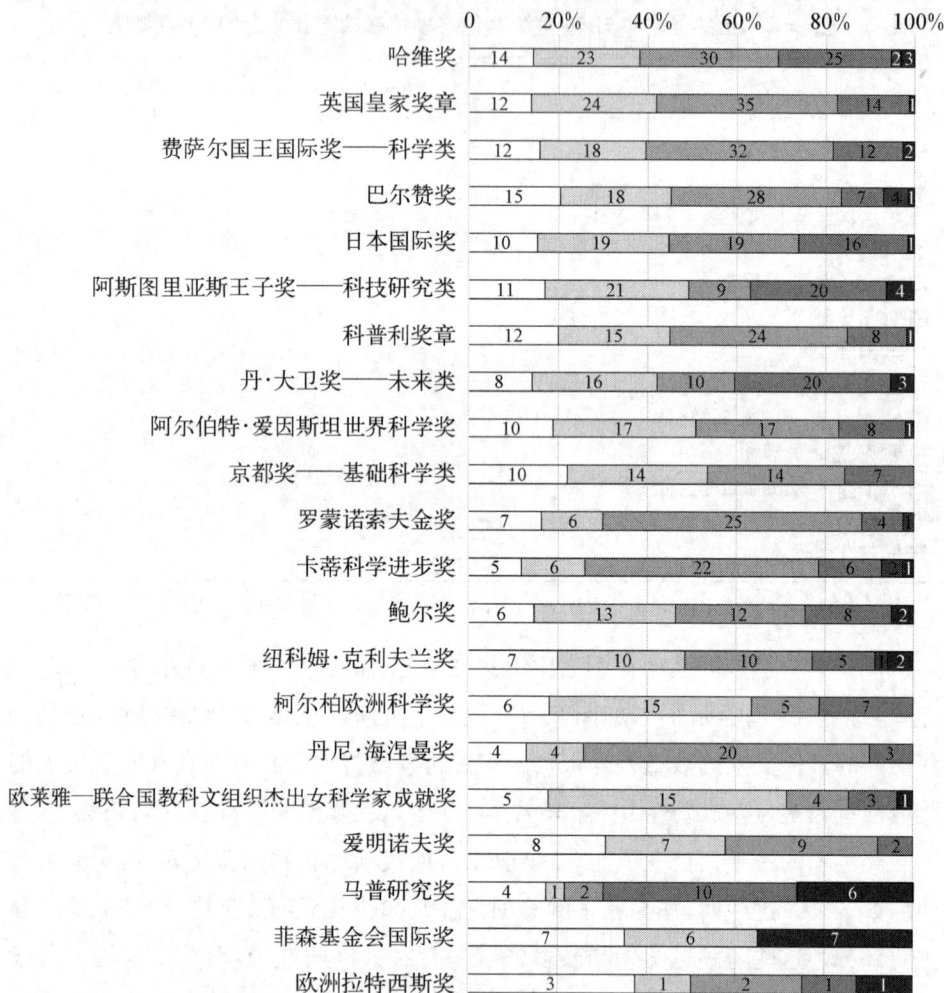

奖项	跨领域奖项	生命科学与医学奖	自然科学奖	工程科学奖	社会科学奖	脑科学与认知科学奖
哈维奖	14	23	30	25	23	
英国皇家奖章	12	24	35	14	1	
费萨尔国王国际奖——科学类	12	18	32	12	2	
巴尔赞奖	15	18	28	7	4	1
日本国际奖	10	19	19	16	1	
阿斯图里亚斯王子奖——科技研究类	11	21	9	20	4	
科普利奖章	12	15	24	8	1	
丹·大卫奖——未来类	8	16	10	20	3	
阿尔伯特·爱因斯坦世界科学奖	10	17	17	8	1	
京都奖——基础科学类	10	14	14	7		
罗蒙诺索夫金奖	7	6	25	4	1	
卡蒂科学进步奖	5	6	22	6	2	1
鲍尔奖	6	13	12	8	2	
纽科姆·克利夫兰奖	7	10	10	1	1	2
柯尔柏欧洲科学奖	6	15	5	7		
丹尼·海涅曼奖	4	4	20	3		
欧莱雅—联合国教科文组织杰出女科学家成就奖	5	15	4	1		
爱明诺夫奖	8	7	9	2		
马普研究奖	4	1	2	10	6	
菲森基金会国际奖	7	6	7			
欧洲拉特西斯奖	3	1	2	1	1	

□跨领域奖项 ▨生命科学与医学奖 ▨自然科学奖 ▪工程科学奖 ▪社会科学奖 ▪脑科学与认知科学奖

图6-2 全部样本中与跨领域奖项存在共同获奖人的其他奖项的领域分布情况

二、生命科学与医学领域的奖项图谱

基于所搜集的 36 项生命科学与医学奖,图 6-3 展示了由这些奖项构成的奖项图谱的主体部分以及局部放大部分。

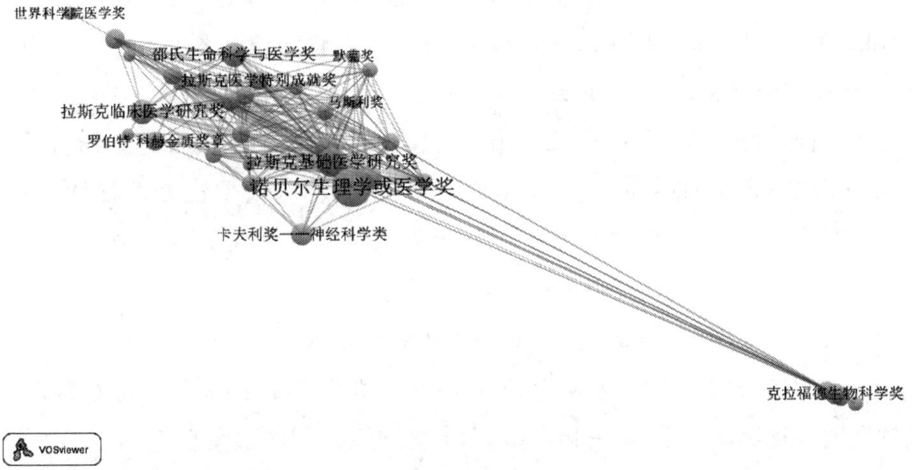

a. 主体部分

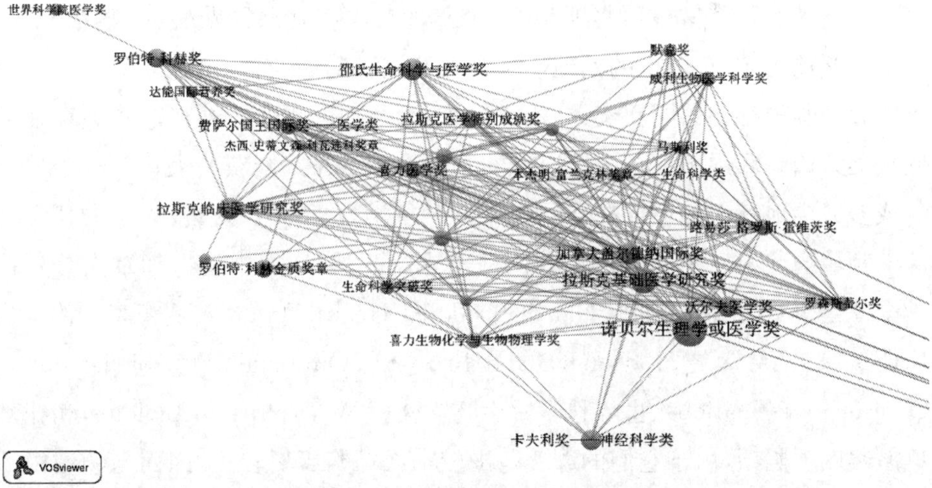

b. 局部放大

图 6-3 生命科学与医学领域的国际科学技术奖项图谱

奖项图谱直观呈现了一批生命科学与医学奖之间的相对重要性和相对关系：第一，诺贝尔生理学或医学奖（Nobel Prize in Physiology or Medicine）、拉斯克基础医学研究奖、加拿大盖尔德纳国际奖、拉斯克临床医学研究奖（Lasker～DeBakey Clinical Medical Research Award）、邵氏生命科学与医学奖（The Shaw Prize in Life Science and Medicine）、沃尔夫医学奖（Wolf Prize in Medicine）、卡夫利奖——神经科学类（The Kavli Prize in Neuroscience）、克拉福德生物科学奖（Crafoord Prize in Biosciences）等奖项由于声誉较高，权重较大，因而在图谱中易于辨出。第二，图谱中的奖项按照颁奖侧重的学科或研究领域大体聚集在两个部分。克拉福德生物科学奖、国际生物学奖（International Prize for Biology）、达尔文奖章（Darwin Medal）等生物学奖聚集在一起，而在医学以及与医学密切相关的分子生物学、生理学等领域颁发的，以诺贝尔生理学或医学奖领衔的一批奖项聚集在一起。第三，拉斯克基础医学研究奖、沃尔夫医学奖、加拿大盖尔德纳国际奖与诺贝尔生理学或医学奖的距离较近，与诺贝尔奖的相似性较高；其余奖项与诺贝尔生理学或医学奖的距离较远，与其相似性较低。

基于 36 项生命科学与医学奖建立的图谱中，根据表 6-3 的统计，有加拿大盖尔德纳国际奖这一项奖项与 28 个其他奖项存在共同获奖人，数量最多；有 7 项奖项与 20 个以上的其他奖项存在共同获奖人；有 16 项奖项与 15 个以上的其他奖项存在共同获奖人；有 23 项奖项与 10 个以上的其他奖项存在共同获奖人；有 28 项奖项与 5 个以上的其他奖项存在共同获奖人；有 32 项奖项与或多或少地其他奖项存在共同获奖人，占到了 88.9%。这说明，生命科学与医学领域的奖项之间普遍存在共同获奖人。此外，样本中还有加拿大盖尔德纳全球健康奖（The Canada Gairdner Global Health Award）、贾德森·德兰临床研究突出成就奖（Judson Daland Prize for Outstanding Achievement in Clinical Investigation）、世界科学院生物学奖（TWAS Prize in Biology）和托拜厄斯奖四项奖项，由于它们的颁奖范围较窄或颁奖历史较短，因而与领域内的其他奖项均不存在共同获奖人，也因此没有出现在奖项图谱的主体部分里。例如，于 2008 年开始颁发的托拜厄斯奖只针对血液疾病领域，世界科学院生物学奖只授予发展中国家的科学家。

表 6-3 生命科学与医学领域奖项样本的共现情况

与奖项 i 有共同获奖人的奖项数量	奖项 i 的数量	奖项 i 所占百分比
28	1	2.8%
>20	7	19.4%
>15	16	44.4%
>10	23	63.9%
>5	28	77.8%
>0	32	88.9%
≥0	36	100.0%

然而,有的奖项虽然与较多的其他奖项存在共同获奖人,但可能与其中一些奖项存在数量较少的共同获奖人;而有的奖项虽然与较少的其他奖项存在共同获奖人,但可能与其中某项奖项存在数量较多的共同获奖人。为了更科学地评价奖项之间的共现情况,本研究以生命科学与医学领域的奖项图谱为基础,根据与图谱中各奖项存在共同获奖人的奖项数量以及各奖项与其他奖项之间的共同获奖人总人次,计算了各奖项与其他奖项之间的共同获奖人平均人次。表 6-4 列出了生命科学与医学领域中共同获奖人平均人次排在前10 名的奖项。10 项奖项中,有 7 项与 20 个以上领域内的其他奖项存在共同获奖人,其余 3 项也与 10 个以上的其他奖项存在共同获奖人。10 项奖项中,加拿大盖尔德纳国际奖、诺贝尔生理学或医学奖、拉斯克基础医学研究奖和路易莎·格罗斯·霍维茨奖(The Louisa Gross Horwitz Prize)这 4 项奖项与其他奖项的共同获奖人平均人次超过 10 人。除拉斯克临床医学研究奖外,其余9 项奖项与其他奖项的共同获奖人平均人次均超过 5 人。由于这些生命科学与医学奖均与较多的其他奖项存在共同获奖人,且与其他奖项存在较多的共同获奖人,因而它们在生命科学与医学领域的科学家积累优势的过程中,能够发挥更广泛的奖励效应。

如果用一个奖项与其他奖项的共同获奖人平均人次来代表这个奖项奖励效应的大小,那么是否一个奖项的奖励效应越大,这个奖项的声誉越高呢? 本研究对生命科学与医学领域中各奖项与其他奖项的共同获奖人总人次、与各奖项存在共同获奖人的奖项数量、各奖项与其他奖项的共同获奖人平均人次以及各奖项的声誉进行了相关性分析,结果如表 6-5 所示。研究表明,"各奖

表 6-4　共同获奖人平均人次位列前 10 名的生命科学与医学奖

奖 项 i	奖项 i 与其他奖项的共同获奖人总人次	与奖项 i 存在共同获奖人的奖项数量	奖项 i 与其他奖项的共同获奖人平均人次
加拿大盖尔德纳国际奖	517	28	18.5
诺贝尔生理学或医学奖	303	23	13.2
拉斯克基础医学研究奖	342	27	12.7
路易莎·格罗斯·霍维茨奖	260	24	10.8
罗森斯蒂尔奖	216	25	8.6
马斯利奖	137	19	7.2
沃尔夫医学奖	138	24	5.8
保罗·埃尔利希-路德维希·达姆施泰特奖	140	25	5.6
威利生物医学科学奖	77	14	5.5
拉斯克临床医学研究奖	77	19	4.1

表 6-5　生命科学与医学领域有关共同获奖人的数据与奖项声誉的相关性分析

	奖项 i 与其他奖项的共同获奖人总人次	与奖项 i 存在共同获奖人的奖项数量	奖项 i 与其他奖项的共同获奖人平均人次	奖项 i 的声誉
奖项 i 与其他奖项的共同获奖人总人次	1	.759**	.987**	.551**
与奖项 i 存在共同获奖人的奖项数量	.759**	1	.785**	.498**
奖项 i 与其他奖项的共同获奖人平均人次	.987**	.785**	1	.572**
奖项 i 的声誉	.551**	.498**	.572**	1

**.在 0.01 水平（双侧）上显著相关。

项与其他奖项的共同获奖人平均人次"与"各奖项与其他奖项的共同获奖人总人次"以及"与各奖项存在共同获奖人的奖项数量"呈高度线性相关。这说明，一个奖项与越多的其他奖项存在共同获奖人，且共同获奖人的数量越多，则这个奖项的奖励效应越大。研究结果还表明，各奖项的声誉与"各奖项与其他奖项的共同获奖人总人次"、"与各奖项存在共同获奖人的奖项数量"以及"各奖项与其他奖项的共同获奖人平均人次"均呈中度线性相关。这一方面反映出奖项声誉是多因素共同作用的结果,另一方面也说明奖励效应大的奖项,有利于提高奖项的影响力和声望。

综上所述,绘制一个领域内的奖项图谱,不仅可以直观呈现奖项之间的相对重要性和相对关系,还可以通过分析奖项之间的共现情况,梳理出对该领域科学家发挥更为广泛的奖励效应的奖项。

三、自然科学领域的奖项图谱

本研究自然科学领域的国际奖项包括了数学奖、化学奖、物理学奖、天文学奖和地球科学奖,总计有 63 项。图 6‑4 展示了由这些奖项构成的奖项图谱的主体部分。

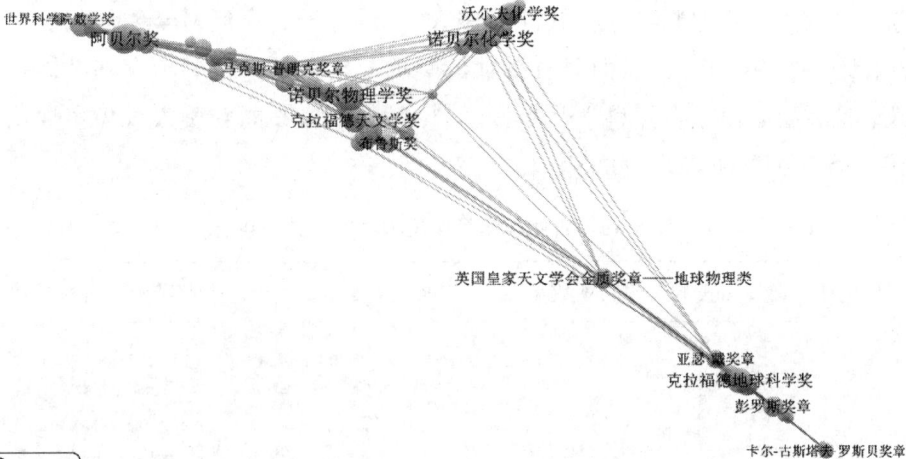

图 6‑4　自然科学领域的国际科学技术奖项图谱

奖项图谱直观呈现了一批自然科学奖之间的相对重要性和相对关系:第一,诺贝尔物理学奖(Nobel Prize in Physics)、诺贝尔化学奖、阿贝尔奖、沃尔夫化学奖(Wolf Prize in Chemistry)、克拉福德天文学奖(Crafoord Prize in Astronomy)、克拉福德地球科学奖(Crafoord Prize in Geosciences)等奖项由于声誉较高,权重较大,因而在图谱中易于辨出。第二,图谱中的奖项按照颁奖侧重的学科或研究领域大体聚集在四个部分。以诺贝尔物理学奖和克拉福德天文学奖分别领衔的物理学奖和天文学奖聚集在一起,体现了这两个学科的高度交叉性。此外,以阿贝尔奖、诺贝尔化学奖和克拉福德地球科学奖分别领衔的一批数学奖、化学奖和地球科学奖各自聚集在一起。

基于 63 项自然科学奖建立的奖项图谱中,根据表 6 - 6 的统计,有诺贝尔化学奖、诺贝尔物理学奖、洛伦兹奖章(Lorentz Medal)、丹尼·海涅曼数学物理奖(Dannie Heineman Prize for Mathematical Physics)、布鲁斯奖(The Bruce Medal)、英国皇家天文学会金质奖章——天文学类(The Gold Medal of Royal Astronomical Society for Astronomy)、英国皇家天文学会金质奖章——地球物理类(The Gold Medal of Royal Astronomical Society for Geophysics)、马克斯·普朗克奖章(Max Planck Medal)这八项奖项与 15 个以上的其他奖项存在共同获奖人,有 26 项奖项与 10 个以上的其他奖项存在共同获奖人,有 47 项奖项与 5 个以上的其他奖项存在共同获奖人,有 58 项奖项与或多或少的其他奖项存在共同获奖人。可见,虽然自然科学领域的奖项之间普遍存在共同获奖人,但只有少数的奖项与较多的其他奖项存在共同获奖人。这主要是由于自然科学奖是按学科来颁发的,共同获奖人现象主要出现在一个学科内的奖项之间。

表 6 - 6　自然科学领域奖项样本的共现情况

与奖项 i 有共同获奖人的奖项数量	奖项 i 的数量	奖项 i 所占百分比
>15	8	12.7%
>10	26	41.3%
>5	47	74.6%
>0	58	92.1%
≥0	63	100.0%

此外,样本中有盖伊·邦福德奖(Guy Bomford Prize)、奈望林纳奖(Rolf Nevanlinna Prize)、世界科学院地球科学奖(TWAS Prize in Earth Sciences)、世界科学院化学奖(TWAS Prize in Chemistry)和物理学新视野奖(New Horizons in Physics Prize)这五项奖项,由于它们的颁奖范围较窄或颁奖历史较短,因而与领域内其他奖项均不存在共同获奖人,也因此没有出现在奖项图

谱的主体部分里。例如,盖伊·邦福德奖是授予在大地测量学研究中取得杰出成就的人士,世界科学院地球科学奖和世界科学院化学奖只授予发展中国家的杰出科学家,于2013年开始颁发的物理学新视野奖专门是授予初级研究人员的。

表6-7列出了自然科学领域的各学科中,共同获奖人平均人次位列前三名的奖项。这15项奖项中,有13项奖项与不低于10个的其他奖项存在共同获奖人,有5项奖项与15个以上的其他奖项存在共同获奖人。而且,这些奖项与其他奖项的共同获奖人平均人次,在各自的学科中都是最高的。因而,它们对本学科的科学共同体成员发挥了更为广泛的奖励效应。

表 6-7　自然科学领域各学科中共同获奖人平均人次位列前三名的奖项

学科	奖　项 i	奖项 i 与其他奖项的共同获奖人总人次	与奖项 i 存在共同获奖人的奖项数量	奖项 i 与其他奖项的共同获奖人平均人次
数学	菲尔兹奖	51	13	3.9
	沃尔夫数学奖	51	13	3.9
	克拉福德数学奖	28	11	2.5
化学	韦尔奇化学奖	73	9	8.1
	沃尔夫化学奖	77	10	7.7
	诺贝尔化学奖	122	17	7.2
物理学	诺贝尔物理学奖	102	18	5.7
	马克斯·普朗克奖章	63	16	3.9
	沃尔夫物理学奖	50	14	3.6
天文学	布鲁斯奖	149	17	8.8
	英国皇家天文学会金质奖章——天文学类	135	17	7.9
	亨利·德雷伯奖章	77	11	7.0
地球科学	沃拉斯顿奖	71	11	6.5
	彭罗斯奖章	46	8	5.8
	亚瑟·戴奖章	62	13	4.8

由于自然科学领域各学科的奖项样本数量有限,因而未对各学科奖项的有关共同获奖人的数据与奖项声誉进行相关性分析。由于相同的原因,以下的工程科学、社会科学、脑科学与认知科学领域也未做同类分析。但是,表6-

7中所列出的3项数学奖、3项化学奖、物理学领域的诺贝尔物理学奖和沃尔夫物理学奖（Wolf Prize in Physics）、地球科学领域的沃拉斯顿奖（Wollaston Medal）都是各自学科中平均声誉得分位列前茅的奖项。此外，表中所列的马克斯·普朗克奖章、布鲁斯奖、英国皇家天文学会金质奖章——天文学类、彭罗斯奖章也都是各自学科中声誉较高的奖项。可见，奖励效应大的奖项，其声誉也相对较高。

四、工程科学领域的奖项图谱

本研究由电子信息与电气工程、环境科学与工程、材料科学与工程、化学工程、生物与医学工程、土木工程、机械工程以及能源科学与工程构成的工程科学领域中，有60项国际科学技术奖项样本。图6-5展示了基于这些奖项绘制的奖项图谱的主体部分。

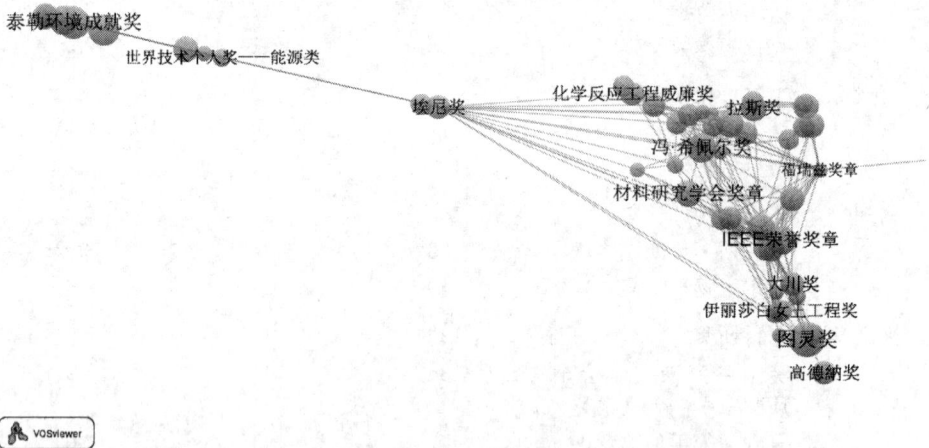

图6-5　工程科学领域的国际科学技术奖项图谱

奖项图谱直观呈现了一批工程科学奖之间的相对重要性和相对关系：一方面，图灵奖、IEEE荣誉奖章（IEEE Medal of Honor）、冯·希佩尔奖（Von Hippel Award）和泰勒环境成就奖（Tyler Prize for Environmental Achievement）等奖项，由于声誉较高，权重较大，因而在图谱中易于辨出。另一方面，图谱中的奖项按照颁奖侧重的学科或研究领域大体聚集在两个部分。以泰勒环境成就奖领衔的环境科学与工程奖聚集在一起,而以图灵奖、冯·希佩尔奖等分别领衔的其他工程学科的奖项大致聚集在一起。

基于 60 项工程科学奖绘制的奖项图谱中,根据表 6-8 的统计,有福瑞兹奖章(John Fritz Medal)这 1 个奖项与 21 个其他奖项存在共同获奖人,数量最多。福瑞兹奖章于 1902 年开始颁发,历史悠久,是工程领域的综合性奖项,因而与非常多的工程科学奖存在共同获奖人。此外,样本中有 6 项奖项与 15 个以上的其他奖项存在共同获奖人,有 12 项奖项与 10 个以上的其他奖项存在共同获奖人,有 57 项奖项与或多或少的其他奖项存在共同获奖人。可见,共同获奖人现象在工程科学奖中较为普遍,但只有少数的奖项与较多的其他奖项存在共同获奖人。这主要是由于工程科学奖大多是按学科来颁发的,学科之间交叉性弱,共同获奖人现象主要出现在一个学科内的奖项之间。

表 6-8　工程科学领域奖项样本的共现情况

与奖项 i 有共同获奖人的奖项数量	奖项 i 的数量	奖项 i 所占百分比
21	1	1.7%
>15	6	10.0%
>10	12	20.0%
>5	33	55.0%
>0	57	95.0%
≥0	60	100.0%

工程科学奖样本中还有迪特尔·贝伦斯奖章、吉布斯兄弟奖和世界科学院工程科学奖(TWAS Prize in Engineering Sciences)这三项奖项,由于它们的颁奖范围较窄或颁奖频次较低,因而与领域内其他奖项均不存在共同获奖人,也因此没有出现在奖项图谱的主体部分里。例如,每四年颁发一次的迪特尔·贝伦斯奖章授予对欧洲化学工程做出贡献的人士,吉布斯兄弟奖只针对船舶与海洋工程,世界科学院工程科学奖只授予发展中国家的杰出科学家。

表 6-9 列出了工程科学领域的各学科中,共同获奖人平均人次位列前茅的奖项。这 21 项奖项中,有 7 项奖项与 10 个以上的其他奖项存在共同获奖人,占样本中同类奖项的 58.3%;有 3 项奖项与 15 个以上的其他奖项存在共

同获奖,占样本中同类奖项的一半。这些奖项对本学科的科学共同体成员发挥了更为广泛的奖励效应。

表6-9 工程科学领域各学科中共同获奖人平均人次位列前茅的奖项

学 科	奖 项 i	奖项 i 与其他奖项的共同获奖人总人次	与奖项 i 存在共同获奖人的奖项数量	奖项 i 与其他奖项的共同获奖人平均人次
领域内跨学科奖项	福瑞兹奖章	64	21	3.0
	法拉第奖章	29	11	2.6
	查尔斯·斯塔克·德雷珀奖	45	19	2.4
电子信息与电气工程	IEEE 爱迪生奖章	42	11	3.8
	图灵奖	37	10	3.7
	IEEE 荣誉奖章	51	14	3.6
环境科学与工程	泰勒环境成就奖	23	7	3.3
	沃尔沃环境奖	18	7	2.6
	喜力环境科学奖	7	3	2.3
材料科学与工程	世界技术个人奖——材料类	11	6	1.8
	杰出青年科学家奖	13	9	1.4
化学工程	创始人化学工程贡献奖	46	12	3.8
	化学反应工程威廉奖	22	7	3.1
生物与医学工程	皮埃尔·加莱蒂奖	12	10	1.20
	H. R. 李森纳奖	7	6	1.17
土木工程	西奥多·冯·卡门奖章	34	5	6.8
	国际结构混凝土协会优胜奖	12	2	6.0
机械工程	铁摩辛柯奖	33	6	5.5
	美国机械工程师协会奖章	33	7	4.7
能源科学与工程	埃尼奖	28	19	1.5
	恩里科·费米奖	7	6	1.2

注:对于奖项样本数量不超过6项的学科,取前两名奖项;对于奖项样本数量超过6项的学科,取前三名。

与生命科学与医学奖和自然科学奖比较,工程科学奖与其他奖项之间的共同获奖人平均人次相对较低。这可能是由于工程科学奖在颁奖对象上存在较大的差异。表中所列的奖项与其他奖项之间的共同获奖人的平均人次较多,能够发挥更广泛的奖励效应。同时,这些奖项也具有相对较高的声誉。例如,表中所列的电子信息与电气工程的 IEEE 爱迪生奖章(IEEE Edison Medal)、图灵奖、IEEE 荣誉奖章,环境科学与工程领域的泰勒环境成就奖和沃尔沃环境奖(Volvo Environment Prize),机械工程领域的美国机械工程师协会奖章(ASME Medal)和铁摩辛柯奖(Timoshenko Medal),以及能源科学与工程领域的埃尼奖(Eni Award)和恩里科·费米奖(The Enrico Fermi Award),均是各自学科领域中平均声誉得分最高的奖项。此外,查尔斯·斯塔克·德雷珀奖(Charles Stark Draper Prize)、化学反应工程威廉奖(R. H. Wilhelm Award in Chemical Reaction Engineering)和 H. R. 李森纳奖(H. R. Lissner Medal)也是各自学科领域中声誉较高的奖项。这再次证明,与其他奖项存在较多共同获奖人的奖项,通过对本学科领域的更多的科学共同体成员发挥积累优势效应和增强效应,来扩大影响力和赢得声望。

五、社会科学领域的奖项图谱

本研究社会科学领域的国际奖项包括了经济学奖、政治学奖和法学奖,总计有 33 项。图 6-6 展示了基于这些奖项绘制的奖项图谱的主体部分。

奖项图谱直观呈现了一批社会科学奖之间的相对重要性和相对关系:

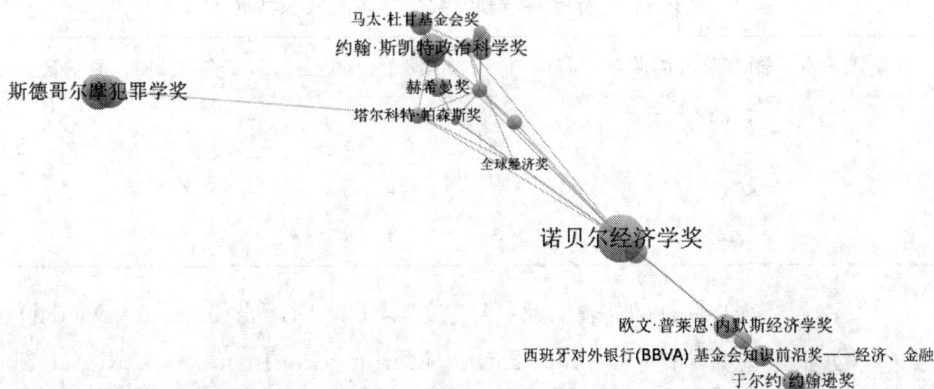

图 6-6　社会科学领域的国际科学技术奖项图谱

一方面,诺贝尔经济学奖(Nobel Prize in Economic Sciences)、约翰·斯凯特政治科学奖(The Johan Skytte Prize in Political Science)和斯德哥尔摩犯罪学奖(The Stockholm Prize in Criminology)等奖项,由于声誉较高,权重较大,因而在图谱中易于辨出。另一方面,图谱中的奖项按照颁奖侧重的学科或研究领域大体聚集成三个部分。以诺贝尔经济学奖、约翰·斯凯特政治科学奖和斯德哥尔摩犯罪学奖分别领衔的经济学奖、政治学奖和法学奖各自聚集在一起。

基于33项社会科学奖绘制的奖项图谱中,根据表6-10的统计,有诺贝尔经济学奖这一项奖项与其他11个奖项存在共同获奖人,数量最多。此外,阿斯图里亚斯王子奖——社会科学类(Prince of Asturias Award for Social Sciences)、本杰明·E.里宾科特奖(Benjamin E. Lippincott Award)、塔尔科特·帕森斯奖(Talcott Parsons Prize)和约翰·斯凯特政治科学奖这四项奖项也与5个以上的其他奖项存在共同获奖人。全部33个奖项样本中,有27个奖项与或多或少的其他奖项存在共同获奖人。比较而言,生命科学与医学、自然科学、工程科学领域的全部奖项样本中,分别有88.9%、92.1%和95.0%的奖项或多或少的与其他奖项存在共同获奖人。而由于社会科学奖搜集的数量少,且学科之间的交叉性不如其他领域,因此只有81.8%的奖项或多或少的与其他奖项存在共同获奖人。

表6-10 社会科学领域奖项样本的共现情况

与奖项 i 有共同获奖人的奖项数量	奖项 i 的数量	奖项 i 所占百分比
11	1	3.0%
>5	5	15.2%
>0	27	81.8%
≥0	33	100.0%

社会科学奖样本中,英国社会科学院奖章(The British Academy Medal)、考夫曼创业学杰出研究奖(The Ewing Marion Kauffman Prize Medal for Distinguished Research in Entrepreneurship)、世界技术个人奖——法律类(World Technology Award in Law)、伊丽莎白·郝博奖(The Elizabeth Haub Prize for Environmental Law)、尼尔斯·克里姆奖和欧洲犯罪学奖这六项奖

项,由于颁奖范围较窄或颁奖历史较短,因而与领域内的其他奖项均不存在共同获奖人,也因此没有出现在奖项图谱的主体部分里。

表6-11列出了社会科学领域的各学科中,共同获奖人平均人次位列前3名的奖项。这12项奖项中,包括了社会科学奖样本中与5个以上的其他奖项存在共同获奖人的全部5项奖项。表中所列的奖项对各自学科领域的科学共同体成员发挥了更为广泛的奖励效应。此外,表中所列的诺贝尔经济学奖、欧文·普莱恩·内默斯经济学奖(The Erwin Plein Nemmers Prize in Economics)、约翰·斯凯特政治科学奖、斯德哥尔摩犯罪学和爱德文·苏哲兰奖(Edwin H. Sutherland Award),也都是各学科中声誉较高的奖项。

表6-11　社会科学领域各学科中共同获奖人平均人次位列前三名的奖项

学　科	奖　项 i	奖项 i 与其他奖项的共同获奖人总人次	与奖项 i 存在共同获奖人的奖项数量	奖项 i 与其他奖项的共同获奖人平均人次
领域内跨学科奖项	塔尔科特·帕森斯奖	8	6	1.3
	阿斯图里亚斯王子奖——社会科学类	10	9	1.1
	A.SK 社会科学奖	2	2	1.0
经济学	欧文·普莱恩·内默斯经济学奖	9	2	4.5
	全球经济奖	11	4	2.8
	诺贝尔经济学奖	25	11	2.3
政治学	本杰明·E.里宾科特奖	11	8	1.4
	约翰·斯凯特政治科学奖	9	7	1.3
	国际政治科学协会卡尔·多伊奇奖	5	4	1.3
法　学	奥古斯特·沃尔默奖	6	1	6.0
	斯德哥尔摩犯罪学奖	6	1	6.0
	爱德文·苏哲兰奖	13	3	4.3

六、脑科学与认知科学领域的奖项图谱

脑科学与认知科学是一种包括语言学、人类学、心理学、神经科学、哲学和人工智能等跨学科的新兴科学,其研究对象为人类、动物和人工智能机制的理

解和认知。本研究中,该领域的奖项样本总共有 12 项。图 6-7 展示了基于这些奖项绘制的奖项图谱的主体部分。

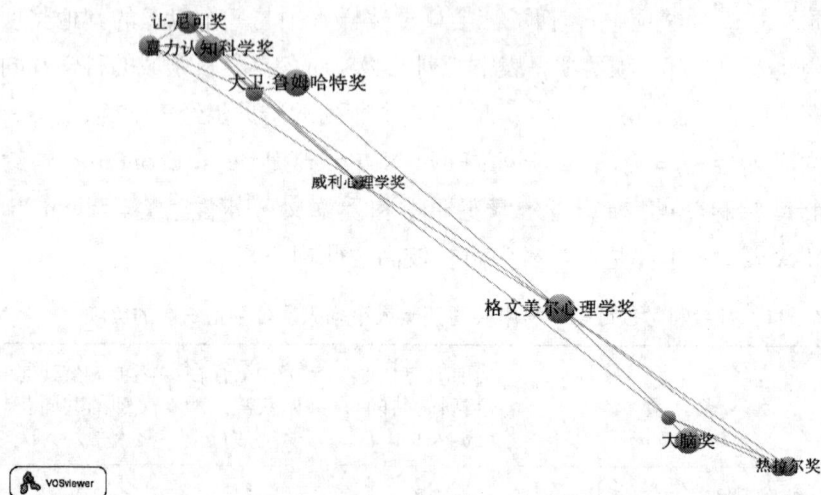

图 6-7 脑科学与认知科学领域的国际科学技术奖项图谱

奖项图谱直观呈现了一批脑科学与认知科学奖之间的相对重要性和相对关系:一方面,格文美尔心理学奖(The Grawemeyer Award in Psychology)、喜力认知科学奖(Heineken Prize for Cognitive Science)、大卫·鲁姆哈特奖(The David E. Rumelhart Prize)和大脑奖(The Brain Prize)这些声誉较高、权重较大的奖项在图谱中易于辨出。另一方面,由于脑科学与认知科学领域的学科交叉性强,其各奖项在奖励的方向上各有侧重,彼此之间存在共同获奖人的程度低,因而各奖项在图谱中呈整体分散状态,但侧重奖励某一研究方向的奖项因彼此之间有更多的共同获奖人而聚集在一起。例如,奖励神经科学方面突出成就的大脑奖(The Brain Prize)、金头脑奖(Golden Brain Award)和热拉尔奖(Ralph W. Gerard Prize in Neuroscience)就在图谱中聚集在一起。

根据统计,格文美尔心理学奖、威利心理学奖(Wiley Prize in Psychology)、智力与脑奖(Mind & Brain Prize)这三项奖项,均与领域内的六项其他奖项存在共同获奖人,数量最多。样本中,只授予青年科学家的青年智力与脑奖(Young

Mind & Brain Prize),因颁奖范围较窄而与领域内的其他奖项不存在共同获奖人,因此也没有出现在奖项图谱的主体部分里。

根据统计,除青年智力与脑奖外,脑科学与认知科学领域的其他 11 项奖项,它们与其他奖项存在共同获奖人的平均人次均为 1 人。这说明,该领域的奖项在颁奖方向上存在较大的差异,奖项之间的相似性也较低,相对关系也较远。本领域还缺乏在奖励效应方面具有明显优势的奖项。

第二节　与诺贝尔奖的相似性研究

鉴于图谱中奖项众多,在研究奖项之间的相似性时,本研究选择广受瞩目的诺贝尔奖为参照,探讨诺贝尔奖和与之存在共同获奖人的奖项之间的相似性。在以上绘制的图谱中,拥有共同获奖人的两个奖项被直线连接起来,构成一个奖项对。构成每个奖项对的两个奖项在图谱中的距离,是由它们之间的相似性大小决定的。本研究采用的相似性计算方法是关联强度,计算方法详见第三章第四小节,计算公式如下:

$$S_P = \frac{2 \times \text{矩阵中所有不同奖项之间共同获奖人所占百分比之和} \times i \text{ 与 } j \text{ 的共同获奖人所占百分比之和}}{i \text{ 与其他奖项的共同获奖人所占百分比之和} \times j \text{ 与其他奖项的共同获奖人所占百分比之和}}$$

在一个由众多奖项构成的奖励图谱中,由于两个奖项之间的相似性大小是由这两个奖项之间的共同获奖人以及这两个奖项与其他奖项存在的共同获奖人的分布情况决定的。因而奖项图谱中所包含的奖项数量越多、越全面,那么图谱反映出的奖项之间的相似程度就越准确。因此,本小节在呈现每两个奖项之间的相似性时,采用的是利用全部样本绘制的奖项图谱中的关联强度大小。

一、与诺贝尔生理学或医学奖的相似性研究

在基于全部 225 项奖项样本绘制的图谱中,共有 46 项奖项与诺贝尔生理学或医学奖存在共同获奖人。这些奖项中,如图 6-8 所示,有一半的奖项是

来自诺贝尔生理学或医学奖自身所在的生命科学与医学领域,有 37.0％的奖项是跨领域奖项,还有 6 项是来自工程科学等其他领域。可见,样本中与诺贝尔生理学或医学奖存在共同获奖人的奖项,主要是生命科学与医学奖以及跨领域的综合性奖项。

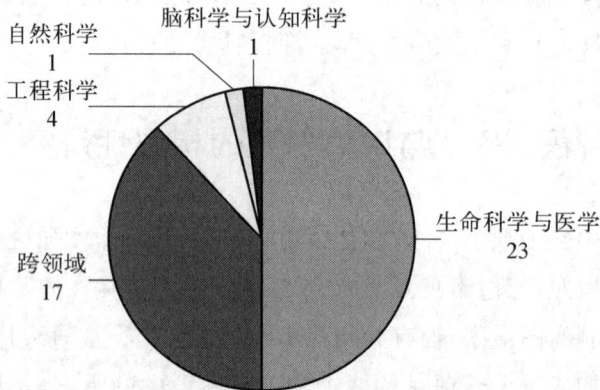

图 6‒8　与诺贝尔生理学或医学奖存在共同
获奖人的奖项样本的分布情况

这 46 项奖项与诺贝尔生理学或医学奖的相似性大小,即关联强度的大小,如图 6‒9 所示。这些奖项虽然与诺贝尔生理学或医学奖均存在共同获奖人,但与其相似性的差异很大,最高值与最低值相差多达 18 倍。这些奖项中,有三项奖项与诺贝尔生理学或医学奖的关联强度明显高于其他奖项,与诺贝尔奖的相似性最大。

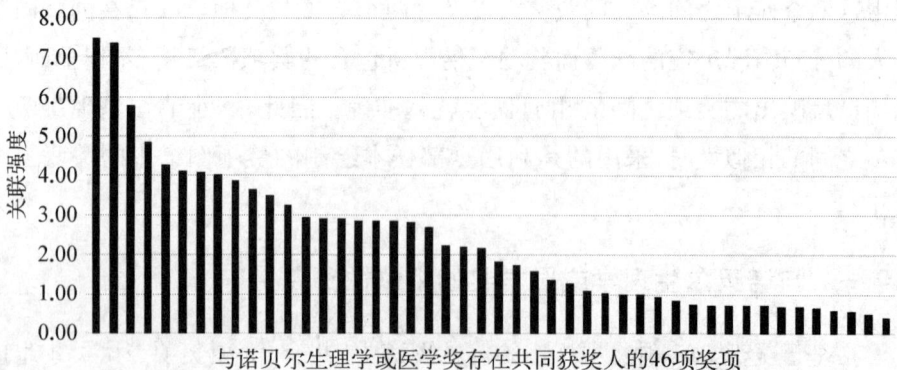

图 6‒9　46 项奖项与诺贝尔生理学或医学奖之间的相似性

　　表 6 - 12 列出了与诺贝尔生理学或医学奖的相似性位列前 20％的 10 项奖项。其中,卡夫利奖——神经科学类、喜力医学奖(Heineken Prize for Medicine)以及拉斯克基础医学研究奖与诺贝尔生理学或医学奖的关联强度最大、相似性最高,且明显高于其他奖项。这说明,与其他奖项相比,这三项奖项在颁奖对象上与诺贝尔生理学或医学奖更为接近。此外,表中所列这些奖项,获奖人是诺贝尔生理学或医学奖得主所占的百分比也比较高。但是,并不是这个比例越高,与诺贝尔生理学或医学奖的相似性就越大。这是因为,两个奖项之间的相似性高低除了取决于两者之间的共同获奖人的数量多少,还取决于这两个奖项与其他奖项的共同获奖人的数量多少。例如,卡夫利奖——神经科学类与诺贝尔生理学或医学奖的相似性最高,然而与拉斯克基础医学研究奖等奖项相比,其与诺贝尔生理学或医学奖的共同获奖人所占的百分比却不是最高。究其原因,卡夫利奖——神经科学类只与全部样本中包括诺贝尔生理学或医学奖在内的 12 项奖项存在共同获奖人,而拉斯克基础医学研究奖却与全部样本中的 56 项奖项存在共同获奖人,因此相对而言,卡夫利奖——神经科学类的颁奖范围显得更倾向于诺贝尔生理学或医学奖。

表 6 - 12　与诺贝尔生理学或医学奖的相似性位列前 20％的奖项

奖　项　i	共同获奖人占诺贝尔奖得主的百分比	共同获奖人占奖项 i 得主的百分比	奖项 i 与诺贝尔奖的关联强度
卡夫利奖——神经科学类	1.0％	22.2％	7.47
喜力医学奖	2.9％	46.2％	7.34
拉斯克基础医学研究奖	31.9％	43.6％	5.76
热拉尔奖	4.9％	19.6％	4.85
路易莎·格罗斯·霍维茨奖	16.2％	35.1％	4.26
沃尔夫医学奖	6.9％	29.2％	4.10
喜力生物化学与生物物理学奖	2.5％	22.7％	4.09
保罗·埃尔利希-路德维希·达姆施泰特奖	9.3％	16.4％	4.01
罗伯特·科赫奖	4.4％	10.1％	3.86
罗森斯蒂尔奖	12.7％	29.9％	3.64

尽管如此,如表 6 - 13 所示,这 46 项奖项与诺贝尔生理学或医学奖的相似性大小与它们之间共同获奖人所占的百分比依然存在显著的相关性。各奖项与诺贝尔生理学或医学奖的相似性大小,尤其是与各奖项得主中获得诺贝尔生理学或医学奖的百分比高度相关。这主要是由于诺贝尔奖的颁奖历史长,获奖者多,因而各奖项与其相似性的大小受诺贝尔奖得主中获得过这些奖项的百分比的影响较小,而受各奖项得主中获得过诺贝尔奖的百分比的影响较大。

表 6 - 13   与诺贝尔生理学或医学奖的相似性与
共同获奖人所占百分比的相关性分析

	奖项 i 与诺贝尔奖的关联强度	共同获奖人占诺贝尔奖得主的百分比	共同获奖人占奖项 i 得主的百分比
奖项 i 与诺贝尔奖的关联强度	1	.390**	.843**
共同获奖人占诺贝尔奖得主的百分比	.390**	1	.574**
共同获奖人占奖项 i 得主的百分比	.843**	.574**	1

**. 在 0.01 水平(双侧)上显著相关。

那么,是否一个奖项与诺贝尔奖的相似性越大,其声誉越高呢?为此,本研究以生命科学与医学领域内的、与诺贝尔生理学或医学奖存在共同获奖人的 23 项奖项为样本,分析了它们与诺贝尔生理学或医学奖之间的相关性、共同获奖人所占的比例与它们平均声誉得分的相关性。结果如表 6 - 14 所示,与诺贝尔生理学或医学奖存在共同获奖人的奖项,其声誉仅与诺贝尔生理学或医学奖得主中获得这些奖项的百分比,即这些奖项与诺贝尔生理学或医学奖的共同获奖人的数量呈中度线性相关,而与这些奖项得主中获得诺贝尔奖的百分比、与诺贝尔奖的相似性大小没有明显的线性相关性。这意味着,第一,各奖项获奖者中有越多的诺贝尔奖得主,越有利于其声誉的积累;第二,即使各奖项得主中获得诺贝尔奖的百分比高,但有可能是因为其获奖人总数少的缘故,这样只是其中个别获奖人是诺贝尔奖得主,因而对该奖的声誉影响有限。第三,各奖项与诺贝尔奖的相似性大小反映的是它们与诺贝尔奖颁奖对象的一致性,并不直接反映这些奖项的声誉大小。

表 6‑14　与诺贝尔生理学或医学奖的相似性与奖项声誉的相关性分析

	奖项 i 与诺贝尔奖的关联强度	共同获奖人占诺贝尔奖得主的百分比	共同获奖人占奖项 i 得主的百分比	奖项 i 的平均声誉得分
奖项 i 与诺贝尔奖的关联强度	1	.232	.747**	.296
共同获奖人占诺贝尔奖得主的百分比	.232	1	.523*	.528**
共同获奖人占奖项 i 得主的百分比	.747**	.523*	1	.226
奖项 i 的平均声誉得分	.296	.528**	.226	1

＊＊. 在 0.01 水平(双侧)上显著相关。

＊. 在 0.05 水平(双侧)上显著相关。

二、与诺贝尔物理学奖的相似性研究

在基于全部 225 项奖项样本绘制的图谱中,共有 45 项奖项与诺贝尔物理学奖存在共同获奖人。这些奖项中,如图 6‑10 所示,有 40.0% 的奖项是来自诺贝尔物理学奖自身所在的自然科学领域,有 28.9% 的奖项是跨领域颁发的综合性奖项,还有 24.4% 的奖项来自工程科学领域。可见,样本中与诺贝尔物理学奖存在共同获奖人的奖项,主要是自然科学奖、跨领域颁发的综合性奖项以及工程科学奖。

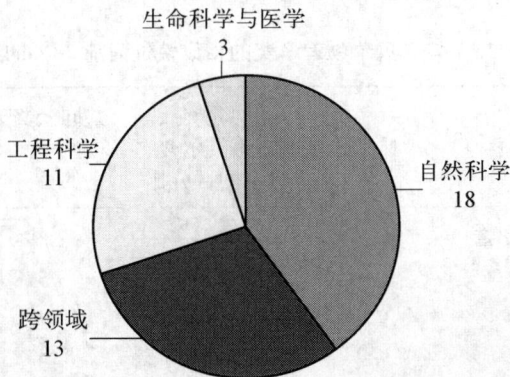

图 6‑10　与诺贝尔物理学奖存在共同获奖人的奖项样本的分布情况

　　这 45 项奖项与诺贝尔物理学奖的相似性大小,即关联强度的大小,如图 6-11 所示。这些奖项虽然与诺贝尔物理学奖均存在共同获奖人,但与其相似性的差异较大,最高值与最低值相差高达 132 倍。

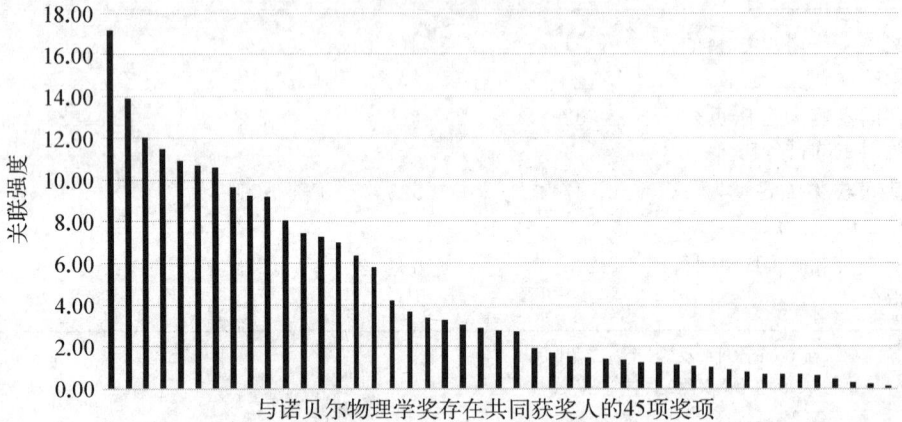

图 6-11　45 项奖项与诺贝尔物理学奖之间的相似性

　　表 6-15 列出了与诺贝尔物理学奖的相似性位列前 20% 的九项奖项。其中,本杰明·富兰克林奖章——物理类(Benjamin Franklin Medal in Physics)、施特恩-格拉赫奖章(Stern-Gerlach Medal)、洛伦兹奖章和沃尔夫物理学奖等奖项,与诺贝尔物理学奖的关联强度较大、相似性较高。这说明,与其他奖项相比,这些奖项在颁奖对象上与诺贝尔物理学奖更为接近。而且,本杰明·富兰克林奖章——物理类、洛伦兹奖章和沃尔夫物理学奖这三项奖项,有较高比例的获奖人获得过诺贝尔物理学奖。

表 6-15　与诺贝尔物理学奖的相似性位列前 20% 的奖项

奖　项　i	共同获奖人占诺贝尔奖得主的百分比	共同获奖人占奖项 i 得主的百分比	奖项 i 与诺贝尔奖的关联强度
本杰明·富兰克林奖章——物理类	5.6%	42.3%	17.18
施特恩-格拉赫奖章	1.0%	9.5%	13.87
洛伦兹奖章	4.6%	42.9%	12.06
沃尔夫物理学奖	7.7%	27.8%	11.46
邵氏天文学奖	1.5%	16.7%	10.90

续表

奖　项　i	共同获奖人占诺贝尔奖得主的百分比	共同获奖人占奖项 i 得主的百分比	奖项 i 与诺贝尔奖的关联强度
罗蒙诺索夫金奖	8.2%	17.0%	10.68
马克斯·普朗克奖章	8.2%	20.8%	10.57
法拉第奖章	5.6%	12.1%	9.65
拉姆福德奖章	4.6%	9.1%	9.20

此外,如表 6-16 所示,这 45 项奖项与诺贝尔物理学奖的相似性大小,与诺贝尔物理学奖得主中获得过这些奖项的百分比呈中度相关,与这些奖项获奖人中诺贝尔物理学奖得主所占的百分比呈高度相关。这说明,与诺贝尔物理学奖的相似性大小,在本研究中即关联强度的大小,受其他奖项得主中获得过诺贝尔物理学奖的百分比的影响更大。

表 6-16　与诺贝尔物理学奖的相似性与共同
获奖人所占百分比的相关性分析

	奖项 i 与诺贝尔奖的关联强度	共同获奖人占诺贝尔奖得主的百分比	共同获奖人占奖项 i 得主的百分比
奖项 i 与诺贝尔奖的关联强度	1	.549**	.823**
共同获奖人占诺贝尔奖得主的百分比	.549**	1	.596**
共同获奖人占奖项 i 得主的百分比	.823**	.596**	1

＊＊. 在 0.01 水平(双侧)上显著相关。

但也并不是一个奖项与诺贝尔物理学奖的相似性越高,其获奖人中就有更高比例的诺贝尔物理学奖得主。例如,施特恩-格拉赫奖章虽然与诺贝尔物理学奖的关联强度位居第二,相似性很高,但就有较低比例的获奖人是诺贝尔物理学奖得主。这是因为施特恩-格拉赫奖章只与全部奖项样本中的九项奖项存在共同获奖人,且与诺贝尔物理学奖存在数量相对较多的共同获奖人。因而与其他奖项相比,施特恩-格拉赫奖章的奖励对象与诺贝尔奖更接近。可见,科学的衡量两个奖项之间的关系,不仅要分析这两个奖项之间的共同获奖人分布情况,还要分析这两个奖项分别与其他奖项的共同获奖人分布情况。

三、与诺贝尔化学奖的相似性研究

在基于全部 225 项奖项样本绘制的图谱中,共有 51 项奖项与诺贝尔化学奖存在共同获奖人。这些奖项中,如图 6-12 所示,有三分之一的奖项是来自诺贝尔化学奖自身所在的自然科学领域,有 27.5% 的奖项是来自生命科学与医学领域,还有 25.5% 的奖项是跨领域颁发的综合性奖项。可见,样本中与诺贝尔化学奖存在共同获奖人的奖项,主要是自然科学奖、生命科学与医学奖以及跨领域颁发的综合性奖项。

这 51 项奖项与诺贝尔化学奖的相似性大小,即关联强度的大小,如图 6-13 所示。这些奖项虽然与诺贝尔化学奖均存在共同获奖人,但与其相似性的差异较大,最高值与最低值相差高达 102 倍。

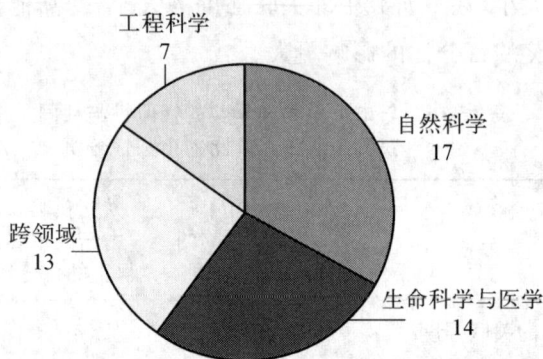

图 6-12　与诺贝尔化学奖存在共同获奖人的奖项样本的分布情况

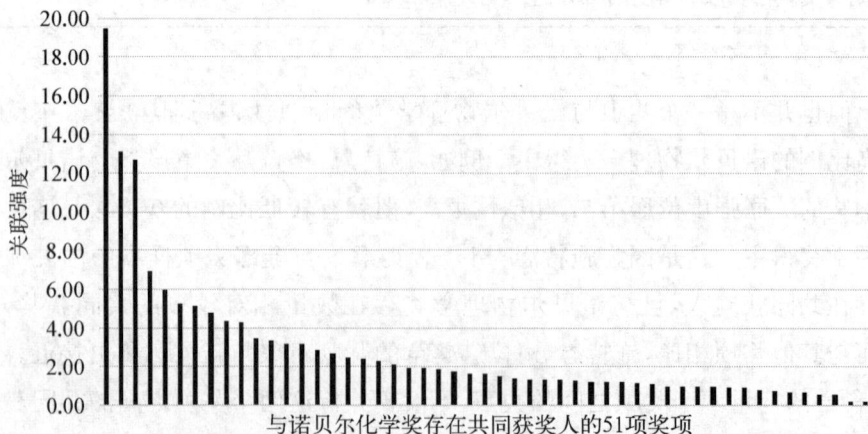

图 6-13　51 项奖项与诺贝尔化学奖之间的相似性

表 6-17 列出了与诺贝尔化学奖的相似性位列前 20% 的 10 项奖项。其中，法拉第奖(Faraday Lectureship Prize)、戴维奖章(Davy Medal)和亚当斯化学奖(Roger Adams Award in Organic Chemistry)这三项奖项，它们与诺贝尔化学奖的关联强度最大、相似性最高，且明显高于其他奖项。这三项奖项也均与诺贝尔化学奖有较多的共同获奖人，也均有较高比例的获奖人是诺贝尔化学奖得主。

表 6-17 与诺贝尔化学奖的相似性位列前 20% 的奖项

奖 项 i	共同获奖人占诺贝尔奖得主的百分比	共同获奖人占奖项 i 得主的百分比	奖项 i 与诺贝尔奖的关联强度
法拉第奖	11.4%	48.7%	19.50
戴维奖章	17.5%	20.1%	13.12
亚当斯化学奖	6.6%	39.3%	12.70
彼得·德拜物理化学奖	4.8%	16.7%	6.95
普利斯特里奖章	9.0%	19.5%	5.96
本杰明·富兰克林奖章——化学类	1.8%	21.4%	5.23
美国科学院化学奖	4.8%	23.5%	5.14
拉姆福德奖章	3.0%	5.1%	4.76
罗蒙诺索夫金奖	4.2%	7.4%	4.34
沃尔夫化学奖	6.0%	22.2%	4.33

如表 6-18 所示，这 51 项奖项与诺贝尔化学奖的相似性大小，与诺贝尔化学奖得主中获得这些奖项的百分比呈中度相关，与各奖项得主中获得诺贝尔化学奖的百分比呈高度相关。这说明，其他奖项得主中获得过诺贝尔化学奖的百分比，总体上与这些奖项与诺贝尔化学奖的相似性呈正比。而且，与诺

表 6-18 与诺贝尔化学奖的相似性与共同获奖人所占百分比的相关性分析

	奖项 i 与诺贝尔奖的关联强度	共同获奖人占诺贝尔奖得主的百分比	共同获奖人占奖项 i 得主的百分比
奖项 i 与诺贝尔奖的关联强度	1	.659**	.900**
共同获奖人占诺贝尔奖得主的百分比	.659**	1	.578**
共同获奖人占奖项 i 得主的百分比	.900**	.578**	1

**. 在 0.01 水平(双侧)上显著相关。

贝尔化学奖的相似性大小,在本研究中即关联强度的大小,受其他奖项得主中获得过诺贝尔化学奖的百分比的影响更大。

四、与诺贝尔经济学奖的相似性研究

在基于全部 225 项奖项样本绘制的图谱中,共有 15 项奖项与诺贝尔经济学奖存在共同获奖人。这些奖项中,如图 6-14 所示,有 73.3% 的奖项是来自诺贝尔经济学奖自身所在的社会科学领域,其余的奖项中有两项奖项是跨领域颁发的综合性奖项,另外两项分别来自工程科学和脑科学与认知科学领域。比较特殊是,诺贝尔经济学奖与工程科学领域的图灵奖存在一名共同获奖人。美国著名计算机科学家和心理学家赫伯特·西蒙(Herbert A. Simon)于 1975 年获得图灵奖,后于 1978 年获得了诺贝尔奖经济学奖。

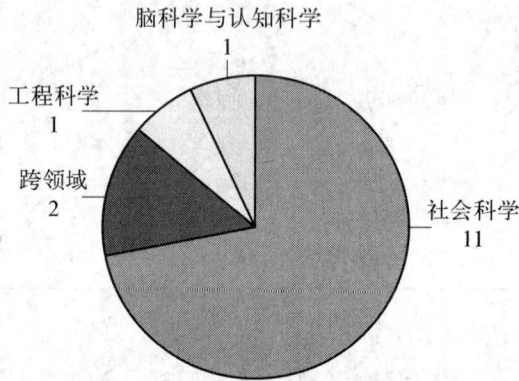

**图 6-14　与诺贝尔经济学奖存在共同获奖
人的奖项样本的分布情况**

这 15 项奖项与诺贝尔经济学奖的相似性大小,即关联强度的大小,如图 6-15 所示。这些奖项虽然与诺贝尔经济学奖均存在共同获奖人,但与其相似性的差异很大,最高值与最低值相差高达 370 倍。

表 6-19 列出了与诺贝尔经济学奖的相似性位列前 20% 的三项奖项。其中,德意志银行奖(The Deutsche Bank Prize in Financial Economics)与诺贝尔经济学奖的关联强度最大、相似性最高,且明显高于其他奖项。这说明,与其他奖项相比,该奖项在颁奖对象上与诺贝尔经济学奖最为接近。德意志银行奖和全球经济奖(Global Economy Prize)有较高比例的获奖人获得过诺贝尔经济学奖。

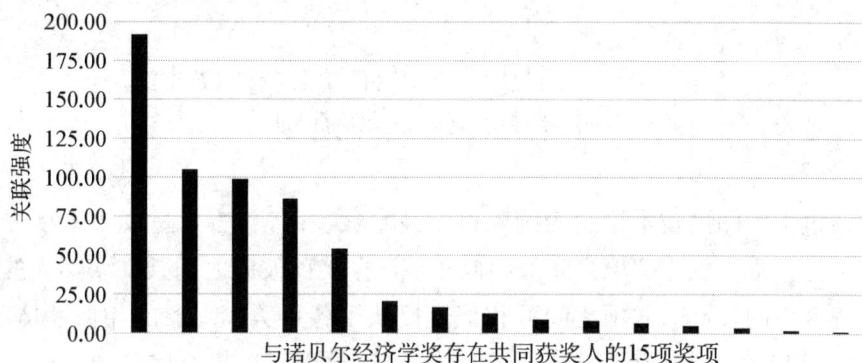

图 6 - 15　15 项奖项与诺贝尔经济学奖的相似性

此外，虽然 IZA 劳动经济学奖(IZA Prize in Labor Economics)的得主中获得过诺贝尔经济学奖的百分比较低，但其只与包括诺贝尔经济学奖在内的两项奖项存在共同获奖人，因而与其他奖项相比在颁奖对象上更接近诺贝尔经济学奖。

表 6 - 19　与诺贝尔经济学奖的相似性位列前 20% 的奖项

奖　项　i	共同获奖人占诺贝尔奖得主的百分比	共同获奖人占奖项 i 得主的百分比	奖项 i 与诺贝尔奖的关联强度
德意志银行奖	2.7%	40.0%	191.75
IZA 劳动经济学奖	2.7%	12.5%	105.23
全球经济奖	9.5%	77.8%	98.57

　　如表 6 - 20 所示，这 15 项奖项与诺贝尔经济学奖的相似性大小，与诺贝尔经济学奖得主中获得过这些奖项的百分比、各奖项得主中获得过诺贝尔经济学奖的百分比均呈中度相关。

表 6 - 20　与诺贝尔经济学奖的相似性与共同获奖人所占百分比的相关性分析

	奖项 i 与诺贝尔奖的关联强度	共同获奖人占诺贝尔奖得主的百分比	共同获奖人占奖项 i 得主的百分比
奖项 i 与诺贝尔奖的关联强度	1	.502	.677**
共同获奖人占诺贝尔奖得主的百分比	.502	1	.946**
共同获奖人占奖项 i 得主的百分比	.677**	.946**	1

＊＊. 在 0.01 水平(双侧)上显著相关。

第三节　利用与诺贝尔奖的相似性
对诺贝尔奖的预测

　　通过引入图谱技术绘制的国际科学技术奖项图谱,直观呈现了奖项之间的相似性大小。由于奖项之间的相似性是根据奖项彼此之间共同获奖人的分布情况衡量的,因此,奖项之间的相似性反映了各自奖励对象的相似性情况。基于此,相关奖项与诺贝尔奖的相似性就可以被用于衡量这些奖项获奖人与诺贝尔得主的相似程度,可被用于预测诺贝尔奖。

　　评价哪些奖项适合用于预测诺贝尔奖,需要注意以下三点原则:第一,适合预测诺贝尔奖的奖项,其设奖目的、颁奖范围和奖励对象应与诺贝尔奖尽量一致。虽然跨领域颁发的以及领域内跨学科颁发的综合性奖项也会与诺贝尔奖存在共同人,但这些奖项的奖励对象并不专门局限于诺贝尔奖所覆盖的学科领域。因此,适合用于预测诺贝尔奖的奖项应专门针对诺贝尔奖所覆盖的学科领域,与诺贝尔奖大致奖励同一学科领域的科学共同体成员。第二,适合预测诺贝尔奖的奖项,其应有较高比例的获奖人获得过诺贝尔奖。而且,在该奖项与全部其他奖项的共同获奖人中,该奖项与诺贝尔奖存在的共同获奖人所占比例更高,即该奖项与诺贝尔奖的相似性即关联强度更大。这就说明该奖项的奖励对象更偏向诺贝尔奖。第三,适合预测诺贝尔奖的奖项,其与诺贝尔奖的共同获奖人中,大多数应该是先获得这些奖项再获得诺贝尔奖的,从而满足预测的时间逻辑。唯有此,该奖项才适合预测诺贝尔奖。

　　基于以上三点原则,首先,本节研究选择预测诺贝尔奖的奖项是从诺贝尔奖所覆盖的生命科学与医学、物理学、化学以及经济学领域的奖项样本中分别选择的。其次,本节研究选取了相关奖项获奖人中获得诺贝尔奖的百分比,以及这些奖项与诺贝尔奖的关联强度这两项指标来衡量这些奖项与诺贝尔奖奖励对象的相似程度。本节研究采用的依然是利用全部225项国际科学技术奖项样本绘制的奖项图谱中的关联强度大小。最后,本节研究还引入了相关奖项与诺贝尔奖的共同获奖人中后获得诺贝尔奖的百分比这一指标,来衡量共同获奖人获得这些奖项与诺贝尔奖的时间差距。

　　本节研究以诺贝尔奖覆盖学科领域内的奖项样本为基础,以所选的上述三项指标为评价依据,通过聚类分析选择出适合预测诺贝尔奖的奖项。

一、对诺贝尔生理学或医学奖的预测

在生命科学与医学领域的 36 项国际科学技术奖项样本中,共有 23 项奖项与诺贝尔生理学或医学奖存在共同获奖人。这些奖项与诺贝尔生理学或医学奖在奖励的具体研究领域上存在或多或少的差异,但它们的奖励对象基本都属于生命科学与医学领域的科学共同体。

表 6-21 列出了这 23 项奖项得主中获得过诺贝尔生理学或医学奖的百分比、与诺贝尔生理学或医学奖之间的相似性即关联强度的大小、共同获奖人中后获得诺贝尔生理学或医学奖的百分比以及共同获奖人获奖的平均时间差距。

表 6-21　生命科学与医学领域中与诺贝尔生理学
或医学奖存在共同获奖人的 23 项奖项

奖　项　i	奖项 i 得主中获得诺贝尔生理学或医学奖的百分比	奖项 i 与诺贝尔生理学或医学奖的关联强度	共同获奖人中先获得奖项 i、后获得诺贝尔生理学或医学奖的百分比	共同获奖人获奖的平均时间差距（年）
卡夫利奖——神经科学类	22.2%	7.47	100.0%	−3.0
喜力医学奖	46.2%	7.34	83.3%	−7.0
拉斯克基础医学研究奖	43.6%	5.76	80.0%	−4.0
路易莎·格罗斯·霍维茨奖	35.1%	4.26	84.8%	−3.7
沃尔夫医学奖	29.2%	4.10	100.0%	−5.6
喜力生物化学与生物物理学奖	22.7%	4.09	100.0%	−4.4
保罗·埃尔利希-路德维希·达姆施泰特奖	16.4%	4.01	57.9%	−2.7
罗伯特·科赫奖	10.1%	3.86	88.9%	−6.9
罗森斯蒂尔奖	29.9%	3.64	100.0%	−8.1

奖　项　i	奖项 i 得主中获得诺贝尔生理学或医学奖的百分比	奖项 i 与诺贝尔生理学或医学奖的关联强度	共同获奖人中先获得奖项 i、后获得诺贝尔生理学或医学奖的百分比	共同获奖人获奖的平均时间差距（年）
本杰明·富兰克林奖章——生命科学类	20.0％	3.48	66.7％	−3.0
拉斯克临床医学研究奖	7.9％	3.25	90.9％	−6.1
加拿大盖尔德纳国际奖	22.9％	2.90	87.8％	−5.6
珀尔·美斯特·格林加德奖	13.3％	2.89	100.0％	−1.0
杰西·史蒂文森·科瓦连科奖章	9.1％	2.85	50.0％	8.5
马斯利奖	26.5％	2.83	88.9％	−2.6
威利生物医学科学奖	19.2％	2.82	80.0％	−2.4
费萨尔国王国际奖——医学类	6.6％	2.69	100.0％	−13
拉斯克医学特别成就奖	7.7％	2.23	100.0％	−2.0
邵氏生命科学与医学奖	14.3％	2.19	33.3％	−1.3
路易斯·让泰医学奖	7.7％	2.17	100.0％	−10
生命科学突破奖	9.1％	1.82	0	1.0
达尔文奖章	3.0％	1.74	100.0％	−7.5
国际生物学奖	3.4％	1.09	100.0％	−25.0

注：表示共同获奖人获奖的平均时间差距时，负数表示共同获奖人获得诺贝尔奖的时间晚于获得奖项 i，而正数则表示共同获奖人获得诺贝尔奖的时间早于获得奖项 i。

根据统计，这 23 项奖项中，有喜力医学奖、拉斯克基础医学研究奖等 10 项奖项分别至少有 20％的获奖人获得过诺贝尔生理学或医学奖。可见，一些奖项与诺贝尔生理学或医学奖存在较高比例的共同获奖人。根据统计，这 23 项奖项中，有卡夫利奖——神经科学类、沃尔夫医学奖等 10 项奖项与诺贝尔生理学或医学奖的共同获奖人，是全部先获得这些奖项后再获得诺贝尔奖的；有 18 项奖项与诺贝尔生理学或医学奖的共同获奖人中，分别至少有 80％是先

获得这些奖项后再获得诺贝尔奖的;有 21 项奖项与诺贝尔生理学或医学奖的
共同获奖人中,分别至少有一半是先获得这些奖项后再获得诺贝尔奖的。也
因此,表中的大多数奖项与诺贝尔生理学或医学奖的共同获奖人,其平均获得
诺贝尔奖的时间不同程度的要晚于获得这些奖项。表 6 - 21 还列出了这 23
项奖项与诺贝尔生理学或医学奖的关联强度。

　　以这 23 项奖项为样本,利用各样本的获奖人中获得诺贝尔生理学或医学奖
的百分比、与诺贝尔生理学或医学奖的关联强度、共同获奖人中后获得诺贝尔生
理学或医学奖的百分比这三项指标的数据进行聚类。本研究采用的是阶层性聚
类分析方法。同时,在具体进行阶层性聚类分析时,采用分类效果较好、应用较
广的 Ward 最小变异法(Ward's method)测定个案与类以及类与类之间的距离,
采用欧氏距离平方计算样本距离。聚类结果的树状图如图 6 - 16 所示。

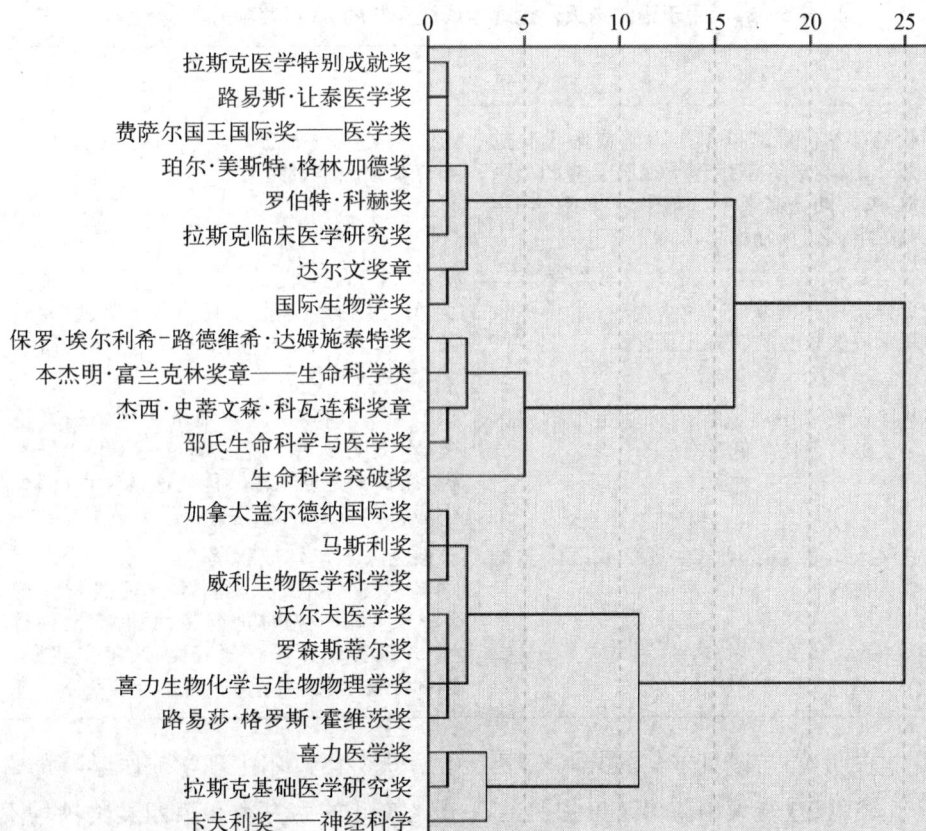

图 6 - 16　用于预测诺贝尔生理学或医学奖的 23 项奖项的聚类树状图

　　根据聚类树状图,生命科学与医学领域的23项与诺贝尔生理学或医学奖存在共同获奖人的奖项样本大致可以分为表6-22所示的四类:第一类奖项的获奖人中获得诺贝尔生理学或医学奖的百分比、与诺贝尔生理学或医学奖的关联强度以及共同获奖人中后获得诺贝尔生理学或医学奖的百分比均较高,有卡夫利奖——神经科学类、喜力医学奖、拉斯克基础医学研究奖这三个奖项。第二类是沃尔夫医学奖、加拿大盖尔德纳国际奖等获奖人中获得诺贝尔生理学或医学奖的百分比较高、与诺贝尔生理学或医学奖的关联强度较大或处于中等水平、共同获奖人中后获得诺贝尔生理学或医学奖的百分比较高的七个奖项。第三类是邵氏生命科学与医学奖等与诺贝尔生理学或医学奖的共同获奖人中后获得诺贝尔生理学或医学奖的百分比较低的五个奖项。第四类是拉斯克临床医学研究奖等获奖人中获得诺贝尔生理学或医学奖的百分比较低的八个奖项。

表6-22　用于预测诺贝尔生理学或医学奖的23项奖项的聚类情况

类　　别	奖　　项
获奖人中获得诺贝尔生理学或医学奖的百分比、与诺贝尔生理学或医学奖的关联强度、共同获奖人中后获得诺贝尔生理学或医学奖的百分比均较高	卡夫利奖——神经科学类、喜力医学奖、拉斯克基础医学研究奖
获奖人中获得诺贝尔生理学或医学奖的百分比和共同获奖人中后获得诺贝尔生理学或医学奖的百分比均较高	沃尔夫医学奖、路易莎·格罗斯·霍维茨奖、喜力生物化学与生物物理学奖、罗森斯蒂尔奖、加拿大盖尔德纳国际奖、马斯利奖、威利生物医学科学奖
共同获奖人中后获得诺贝尔生理学或医学奖的百分比较低	保罗·埃尔利希-路德维希·达姆施泰特奖、本杰明·富兰克林奖章——生命科学类、杰西·史蒂文森·科瓦连科奖章、邵氏生命科学与医学奖、生命科学突破奖
获奖人中获得诺贝尔生理学或医学奖的百分比较低	拉斯克医学特别成就奖、路易斯·让泰医学奖、费萨尔国王国际奖——医学类、珀尔·美斯特·格林加德奖、罗伯特·科赫奖、拉斯克临床医学研究奖、达尔文奖章、国际生物学奖

　　很明显,与诺贝尔奖的共同获奖人中后获得诺贝尔生理学或医学奖的百分比较低、获奖人中获得诺贝尔奖的百分比较低的第三类和第四类奖项均不适合作为预测诺贝尔生理学或医学奖。而第一类和第二类奖项的获奖人中获

得过诺贝尔生理学或医学奖的百分比和共同获奖人中后获得诺贝尔生理学或医学奖的百分比均较高,因而可以作为预测诺贝尔生理学或医学奖的奖项。

二、对诺贝尔物理学奖的预测

在物理学领域的 15 项国际科学技术奖项样本中,共有八项奖项与诺贝尔物理学奖存在共同获奖人。这些奖项与诺贝尔物理学奖在奖励的具体研究领域上存在或多或少的差异,但它们的奖励对象基本都属于物理学领域的科学共同体。

表 6-23 列出了这八项奖项获奖人中获得诺贝尔物理学奖的百分比、与诺贝尔物理学奖之间的相似性即关联强度的大小、共同获奖人中后获得诺贝尔物理学奖的百分比以及共同获奖人获奖的平均时间差距。根据统计,这八项奖项中,本杰明·富兰克林奖章——物理类、洛伦兹奖章和沃尔夫物理学奖这三个奖项分别至少有四分之一的获奖人获得过诺贝尔物理学奖。可见,一些奖项与诺贝尔物理学奖存在较高比例的共同获奖人。而且,这三个奖项与诺贝尔物理学奖的关联强度也很高。根据统计,这八项奖项中,沃尔夫物理学奖、丹尼·海涅曼数学物理奖、洛伦兹奖章等四项奖项与诺贝尔物理学奖的共同获奖人中,分别至少有 80% 是先获得这些奖项后再获得诺贝尔奖的;有六个奖项与诺贝尔物理学奖的共同获奖人中,分别至少有一半是先获得这些奖项后再获得诺贝尔奖的。也因此,表中有六个奖项与诺贝尔物理学奖的共同获奖人,其平均获得诺贝尔奖的时间不同程度的要晚于获得这些奖项。表 6-23 还列出了这八项奖项与诺贝尔物理学奖的关联强度。

表 6-23 物理学领域中与诺贝尔物理学奖存在共同获奖人的八项奖项

奖 项 i	奖项 i 得主中获得诺贝尔物理学奖的百分比	奖项 i 与诺贝尔物理学奖的关联强度	共同获奖人中先获得奖项 i、后获得诺贝尔物理学奖的百分比	共同获奖人获奖的平均时间差距（年）
本杰明·富兰克林奖章——物理类	42.3%	17.18	54.5%	—1.2
施特恩-格拉赫奖章	9.5%	13.87	50.0%	—2.5
洛伦兹奖章	42.9%	12.06	88.9%	—3.7

奖 项 i	奖项 i 得主中获得诺贝尔物理学奖的百分比	奖项 i 与诺贝尔物理学奖的关联强度	共同获奖人中先获得奖项 i、后获得诺贝尔物理学奖的百分比	共同获奖人获奖的平均时间差距（年）
沃尔夫物理学奖	27.8%	11.46	80.0%	−5.7
马克斯·普朗克奖章	20.8%	10.57	37.5%	5.3
拉姆福德奖章	9.1%	9.20	44.4%	4.6
丹尼·海涅曼数学物理奖	11.1%	4.25	100.0%	−14.0
联合国教科文组织波尔金质奖章	9.1%	2.75	100.0%	−5.0

注：表示共同获奖人获奖的平均时间差距时,负数表示共同获奖人获得诺贝尔奖的时间晚于获得奖项 i,而正数则表示共同获奖人获得诺贝尔奖的时间早于获得奖项 i。

以这八项奖项为样本,利用各样本的获奖人中获得诺贝尔物理学奖的百分比、与诺贝尔物理学奖的关联强度以及共同获奖人中后获得诺贝尔物理学奖的百分比这三项指标的数据进行聚类。聚类方法与聚类预测诺贝尔生理学或医学奖的奖项的方法相同。聚类结果的树状图如图 6-17 所示。

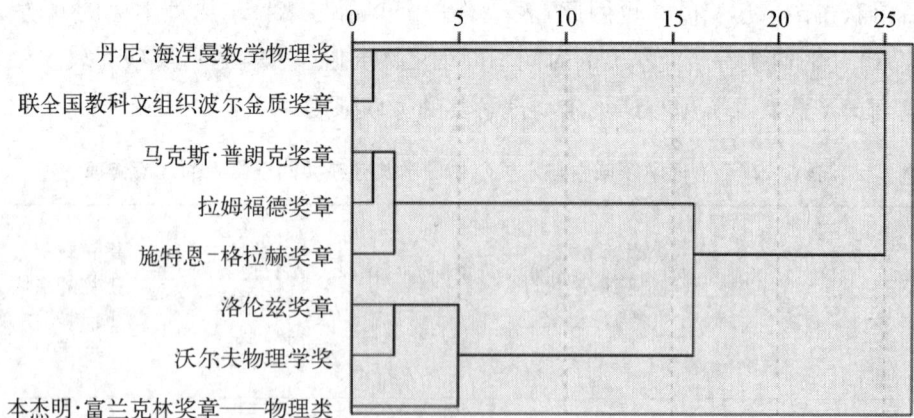

图 6-17 用于预测诺贝尔物理学奖的八项奖项的聚类树状图

根据聚类树状图,物理学领域的八项与诺贝尔物理学奖存在共同获奖人的奖项样本大致可以分为三类：第一类奖项的获奖人中获得诺贝尔物理学奖的百分比以及与诺贝尔物理学奖的关联强度均较高,有洛伦兹奖章、沃尔夫物理学奖和本杰明·富兰克林奖章——物理类这三项奖项。第二类奖项的获奖人中获得诺贝尔物理学奖的百分比以及共同获奖人中后获得诺贝尔物理学奖的百分比均较低,有马克斯·普朗克奖章、施特恩-格拉赫奖章和拉姆福德奖章(Rumford Medal)这三项奖项。第三类奖项的获奖人中获得诺贝尔物理学奖的百分比以及与诺贝尔物理学奖的关联强度均很低,有丹尼·海涅曼数学物理奖和联合国教科文组织波尔金质奖章(UNESCO's Niels Bohr Gold Medal)这两项奖项。

很明显,第一类奖项适合作为预测诺贝尔物理学奖的奖项。其中,虽然本杰明·富兰克林奖章——物理类有很高比例的获奖人获得过诺贝尔物理学奖,且与诺贝尔物理学奖的相关强度最大,但是其与诺贝尔物理学奖的共同获奖人中后获得诺贝尔物理学奖的比例相对偏低。因此,第一类中的洛伦兹奖章和沃尔夫物理学奖更适合作为预测诺贝尔物理学奖的奖项。

三、对诺贝尔化学奖的预测

在化学领域的 12 项国际科学技术奖项样本中,共有 9 项奖项与诺贝尔化学奖存在共同获奖人。这些奖项与诺贝尔化学奖在奖励的具体研究领域上存在或多或少的差异,但它们的奖励对象基本都属于化学领域的科学共同体。

表 6-24 列出了这九项奖项获奖人中获得诺贝尔化学奖的百分比、与诺贝尔化学奖之间的相似性即关联强度的大小、共同获奖人中后获得诺贝尔化学奖的百分比以及共同获奖人获奖的平均时间差距。

表 6-24 化学领域中与诺贝尔化学奖存在共同获奖人的九项奖项

奖 项 i	奖项 i 得主中获得诺贝尔化学奖的百分比	奖项 i 与诺贝尔化学奖的关联强度	共同获奖人中先获得奖项 i、后获得诺贝尔化学奖的百分比	共同获奖人获奖的平均时间差距(年)
法拉第奖	48.7%	19.50	31.6%	5.9
戴维奖章	20.1%	13.12	62.1%	−2.5
亚当斯化学奖	39.3%	12.70	72.7%	−3.3

奖 项 i	奖项 i 得主中获得诺贝尔化学奖的百分比	奖项 i 与诺贝尔化学奖的关联强度	共同获奖人中先获得奖项 i、后获得诺贝尔化学奖的百分比	共同获奖人获奖的平均时间差距（年）
彼得·德拜物理化学奖	16.7%	6.95	87.5%	−2.9
普利斯特里奖章	19.5%	5.96	0.0%	16.0
本杰明·富兰克林奖章——化学类	21.4%	5.23	66.7%	−2.0
美国科学院化学奖	23.5%	5.14	25.0%	6.4
沃尔夫化学奖	22.2%	4.33	70.0%	−4.0
韦尔奇化学奖	8.9%	1.91	75.0%	−2.8

注：表示共同获奖人获奖的平均时间差距时，负数表示共同获奖人获得诺贝尔奖的时间晚于获得奖项 i，而正数则表示共同获奖人获得诺贝尔奖的时间早于获得奖项 i。

　　根据统计，这 9 项奖项中，除韦尔奇化学奖（Welch Award in Chemistry）、普利斯特里奖章（Priestley Medal）和彼得·德拜物理化学奖（Peter Debye Award in Physical Chemistry）外，其余 6 项奖项的获奖人中均有至少 20% 的获奖人获得过诺贝尔化学奖。根据统计，这 9 项奖项中，除普利斯特里奖章、法拉第奖、美国科学院化学奖（NAS Award in Chemical Sciences）外，其余 6 项奖项与诺贝尔化学奖的共同获奖人中，分别至少有 60% 是先获得这些奖项后再获得诺贝尔奖的，也因此这 6 项奖项与诺贝尔化学奖的共同获奖人，其平均获得诺贝尔奖的时间不同程度的要晚于获得这些奖项。表 6-24 还列出了这 9 项奖项与诺贝尔化学奖的关联强度。

　　以这 9 项奖项为样本，利用各样本的获奖人中获得诺贝尔化学奖的百分比、与诺贝尔化学奖的关联强度以及共同获奖人中后获得诺贝尔化学奖的百分比这三项指标的数据进行聚类。聚类方法与聚类预测诺贝尔生理学或医学奖的奖项的方法相同。聚类结果的树状图如图 6-18 所示。

　　根据聚类树状图，化学领域的九项与诺贝尔化学奖存在共同获奖人的奖项样本大致可以分为四类：第一类奖项的获奖人中获得诺贝尔化学奖的百分比、与诺贝尔化学奖的关联强度以及共同获奖人中后获得诺贝尔化

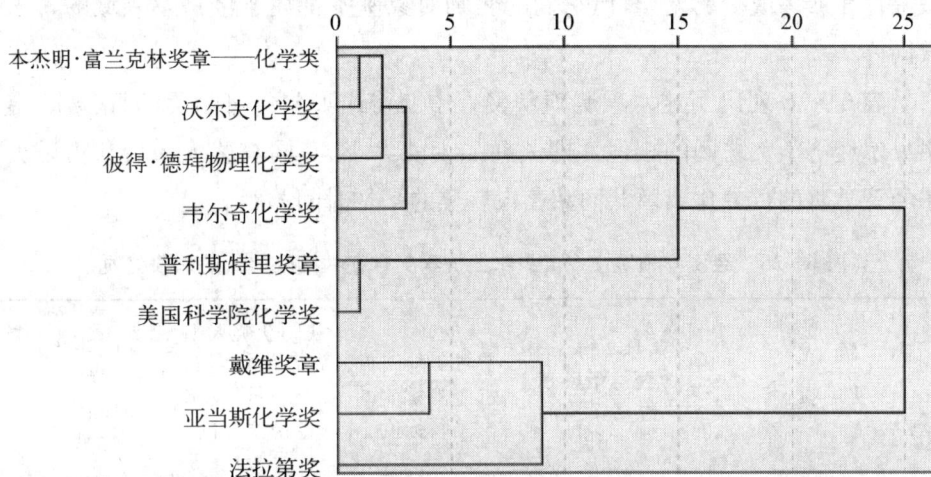

图6-18　用于预测诺贝尔化学奖的九项奖项的聚类树状图

奖的百分比均较高,有戴维奖章和亚当斯化学奖这两个奖项。第二类奖项的获奖人中获得诺贝尔化学奖的百分比以及与诺贝尔化学奖的关联强度较高,但共同获奖人中后获得诺贝尔化学奖的百分比较低,有法拉第奖。第三类奖项与诺贝尔化学奖的关联强度较低,而共同获奖人中后获得诺贝尔化学奖的百分比较高,有本杰明·富兰克林奖章——化学类(Benjamin Franklin Medal in Chemistry)、沃尔夫化学奖、彼得·德拜物理化学奖和韦尔奇化学奖这四项奖项。第四类奖项与诺贝尔化学奖的关联强度以及共同获奖人中后获得诺贝尔化学奖的比例均较低,有普利斯特里奖章和美国科学院化学奖这两项奖项。

很明显,第一类奖项适合作为预测诺贝尔化学奖的奖项。此外,第三类奖项中的本杰明·富兰克林奖章——化学类、沃尔夫化学奖和彼得·德拜物理化学奖也有一定比例的获奖人获得过诺贝尔化学奖,且共同获奖人中后获得诺贝尔化学奖的比例也较高,因而也可以考虑作为预测诺贝尔化学奖的奖项。

四、对诺贝尔经济学奖的预测

在经济学领域的11项国际科学技术奖项样本中,共有6项奖项与诺贝尔经济学奖存在共同获奖人。这些奖项与诺贝尔经济学奖在奖励的具体研究领域上存在或多或少的差异，但它们的奖励对象基本都属于经济学领域的科学共同体。

表 6-25 列出了这六项奖项获奖人中获得诺贝尔经济学奖的百分比、与诺贝尔经济学奖之间的相似性即关联强度的大小、共同获奖人中后获得诺贝尔经济学奖的百分比以及共同获奖人获奖的平均时间差距。

表 6-25　经济学领域中与诺贝尔经济学奖存在共同获奖人的六项奖项

奖 项 i	奖项 i 得主中获得诺贝尔经济学奖的百分比	奖项 i 与诺贝尔经济学奖的关联强度	共同获奖人中先获得奖项 i、后获得诺贝尔经济学奖的百分比	共同获奖人获奖的平均时间差距（年）
德意志银行奖	40.0%	191.75	100.0%	−6.0
IZA 劳动经济学奖	12.5%	105.23	100.0%	−5.0
全球经济奖	77.8%	98.57	0.0%	6.6
欧文·普莱恩·内默斯经济学奖	60.0%	85.77	83.3%	−7.8
西班牙对外银行（BBVA）基金会知识前沿奖——经济、金融与管理类	14.3%	20.92	100.0%	−3.0
列昂惕夫促进经济学思想前沿奖	8.3%	12.81	0.0%	5.0

注：表示共同获奖人获奖的平均时间差距时，负数表示共同获奖人获得诺贝尔奖的时间晚于获得奖项 i，而正数则表示共同获奖人获得诺贝尔奖的时间早于获得奖项 i。

根据统计，这六项奖项中，全球经济奖、欧文·普莱恩·内默斯经济学奖和德意志银行奖这三项奖项均至少有 40% 的获奖人获得过诺贝尔经济学奖。根据统计，除全球经济奖和列昂惕夫促进经济学思想前沿奖（Leontief Prize for Advancing the Frontiers of Economic Thought）外，其余四项奖项与诺贝尔经济学奖的共同获奖人中，分别至少有 80% 是先获得这些奖项后再获得诺贝尔奖的，也因此这四项奖项与诺贝尔经济学奖的共同获奖人，其平均获得诺贝尔奖的时间不同程度的要晚于获得这些奖项。表 6-25 还表明，这 6 项奖项与诺贝尔经济学奖的关联强度差距很大，其中德意志银行奖与诺贝尔经济学奖的关联强度最大,是最小值的近 15 倍,明显高于其他奖项。

以这 6 项奖项为样本,利用各样本的获奖人中获得诺贝尔经济学奖的百分比、与诺贝尔经济学奖的关联强度以及共同获奖人中后获得诺贝尔经济学奖的百分比这三项指标的数据进行聚类。聚类方法与聚类以上学科的奖项的方法相同。聚类结果的树状图如图 6-19 所示。

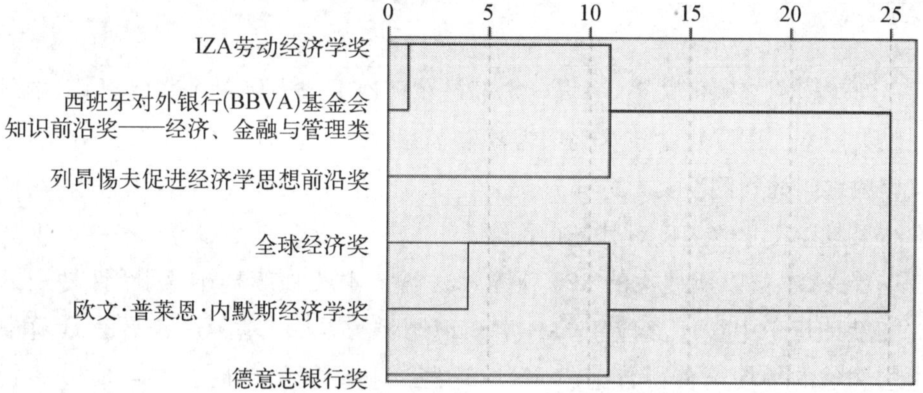

图 6-19　用于预测诺贝尔经济学奖的六项奖项的聚类树状图

根据聚类树状图,经济学领域的 6 项与诺贝尔经济学奖存在共同获奖人的奖项样本大致可以分为四类:第一类奖项的获奖人中获得诺贝尔经济学奖的百分比、与诺贝尔经济学奖的关联强度以及共同获奖人中后获得诺贝尔经济学奖的百分比均非常高,只有德意志银行奖这一个奖项。第二类奖项的获奖人中获得诺贝尔经济学奖的百分比以及与诺贝尔经济学奖的关联强度均比较高,这一类有全球经济奖和欧文·普莱恩·内默斯经济学奖。第三类奖项的获奖人中获得诺贝尔经济学奖的百分比较低,但共同获奖人中后获得诺贝尔经济学奖的百分比较高,有 IZA 劳动经济学奖和西班牙对外银行基金会知识前沿奖——经济、金融与管理类(BBVA Foundation Frontiers of Knowledge Award in Economics,Finance and Management)这两项奖项。第四类奖项的获奖人中获得诺贝尔经济学奖的百分比以及共同获奖人中后获得诺贝尔经济学奖的百分比均较低,只有列昂惕夫促进经济学思想前沿奖。

很明显,第三类和第四类奖项都不适合作为预测诺贝尔化学奖的奖项。

只有第一类的德意志银行奖和第二类奖项中的欧文·普莱恩·内默斯经济学奖,由于它们的获奖人中获得诺贝尔经济学奖的百分比、与诺贝尔经济学奖的关联强度以及共同获奖人中后获得诺贝尔经济学奖的百分比均较高,因而适合作为预测诺贝尔经济学奖的奖项。

本 章 小 结

对于奖项之间的关系,一直以来都是在理论上或者针对个案的研究,本研究以大样本的国际科学技术奖项为基础,创新性地利用科学知识图谱方法,基于奖项之间的共同获奖人分布情况来定量研究奖项之间的相似性,并利用研究结果以诺贝尔奖为例对其进行预测。

首先,本章以所搜集的 225 项国际科学技术奖项为样本,创新性地引入在文献计量学中被广泛应用的科学知识图谱方法,以基于声誉调查计算的这些奖项的平均声誉得分为权重,以这些奖项之间的共同获奖人的分布情况作为衡量奖项之间相似性的基础,构建了国际科学技术奖项图谱。此外,还按照样本所属的颁奖领域绘制了生命科学与医学、自然科学、工程科学、社会科学以及脑科学与认知科学领域的奖项图谱。国际科学技术奖项图谱直观反映了奖项之间的相对声誉大小和相似程度高低。图谱中,奖项的声誉越高,代表它的标记越大,名称越显著,因此奖项图谱直观的呈现出重要的国际科学技术奖项,也直观地呈现出奖项之间的声誉差距。图谱中,存在共同获奖人的两个奖项间有直线相连,奖项图谱直观呈现出存在共同获奖人的奖项,这些奖项在科学家职业生涯中发挥了大小不同的和积累优势效应和增强效应。图谱中,距离越近的两个奖项,它们之间的相似性越高,反之越低,因而奖项图谱根据奖项之间共同获奖人的分布情况,直观地呈现出它们之间的相似程度。

本研究采用的 VOSviewer 软件绘制奖项图谱,其比较奖项之间相似性大小的方法是关联强度。根据这种方法的定义,两个奖项之间的相似程度不仅取决于这两个奖项间的共同获奖人的分布情况,还取决于这两个奖项分别与其他奖项的共同获奖人的分布情况。当两个奖项之间存在越多的共同获奖人,且与其他奖项存在越少的共同获奖人时,这两个奖项之间的关联强度越大,这两个奖项在颁奖对象上越相似。由于一个学科领域的奖项的奖励对象来自这个学科领域或与之关系紧密的其他学科领域的科学共同体的成员,因而一个学科领域内的奖项之间拥有更多的共同获奖人,而与其他学科领域的奖项之间拥有相对较少的共同获奖人,因而在奖项图谱中,一个学科领域的奖项由于彼此更相似而相对聚集在一起。不同科学领域的奖项则通过综合性奖项或由于一些获奖人的跨学科贡献得到奖励而彼此关联。

其次,本章以诺贝尔奖为例,以全部 225 项奖项样本中与诺贝尔奖存在共同获奖人的奖项为基础,分析了这些奖项在全部奖项样本绘制的图谱中与诺贝尔奖的相似程度。

研究结果表明,卡夫利奖——神经科学类、喜力医学奖、拉斯克基础医学研究奖与诺贝尔生理学或医学奖的关联强度较高;本杰明·富兰克林奖章——物理类、施特恩-格拉赫奖章和洛伦兹奖章与诺贝尔物理学奖的关联强度较高;法拉第奖、戴维奖章和亚当斯化学奖与诺贝尔化学奖的关联强度较高;德意志银行奖与诺贝尔经济学奖的关联强度明显高于其他奖项。研究表明,各奖项与诺贝尔奖的相似程度即关联强度的大小,与它们得主中获得过诺贝尔奖的百分比、诺贝尔奖得主中获得过这些奖项的百分比呈中度或高度线性相关,且与前者的相关性更高。这主要是由于诺贝尔奖的颁奖历史长,获奖人数多,因而各奖项与其关联强度的大小受诺贝尔奖得主中获得过这些奖项的百分比影响较小,而受各奖项得主中获得过诺贝尔奖的百分比的影响较大。此外,本研究还以生命科学与医学奖为例,探索了奖项之间的相关性与奖项声誉的关系。结果表明,虽然各相关奖项的获奖者中有越多的诺贝尔奖得主,越有利于其声誉的积累,但是各奖项与诺贝尔奖的相似性大小反映的是它们与诺贝尔奖颁奖对象的一致性,并不直接反映这些奖项的声誉大小。

最后,本章以诺贝尔奖颁奖的具体学科领域内的奖项样本为基础,利用相关奖项中获得诺贝尔奖的百分比、这些奖项与诺贝尔奖的关联强度以及这些奖项与诺贝尔奖的共同获奖人中后获得诺贝尔奖的百分比这三项指标,采用聚类分析的方法,选取了一些适合预测诺贝尔奖的奖项。

研究结果表明,卡夫利奖——神经科学类、喜力医学奖、拉斯克基础医学研究奖更适合作为预测诺贝尔生理学或医学的奖项;洛伦兹奖章和沃尔夫物理学奖更适合作为预测诺贝尔物理学奖的奖项；戴维奖章和亚当斯化学奖更适合作为预测诺贝尔化学奖的奖项；德意志银行奖和欧文·普莱恩·内默斯经济学奖更适合作为预测诺贝尔经济学奖的奖项。这些奖项一般有较高比例的获奖人获得过诺贝尔奖，而且这些共同获奖人中后获得诺贝尔奖的比例较高，且与诺贝尔奖的关联强度也较高。这项研究有利于科学认识奖项之间的相对关系，并对通过奖项预测来鉴别卓越人才具有重要的现实指导意义。

第七章
国际科学技术奖项作为大学排名指标的实践

对奖项之间相对声誉和相对关系进行研究的一个主要实践意义就是推动奖项在科学技术评价中的应用。科学技术评价中,大学排名以其特有的方式诠释大学的办学质量和水平,形象地将大学质量问题置于公众的视野之中,引起了广泛的关注、讨论和反思。[①] 大学排名是用一套共同适用的指标体系将一定范围内的大学按照评价得分的高低顺序进行排列。[②] 在已有的大学排名中,有若干个有影响力的排名采用了科学技术奖项作为排名指标。本章将对科学技术奖项作为大学排名指标的已有实践进行总结和反思,并进一步探索实践。

第一节 现有大学排名指标体系中的科学技术奖项

自大学排名问世以来,上海交通大学、沙特阿拉伯的世界大学排名中心(The Center for World University Rankings,简称 CWUR)、美国国家研究委员会(National Research Council,简称 NRC)、中国校友会网、广东管理科学研究院等机构采用了科学技术奖项来构建排名指标。[③] 通过梳理,这些利用科学技术奖项作为指标的大学排名及其相应指标的概况详见表 7-1。

---

① 林晓青.大学排名方法的局限与改进[J].教育研究,2009(11):27-35.

② Usher A, Savino M. A Global Survey of University Ranking and League Tables[J]. Higher Education in Europe, 2007, 32(1):5-15.

③ 亚历克斯·埃舍尔,马斯莫·萨维诺,王亚敏等.差异的世界:大学排名的全球调查[J].清华大学教育研究,2006(5):1-10.

表 7-1　利用科学技术奖项作为排名指标的大学排名及相应指标概况 *

	排名类型	作为排名指标的科学技术奖项	相应指标的名称	相应指标的内涵	相应指标的权重
上海交通大学的世界大学学术排名（Academic Ranking of World Universities，简称 ARWU）	全球大学排名	诺贝尔奖（Nobel prizes）、菲尔兹奖（Fields medal）	教育质量	一所大学的校友获得的诺贝尔奖和菲尔兹奖的数量	10%
		诺贝尔科学奖、菲尔兹奖	教师质量	一所大学的教师获得的诺贝尔科学奖（物理学、化学、生理或医学、经济学）和菲尔兹奖的数量	20%
世界大学学科领域排名（ARWU-FIELD）：理科、生命科学与农学、临床医学与药学、社会科学	领域排名	① 理科：诺贝尔物理学奖、化学奖和菲尔兹奖。② 生命科学与农学、临床医学与药学：诺贝尔生理或医学奖。③ 社会科学：诺贝尔经济学奖	教育质量	1961 年后获得相应奖项的校友折合数	10%
			教师质量	1971 年后获得相应奖项的教师折合数	15%
世界大学学科排名（ARWU-SUBJECT）：数学、物理学、化学、计算机、经济学/商学	学科排名	① 数学：菲尔兹奖 ② 物理学：诺贝尔物理学奖 ③ 化学：诺贝尔化学奖 ④ 计算机：图灵奖（A. M. Turing Award） ⑤ 经济学/商学：诺贝尔经济学奖	教育质量	1961 年后获得相应奖项的校友折合数	10%
			教师质量	1971 年后获得相应奖项的教师折合数	15%
沙特阿拉伯世界大学排名中心的全球排名	全球大学排名	诺贝尔奖、菲尔兹奖、图灵奖、阿贝尔奖（Abel Prize）、巴尔赞奖（Balzan Prize）、德雷珀奖（Charles Stark Draper Prize）、克拉福德奖（Crafoord Prize）、丹·大卫奖（Dan David Prize）、基础物理学奖	教师质量	获奖教师数	25%

	排名类型	作为排名指标的科学技术奖项	相应指标的名称	相应指标的内涵	相应指标的权重
沙特阿拉伯世界大学排名中心的全球排名	全球大学排名	(Fundamental Physics Prize)、霍尔堡国际纪念奖 (Holberg International Memorial Prize)、日本奖 (Japan Prize)、卡夫利奖 (Kavli Prize)、克鲁格奖 (Kluge Prize)、京都奖 (Kyoto Prize)、千禧年科技奖 (Millennium Technology Prize)、日本皇室世界文化奖 (Praemium Imperiale)、普利兹克奖 (Pritzker Prize)、邵氏奖 (Shaw Prize)、肖克奖 (Schock Prize)、邓普顿奖 (Templeton Prize)、沃尔夫奖 (Wolf Prize) 和世界粮食奖 (World Food Prize)	教师质量	获奖教师数	25％
美国 NRC 的全国研究型博士点评估	本国排名	覆盖各学科领域的包括国际的、美国国内的1 393项奖励与其他荣誉	研究质量	师均获奖数	6.4、8.7％†
中国校友会网的中国大学排行榜	本国排名	诺贝尔奖、菲尔兹奖、沃尔夫奖、邵氏奖、阿贝尔奖等世界级奖励,国家最高科技奖、自然科学奖、技术发明奖、科技进步奖、何梁何利奖、光华工程科技奖、长江学者成就奖、中国青年科学家奖、中国青年女科学家奖、高校青年教师奖等国家级科研奖励,教育部高等学校科学研究优秀成果奖等省部级科研奖励,国家级专利、标准和著作奖,等‡	杰出校友	获奖校友数	21.83％
			师资队伍	获奖教师数	13.10％
			科研成果	获奖教师数	21.83％

	排名类型	作为排名指标的科学技术奖项	相应指标的名称	相应指标的内涵	相应指标的权重
广东管理科学研究院的中国大学排行榜	本国排名	国家级科研奖励	自然科学研究	获奖教师数	1.56%
		省部级奖			3.76%
		国家级科研奖励	社会科学研究	获奖教师数	0.67%
		省部级奖			0.57%

＊ 表中各项资料来自各大学排名的官方网站。
† 美国 NRC 的全国性的研究型博士点评估采用了两套指标权重,分别是基于问卷调查获得的指标权重和基于对指标数据进行回归分析获得的指标权重。
‡ 中国校友会网的中国大学排行榜中,"杰出校友"、"师资队伍"和"科研成果"这三项指标涉及的具体的科学技术奖项存在一定差异,但大体都包括诺贝尔等世界级奖项和国家最高科技奖等国家级奖项。

总结已有的利用科学技术奖项构建排名指标的大学排名,可以发现:第一,科学技术奖项已作为排名指标被各类型大学排名所用。在全球性大学排名、本国大学排名、学科(领域)排名中均存在利用科学技术奖项作为指标的实践。全球性大学排名一般采用的是国际性奖项,本国排名主要采用的是本国奖项,学科领域排名主要采用的单项奖。这说明科学技术奖项作为排名指标具有普适性。第二,科学技术奖项作为排名指标主要评价大学的人才培养质量、师资力量、学术实力。这说明科学技术奖项突出、集中地反映了科学共同体和社会对获奖科学家及其相关单位的师资队伍和学术贡献的高度认可。第三,被大学排名采用作为指标的科学技术奖项主要是在国际上或本国内具有相当高声誉的奖项。诺贝尔奖、菲尔兹奖、沃尔夫奖等是国际公认的享有极高声誉的科学奖励。我国最高科技奖、自然科学奖、技术发明奖、科技进步奖等也是国内最具声望的科学技术奖项。毕竟,用最具崇高荣誉的科学技术奖项作为排名指标能使卓越大学脱颖而出,突出不同层次的大学之间的差距,并减少外界对排名方法的非议。第四,科学技术奖项作为排名指标,主要是通过计算一所大学的获奖数量来实现的。第五,科学技术奖项作为排名指标的权重差异很大。不同大学排名赋予涉及科学技术奖项的指标的权重从百分之几到百分之几十不等。这反映了排名机构对利用科学技术奖项作为指标还存在认识上的巨大差异。可见,科学技术奖项作为指标在大学排名中得到大胆实践。

第二节　对科学技术奖项作为
大学排名指标的反思

一、科学技术奖项作为大学排名指标的合理性

科学技术奖项就是对在科学与技术范畴内做出了贡献,增加和扩展了知识量,开拓了新的科技领域或者产生巨大的社会和经济效益,推动了社会发展的科技成果及其完成者给予的奖励。[①] 科学技术奖项作为一种制度化的奖励,一般由固定的机构负责,按照一定的遴选标准,经过严格的评选过程,最后被公开地、正式地授予少数的卓越科学家。

科学技术奖项作为大学排名指标的合理性主要是来自以下三个方面:

第一,科学技术奖项的奖励内容与大学排名的评价内容相吻合。科学技术奖励活动的核心环节是通过同行评议实现的获奖人确定过程。科学系统中的同行评议,实际是某一科学共同体内的有造诣的科学家采用同一范式(或已有标准)对该科学共同体内的新理论、新发现进行评价与选择。[②] 颁发科学技术奖项体现了有造诣的少数同行们(一般负责获奖人评选的委员会或部门成员不多)对获奖科学家的研究能力、职业道德与对科学技术的贡献的积极肯定。科学技术奖项也主要授予那些在知识的增进、技术的革新方面做出突出贡献的科学家。因而,科学技术奖项的奖励内容与大学排名中对大学师资力量、研究实力等方面的评价重点相吻合。

此外,虽然目前各大学排名中,以论文发表量和引用量为基础开发的文献计量指标扮演了关键角色。然而,由于引用文献的原因多样,而且并不是完全基于被引文献的质量来引用,因此文献发表量和被引用量并不等同于文献质量,[③][④][⑤]不能

①　张忠奎.科技奖励[M].北京:科学出版社,1991.

②　郭碧坚,韩宇.同行评议制——方法、理论、功能、指标[J].科学学研究,1994(3):63-73.

③　Kostoff R N. The Use and Misuse of Citation Analysis in Research Evaluation[J]. Scientometrics, 1998, 43(1): 27-43.

④　Walter G, Bloch S, Hunt G, et al. Counting on Citations: A Flawed Way to Measure Quality[J]. Medical Journal of Australia, 2003, 178(6): 280-281.

⑤　Seglen P O. Citations and Journal Impact Factors: Questionable Indicators of Research Quality[J]. Allergy, 1997, 52(11): 1050-1056.

简单用来反映一所大学的学术影响力,更无法用于反映一所大学的社会贡献。这种对学术影响和社会贡献的难以量化的、需要模糊确定的评价更适合通过以同行评议为核心的科学技术奖项评审来完成。[1] 而以诺贝尔奖为代表的一些享有盛誉的科学技术奖项就旨在奖励那些为推动社会进步和文明发展、提高人类福祉做出卓越贡献的伟大科学家和学者。因此,科学技术奖项更能直接、突出地反映出与获奖人相关的大学的师资力量、学术实力和社会贡献等。

第二,科学技术奖项的多样化形式能满足各类型大学排名的需要。科学技术奖项类型多样。从奖励对象来看,既有对获奖候选人国籍不做限定或做较少限定的国际性奖项,也有只授予本国科学家和学者的国家奖;从奖励范围来看,有在多个学科或领域颁发的综合奖,也有专门在单一学科或领域颁发的单项奖,等等。而就大学排名的类型而言,从排名对象来看,可以分为全球大学排名和本国大学排名;从排名范围来看,可以分为综合性大学排名和学科(领域)排名。如表 7-2 所示,多种类型的科学技术奖项均可作为排名指标来满足不同类型大学排名的需要。科学技术奖项中,国际奖满足了全球大学排名对全球大学进行国际比较的需要,国家奖满足了本国大学排名只专注于本国大学表现的需要,综合奖满足了综合性大学排名覆盖广泛学科领域的需要,单项奖满足了学科(领域)排名只专注于具体某一学科(领域)的需要。

表 7-2　不同大学排名中适合作为指标的各类型科学技术奖项

	全球大学 排名	本国大学 排名	综合性大学 排名	学科(领域) 排名
适合作为排名指标的 科学技术奖项类型	国际奖	国家奖	综合奖	单项奖

此外,文献计量指标在方法论上存在一个问题,在综合性排名中对在不以发表期刊论文为主要学术产出形式的工程科学、社会科学和人文学科方面具有优势的大学有失公平。[2] 文献计量指标在学科领域的大学排名中也不能全

---

① Frey B S. Giving and Receiving Awards[J]. Perspectives on Psychological Science, 2006, 1(4): 377-388.

② Van Raan A F. Fatal Attraction: Conceptual and Methodological Problems in the Ranking of Universities by Bibliometric Methods[J]. Scientometrics, 2005, 62(1): 133-143.

面反映大学的学术水平。然而,各学科领域均存在科学技术奖项,因此其作为指标的普适性要好于文献计量指标。

第三,科学技术奖项体系是分层的,可满足对不同层次大学评价的需要。科学技术奖项体系存在分层现象。各奖项在分层结构中的不同地位,是由对奖项的社会承认,即对奖项声誉的一种综合评价决定的。声誉高的奖项,在社会分层中的位置自然高;声誉低的位置也自然低。[①] 各项科学技术奖项由于声誉不同位于科学技术奖项体系的不同层次上。不同层次的科学技术奖项带给获奖人及与其相关的高等院校大小不同的荣誉,也直接反映了各院校不同层次的学术声誉。因此,声誉大小不同的科学技术奖项可以转换为权重大小不同的评价指标,对高等教育体系中各层次的大学进行更为全面、细致的评价。

综上所述,科学技术奖项契合大学排名评价重点的奖励内容,可以满足不同类型大学排名的指标要求的多样化奖励形式,以及满足对不同层次大学进行评价需要的奖励分层结构,是科学技术奖项作为大学排名指标的合理性来源。

二、科学技术奖项作为大学排名指标的局限性

同行评议的结果是颁奖机构向获奖人授予科学技术奖励的根本依据。以科学技术奖项构建的大学排名指标的局限性,必然会受到同行评估本身局限性的影响。此外,还受到科学技术奖项自身属性特征的影响。

科学技术奖项作为大学排名指标的局限性主要体现在以下三个方面:

第一,科学技术奖项作为大学排名指标具有一定的主观性。由于科学技术奖项的获奖人是通过同行评议选出的,因此其评审结果的局限性也受到同行评审制度缺陷的影响。同行认可权力的合法性依据,在共同体层面上就是所谓的学术(科学)规范。[②] 然而在同行评议过程中,存在一种认知意义上的"排他主义"和"任人唯亲",存在着极少数杰出的"老友"(old boys)维护既有利益的精英主导现象,存在着同行们对评价标准理解上的差异,存在着同行们在

---

① 王炎坤,钟书华,等.科技奖励论[M].武汉:华中理工大学出版社,2000.
② 阎光才.学术共同体内外的权力博弈与同行评议制度[J].北京大学教育评论,2009(1):124-138.

"什么是好的研究"等问题上主观假定一致等现象。[①] 同行评议这种主观性较强的制度特点影响了科学技术奖项作为大学排名指标的有效性。而且,一些科学技术奖项授奖的学科领域、颁奖年份等不是固定的,是主观确定的,这也影响了科学技术奖项作为大学排名指标的客观性和稳定性。

此外,大学排名机构在利用科学技术奖项构建排名指标时,选择具体奖项和赋予权重的过程也缺乏客观依据。现有的大学排名对指标体系中科学技术奖项的选择标准、赋权方法基本没有说明。而且,一些大学排名还用了不止一个奖项来构建指标,有的甚至还同时利用了国际奖、国家奖等众多类型的奖项。这些都影响了科学技术奖项作为大学排名指标的客观性。

第二,科学技术奖项作为大学排名指标的时效性不强。由于科学技术奖项的颁发存在滞后性,当下获奖人的获奖成果可能是几年前甚至几十年前完成的,因而科学技术奖项作为排名指标不能像文献计量指标那样可以及时反映当下的大学学术实力。此外,如果获奖人在完成获奖学术成果之后到获奖期间出现了工作变动,那么本应该属于获奖人做出获奖学术成果时所在的大学的荣誉就可能被不恰当的归属到后来的大学头上。由于这些原因,科学技术奖项作为大学排名指标的时效性不强。

第三,科学技术奖项作为大学排名指标的覆盖程度不高。科学技术奖项的稀缺性使得这种奖励极具殊荣。科学技术奖项一般一次只颁发给极少数做出卓越贡献的科学家,遇到没有符合获奖条件的候选人时甚至暂时停发。科学技术奖项的稀缺性导致获奖人可能集中分布在少数几所大学,而多数大学的教师和研究人员未曾有机会得到或者只有少数获得。这样就使得科学技术奖项作为排名指标时会导致覆盖程度不高。

综上所述,科学技术奖项作为大学排名指标受制于同行评议的主观性,以及科学技术奖项的滞后性和稀缺性的影响。相对于文献计量指标,科学技术奖项作为大学排名指标不能客观、及时地反映大范围高等院校的师资力量和学术实力。

---

① Kostoff R N. The Principles and Practices of Peer Review[J]. Science and Engineering Ethics,1996(3):19-34.

三、科学技术奖项作为大学排名指标的改进建议

科学技术奖项的归属作为学术同行评价的结果，自然可以作为指标来对大学进行评价。科学技术奖项作为排名指标的合理性和局限性来自科学技术奖项的自身特征和同行评议制度的特征。目前，虽然已有若干大学排名机构利用各类型的、享有一定声誉的科学技术奖项来构建排名指标，应用在全球性大学排名、本国大学排名、学科（领域）排名等不同类型的大学排名中，但是仍有一些方面需要改进。

科学技术奖项作为大学排名指标的实践还存在一些问题，主要集中在奖项的选择和权重的赋予上。第一，选择奖项。一方面已有实践对科学技术奖项的选择缺乏客观依据。各大学排名对科学技术奖项的选择标准和过程基本没有说明，对科学技术奖项声誉的判断基本依赖主观经验。另一方面已有实践对科学技术奖项的选择有失偏颇。例如，ARWU 中采用诺贝尔奖和菲尔兹奖构建指标只覆盖到了物理学、化学、生理或医学、经济学以及数学这几个学科，而遗漏了工程科学等其他学科领域。这是导致 ARWU 的方法论备受批评的一个重要原因。① 与之相反，NRC 的博士点评估中采用了 1 300 多项奖励，虽然包括了众多学科领域的各类型奖励，但这也造成了众奖励主次不分、指标指向性不强的问题。第二，赋予权重。一些大学排名用了不止一项奖项来构建指标，有的甚至还同时利用了国际奖、国家奖等众多类型的奖项。这种情况下，鉴于不同科学技术奖项的声誉不同，其反映的获奖人的学术贡献和社会贡献大小不同，给获奖人及与其相关的高等院校带来的荣誉也不同，因而科学的做法是需要对排名指标选取的各个奖项进行科学的赋权。然而，这一工作在已有实践中并未有效开展。

基于此，为促进科学技术奖项作为大学排名指标的科学应用，至少需要在以下两个方面进行探索：第一，构建一份覆盖广泛学科领域、包含各类型科学技术奖项的清单，并以此清单中的奖项为基础评定它们的声誉大小。这样，各学科领域的具有高声誉的代表性奖项就可以被梳理出来，进而通过统计获奖

---

① Billaut J-C, Bouyssou D, Vincke P. Should You Believe in the Shanghai Ranking? [J]. Scientometrics, 2010，84(1)：237 - 263.

人所属机构的获奖人次来评价这些机构的表现。第二,通过分析奖项之间的相似性选择一些互为补充的科学技术奖项结合起来构建成排名指标,这样既能降低单个奖项由于主观评审出现失误和具有整体滞后奖励特征的负面影响,又能覆盖更为全面的学科领域和大学机构,可以有效抵消或者解决用单个科学技术奖项作为排名指标的劣势。

此外,对于科学技术奖项作为排名指标的局限性,也就是限制其未来发展的因素,布鲁斯·G·查尔顿(Bruce G. Charlton)的做法可以给我们一些启示。他利用诺贝尔奖、菲尔兹奖、拉斯克奖(Lasker Awards)和加拿大盖尔德纳国际奖(Canada Gairdner International Award),构建了由不同奖项组合成的度量维度(award metric),通过统计获奖人所属国家(地区)和隶属机构的获奖人次,来识别在革命性科学发现中表现最好的国家(地区)和研究机构,并以获奖表现为指标对这些国家(地区)和机构进行排名。[1][2] 受其启发,在整理出一份覆盖广泛学科领域、包含各类型科学技术奖项的清单,以及对清单上奖项的声誉进行科学评价的基础上,我们可以将一些代表性强、互为补充或互相强化的科学技术奖项结合起来构建成排名指标,这样既能降低单项奖励由于主观评审出现失误和具有整体滞后奖励特征的负面影响,又能覆盖更为全面的学科领域和大学机构,可以有效抵消或者解决了科学技术奖项作为指标的主观性强、时效性差和覆盖性低的劣势。而且,对于大学排名整体而言,科学技术奖项作为排名指标的劣势还可以通过文献计量指标等其他指标来补足。

第三节 国际科学技术奖项作为大学排名指标的实践——以化学为例

国际科学技术奖项以对颁奖对象无国籍限制为特征,因此更适合用于全球性大学排名。而最终能够作为大学排名指标的国际科学技术奖项一方面要

① Charlton B G. Measuring Revolutionary Biomedical Science 1992 - 2006 Using Nobel Prizes, Lasker (clinical medicine) Awards and Gairdner Awards (NLG metric)[J]. Medical Hypotheses, 2007, 69(1): 1 - 5.

② Charlton B G. Which Are the Best Nations and Institutions for Revolutionary Science 1987 - 2006? Analysis Using a Combined Metric of Nobel prizes, Fields Medals, Lasker Awards and Turing Awards (NFLT metric)[J]. Medical Hypotheses, 2007, 68(6): 1191 - 1194.

具有代表性，即具有很高的声誉，以使其获奖人清单作为评价大学学术质量高低的依据能得到广泛的认可，从而发挥鉴别卓越的作用；另一方面，由于一般国际科学技术奖项的颁奖范围和获奖人数量有限，因而选择若干个互为补充的具有高声誉的国际科学技术奖项共同构建成排名指标更为理想和科学，从而在鉴别卓越的同时能提高评价的覆盖面，以及降低用单个奖项作为指标的偶然性隐患。

基于此，本研究以化学学科为例，根据声誉调查结果选择声誉明显较高的若干个奖项样本来构建排名指标，对 1990～2014 年这些奖项的获奖人获奖时所属的大学进行计数，以奖项声誉大小作为权重按照计数结果计算奖项指标的总得分，再将总得分从高到低进行排名。之后，将以奖项为指标的排名与上海交通大学的世界大学化学学科排名（ARWU‐SUBJECT in CHEMISTRY）进行比较分析，以检验国际科学技术奖项作为大学排名指标的优缺点。

本研究选择了化学学科奖项样本中的声誉明显较高的诺贝尔化学奖（Nobel Prize in Chemistry）、沃尔夫化学奖（Wolf Prize in Chemistry）、普利斯特里奖章（Priestley Medal）和韦尔奇化学奖（Welch Award in Chemistry）这 4 项国际奖项一起构建了奖项排名指标。选择这 4 项国际化学奖一方面是由于它们的平均声誉得分不低于 0.6，明显高于其他奖项样本的声誉。它们的奖励对象是取得重大科研成果和对化学学科发展做出突出贡献的科学家，因而具有很强的代表性。另一方面，沃尔夫化学奖、普利斯特里奖章和韦尔奇化学奖与诺贝尔奖的相似程度即关联强度相对于同学科的其他奖项样本相对较低，这些奖项的获奖人与诺贝尔化学奖得主的重合度相对不高，因而与诺贝尔化学奖具有很好的互补性。如果单独用诺贝尔化学奖作为排名指标，部分顶尖科学家由于诺贝尔奖颁奖时间滞后、颁奖数量有限等原因遗憾未能计入排名。然而，使用与诺贝尔化学奖互为补充的国际奖项可以降低这一概率。

根据统计，用于构建奖项排名指标的诺贝尔化学奖、沃尔夫化学奖、普利斯特里奖章和韦尔奇化学奖这 4 项奖项自 1990～2014 年的获奖人数量及所属机构和大学的数量如表 7‐3 所示。这 4 项奖项在统计年限内的获奖人总计为 149 人次，去除重复的共同获奖人总计 113 人。这 113 名化学家获奖时分属于 65 个机构，其中 49 个是大学，可见大学是这些获奖人获奖时所在的主要隶属机构。

表 7‑3　构建排名指标的 4 项国际化学奖的获奖
人数量及所属机构、大学的数量

	1990～2014 年的获奖人数	所属机构数量	所属大学数量
诺贝尔化学奖	61	41	30
沃尔夫化学奖	29	20	16
普利斯特里奖章	26	19	16
韦尔奇化学奖	33	17	14
去除重复后	113	65	49

　　以 49 所大学所拥有的诺贝尔化学奖、沃尔夫化学奖、普利斯特里奖章和韦尔奇化学奖这 4 项奖项的获奖人数量为基础,以各项奖项的声誉大小作为权重大小,计算出每个大学在奖项指标上的得分。表 7‑4 列出了奖项指标得分位居前 10 的大学。经过比较,奖项指标得分排名前 10 位的大学有 6 所也位于 2014 年 ARWU 化学学科排名的前 10 名,有 7 所大学位于学科排名的前 20 名。可见,奖项指标大体能鉴别出在化学领域学术实力雄厚的大学。

表 7‑4　奖项指标得分位居前 10 的大学

大　　学	获奖次数	奖项指标得分	2014 年 ARWU化学学科排名
斯坦福大学(Stanford University)	11	8.65	3
加州理工学院(California Institute of Technology)	10	7.65	7
哈佛大学(Harvard University)	10	7.10	2
加州大学‑伯克利(University of California,Berkeley)	9	6.14	1
麻省理工学院(Massachusetts Institute of Technology)	8	5.91	6
哥伦比亚大学(Columbia University)	8	5.56	15
德克萨斯州农工大学(Texas A&M University)	5	3.31	41
以色列理工学院(Technion-Israel Institute of Technology)	3	3.00	101‑150

续表

大　　学	获奖次数	奖项指标得分	2014 年 ARWU 化学学科排名
苏黎世联邦理工学院（Swiss Federal Institute of Technology in Zurich）	3	2.74	8
南加州大学（University of Southern California）	3	2.68	42

根据统计，奖项排名覆盖了 49 所大学，其中有 42 所位列于 2014 年 ARWU 化学学科排名前 200 名。将这 42 所大学的奖项指标得分、获奖次数与它们在 ARWU 化学学科排名的名次以及获奖教师和获奖校友这两个涉及奖项的指标的得分进行相关性分析，结果如表 7-5 所示。结果显示，用诺贝尔化学奖、沃尔夫化学奖、普利斯特里奖章和韦尔奇化学奖这四项奖项构建的奖项指标的得分与 2014 年 ARWU 化学学科排名的名次、获奖教师指标的得分和获奖校友指标的得分中度相关。这说明，用这 4 项国际化学奖作为排名指标的奖项排名结果与 ARWU 中只采用诺贝尔化学奖作为指标的排名结果是具有一定程度的一致性的。此外，根据统计表明，2014 年 ARWU 化学学科排名的获奖教师指标覆盖了发布出来的 200 所大学中的 37 所，获奖校友指标

表 7-5　奖项指标得分与 2014 年 ARWU 化学学科排名的相关性分析

		奖项指标得分	获奖次数	2014 年 ARWU 化学学科排名		
				学科排名名次	获奖教师指标的得分	获奖校友指标的得分
奖项指标得分		1	.991＊＊	−.469＊＊	.584＊＊	.448＊＊
获奖次数		.991＊＊	1	−.446＊＊	.495＊＊	.448＊＊
2014 年 ARWU 化学学科排名	学科排名名次	−.469＊＊	−.446＊＊	1	−.547＊＊	−.356＊
	获奖教师指标的得分	.584＊＊	.495＊＊	−.547＊＊	1	.468＊＊
	获奖校友指标的得分	.448＊＊	.448＊＊	−.356＊	.468＊＊	1

＊＊. 在 .01 水平（双侧）上显著相关。
＊. 在 0.05 水平（双侧）上显著相关。

覆盖了33所大学,而用4项国际化学奖构建的奖项指标能覆盖到49所大学。可见,用若干个高声誉奖项一起构建排名指标不仅能够有效鉴别具有一流学科的大学,还能适当增加评价的覆盖面,从而避免若干所大学成为遗珠。

　　为进一步分析奖项排名和ARWU化学学科排名名次差异的原因,本文选取了ARWU排名前10但未进入奖项排名前10的4所大学,以及奖项排名位列前10但未进入ARWU排名前10的4所大学进行分析。如表7-6所示,西北大学(Northwestern University)、剑桥大学(University of Cambridge)、京都大学(Kyoto University)和加州大学洛杉矶分校(University of California, Los Angeles)4所大学在ARWU化学学科排名中位列前10,其中剑桥大学在奖项排名中也接近前10,而其余3所高校由于获奖人次相对少于其他高校而在奖项排名中跌出前10。西北大学、京都大学和加州大学洛杉矶分校这3所大学在ARWU排名中表现出色,主要是由于在非奖项指标上的突出表现。例如,西北大学在ARWU排名"高被引科学家"这一指标的得分位列第2名,京都大学在"论文数"这一指标上的得分位列第4名。哥伦比亚大学、德克萨斯州农工大学、以色列理工学院和南加州大学这四所大学在ARWU排名中未涉及奖项的指标上表现平平,而在涉及奖项的指标上的表现可圈可点。例如,以色列理工学院在"获奖校友"这一指标的得分位列第3,在"获奖教师"这一指标的得分位列第2。

表7-6　8所大学的奖项排名和ARWU化学学科排名的名次差异

大　　学		获奖次数	奖项指标得分	奖项指标排名	2014年ARWU化学学科排名
ARWU排名位列前十但未进入奖项排名前十的四所大学	西北大学	2	1.68	19	4
	剑桥大学	3	2.60	11	5
	京都大学	0	0	—	9
	加州大学洛杉矶分校	1	1.00	26	10
奖项排名位列前十但未进入ARWU排名前十的四所大学	哥伦比亚大学	8	5.56	6	15
	德克萨斯州农工大学	5	3.31	7	41
	以色列理工学院	3	3.00	8	101-150
	南加州大学	3	2.68	10	42

综上所述,利用多个奖项构建指标对大学进行排名,比利用单一奖项作为指标能够覆盖更多的大学,同时也可以鉴定出在学术研究上取得非凡成就的机构。

本 章 小 结

已有一些机构采用科学技术奖项来构建大学排名指标。在全球性大学排名、本国大学排名、学科(领域)排名中均存在利用科学技术奖项作为指标的实践。目前,被大学排名采用作为指标的科学技术奖项主要是在国际上或本国内享有盛誉的奖项。这些奖项构建出的大学排名指标主要是评价大学的人才培养质量、师资力量、学术实力。由于不同排名的目的和方法不同,不同排名中利用科学技术奖项构建的指标的权重差异很大。

科学技术奖项作为大学排名指标的合理性来自三个方面:第一,科学技术奖项的奖励内容与大学排名的评价内容相吻合,科学技术奖项更能直接、突出地反映出与获奖人相关的大学的师资力量、学术实力和社会贡献等。第二,科学技术奖项的多样化形式能满足各类型大学排名的需要。国际奖满足了全球大学排名对全球大学进行国际比较的需要,国家奖满足了本国大学排名只专注于本国大学表现的需要,综合奖满足了综合性大学排名覆盖广泛学科领域的需要,单项奖满足了学科(领域)排名只专注于具体某一学科(领域)的需要。第三,科学技术奖项体系是分层的,可满足对不同层次大学评价的需要。

科学技术奖项作为大学排名指标的局限性主要体现在以下三个方面:第一,科学技术奖项作为大学排名指标缺乏客观性。同行评议这种主观性过强的制度缺陷影响了科学技术奖项作为大学排名指标的有效性。而且,一些科学技术奖项授奖的学科领域、颁奖年份等不是固定的,是主观确定的,这也影响了科学技术奖项作为大学排名指标的客观性和稳定性。此外,大学排名机构在利用科学技术奖项构建排名指标时,选择奖项和赋予权重的过程也缺乏客观依据。第二,科学技术奖项作为大学排名指标的时效性不强。由于科学技术奖项的颁发存在滞后性,当下获奖人的获奖成果可能是几年前甚至几十年前完成的,因而科学技术奖项作为排名指标不能像文献计量指标那样可以及时反应当下的大学学术实力。第三,科学技术奖项作为大学排名指标的覆盖程度不高。科学技术奖项的稀缺性导致获奖人可能集中分布在少数几所大学。

　　本章最后以化学学科为例，通过构建由若干个高声誉国际化学奖组成的奖项排名指标，以声誉大小作为权重大小，计算出获奖人所属大学的奖项指标得分。之后，按照这些得分对大学进行排名，并与 2014 年 ARWU 的化学学科排名进行比较。经过分析发现，用若干个高声誉奖项一起构建排名指标不仅能够有效鉴别具有一流学科的大学，还能适当增加评价的覆盖面，从而能弥补用单个奖项作为指标带来的劣势。

第八章
结束语

随着科学技术的不断发展,未来一定会出现新的国际科学技术奖项,也一定会有一些奖项因为停止颁发而成为历史。正是因为由国际科学技术奖项构成的一套奖励体系在不断变化,因而对国际科学技术奖项的研究还远没有达到终点,或许只是刚刚出发。

第一节　回顾与总结

在科学技术奖项通过作为排名指标在科学技术评价中发挥重要作用的背景下,本研究以国际科学技术奖项为研究对象,立足于大样本数据,以定量研究为主,量化评价了所搜集的奖项样本之间的相对重要性和相似性,旨在为在更广泛学科领域、更多层面的科学技术评价中科学利用国际科学技术奖项奠定基础。

首先,目前尚无一份全面的、及时更新的国际科学技术奖项清单,这对开展有关国际科学技术奖项的研究以及在科学技术评价中利用国际科学技术奖项都造成了限制。因而,本研究的首要任务就是构建一份具有代表性的、覆盖广泛学科领域的国际科学技术奖项清单,以此作为后续研究的基础。通过从美国国家研究委员会(National Research Council,简称 NRC)发布的奖项清单、维基百科中的奖项清单、张先恩主编的《国际科学技术奖概况》等若干分散的来源中认真筛选,本研究最后建立了一份覆盖生命科学与医学、自然学科、工程科学、社会科学以及脑科学与认知科学领域的,包含 225 项国际科学技术奖项的清单。这些奖项由于多已被用于科学技术评价中或存在于已有的奖项清单中,因而具有一定的知名度和代表性。

以这 225 项奖项样本为基础,国际科学技术奖项的概况大体如下:从颁奖范围来看,在生命科学与医学、自然科学和工程科学领域设立的国际科学技术奖项明显多于社科领域;从颁奖历史来看,最早的奖项可以追溯到 18 世纪上半叶,最新的有于 2013 年设立的,大多数国际科学技术奖项都是在二战后颁发的;从颁奖机构的类型来看,设立国际科学技术奖项的机构类型多样,其中科学共同体内部的学术机构以及基金会是设立国际科学技术奖项的主要部门;从颁奖机构所属的国家来看,发达国家是设立国际科学技术奖项的主要力量,其中美国具有绝对优势;从颁奖周期来看,绝大多数奖项都具有固定的颁奖周期,其中以年年颁发的居多;从奖励形式来看,主流形式是给予获奖人荣誉性精神奖励的同时,还给予一定数额的奖金作为物质奖励,但在奖励强度上存在较大差异。从由这 225 项奖项样本总结出的国际科学技术奖项概况来看,由各类型国际科学技术奖项构成的国际奖励体系已经发展成熟。

其次,本研究以诺贝尔科学奖作为比较基准,按学科领域通过问卷调查的方法,以获奖人作为调查对象,对所搜集的 225 项国际科学技术奖项的声誉进行了量化的评价。这是一次有关国际科学技术奖项的大范围声誉调查。根据调查结果来看,国际科学技术奖项的声誉总体呈现等级差距,尤其是在生命科学与医学领域、自然科学领域的各个学科、工程科学和社会科学领域的若干学科。这说明很多学科领域中已存在若干个具有高水平声誉的国际奖项了。此外,本研究还结合了奖项的属性特性和声誉调查结果,分析了颁奖范围、奖励强度、颁奖历史、颁奖机构、颁奖规格和宣传造势这六个主要因素对国际科学技术奖项声誉的影响。根据研究表明,影响国际科学技术奖项声誉的因素是多方面的,没有一个因素能够与奖项声誉存在显著性的线性强相关。但对具体的某一个奖项,其中的某种或若干因素对声誉的影响则是举足轻重的。总体而言,高声誉奖项一般具有颁奖范围广、奖励强度大、颁奖历史长、颁奖机构具有很高的权威性、颁奖规格高以及注重宣传中的若干特点。

再次,本研究以 225 项国际科学技术奖项之间的共同获奖人为比较基础,引入在文献计量学中已被广泛应用的科学知识图谱技术,以基于声誉调查计算的平均声誉得分作为奖项权重,以奖项之间的共同获奖人的分布情况作为衡量奖项之间相似程度的基础,构建了国际科学技术奖项图谱,实现了可视化和定量衡量奖项之间的相似性。绘制奖项图谱的理念在于不同奖项之间存在数量不等的共同获奖人,两个奖项之间的共同获奖人越多,就说明这两个奖项的奖励对象的越一致,两个奖项越相似。绘制奖项图谱便于在大样本条件下直观呈现奖项之间的相对重要性和相似性。根据研究表明,由于相同学科领域的奖项之间拥有更多的共同获奖人,因而在图谱中聚集一起。此外,以奖项之间的相似性为基础,考虑它们的共同获奖人分别获得这些奖项的先后顺序,还能够实现对未来获奖人的预测。

最后,本研究梳理了已有的利用科学技术奖项作为排名指标的主要大学排名,总结了这些大学排名利用科学技术奖项作为排名指标的特点,分析了科学技术奖项作为大学排名指标的合理性与局限性,并以化学学科为例探索了用若干个高声誉国际奖项作为学科排名指标的实践。具体来说,科学技术奖项作为大学排名指标的理论基础是由于奖励的实现依赖于同行评议的过程,反映了同行评议的结果。科学技术奖项作为大学排名指标的优势主要在于能评价利用文献计量学指标难以衡量的学术贡献和社会贡献,其劣势主要是奖励时间的滞后以及评价对象的覆盖范围窄等。已有的利用科学技术奖项作为排名指标的大学排名,在对奖项之间的相对声誉大小和相似程度高低缺乏科学认识的基础上,主要是选择得到广泛公认的、享有盛誉的奖项作为指标。经过在化学学科的以奖项作为排名指标的实践证明,通过将若干个具有很高声誉的、获奖人存在一定互补性的奖项构建成排名指标,并将量化的奖项声誉大小作为权重,不仅能够有效鉴别具有一流学科的大学,还能适当增加评价的覆盖面,从而能弥补用单个奖项作为指标带来的劣势。

综合上述结果,本研究的贡献主要体现在以下三个方面:一是,系统整理了一份具有代表性的、覆盖广泛学科领域的国际科学技术奖项清单,科学分析了国际科学技术奖项的发展现状。二是,以大样本的奖项为基础,通过大范围的问卷调查,定量评价了一批国际科学技术奖项的声誉大小,科学呈现了这些奖项之间的声誉差距。三是,以奖项之间的共同获奖人为比较基础,创新性地引入科学知识图谱技术,通过绘制奖项图谱来直观、量化呈现奖项之间的相对声誉大小和相似程度高低。总体而言,本研究通过声誉调查和绘制奖项图谱,实现了对国际科学技术奖项之间的相对声誉大小和相似程度高低的评价,为将来开展有关奖项的研究以及在科学技术评价中科学的应用奖项奠定了基础。

第二节　本研究的局限性

虽然本研究在国际科学技术奖项的声誉和相对关系方面做了一些开创性的工作,但仍在奖项样本和研究方法等方面存在一定的局限性。

一、奖项样本的局限性

没有一个全面系统的、及时更新的奖项清单对于开展有关国际科学技术奖项的研究是一个突出的限制。本研究奖项样本的局限性主要来源于以下三个方面:

第一,样本来源的限制。本研究的样本来源主要有美国国家研究委员会(National Research Council,简称 NRC)的奖励清单、维基百科(wikipedia)中的奖项清单以及张先恩主编的《国际科学技术奖概况》。虽然本研究已尽可能地从多渠道搜集国际科学技术奖项样本,但这些样本来源都有其自身的局限性,NRC 清单的奖励类型众多且过于偏重美国的奖励,维基百科的清单权威性不足,《国际科学技术奖概况》一书中的奖项并不涵盖人文社科领域。鉴于本研究的目标是国际科学技术奖项,因而需要将这些各有一定局限性的来源互为补充,互为印证。

第二,欠缺人文社科领域的奖项。人文社科研究并不具备理工科研究所具有的相对规范统一公认的研究方法、范式及评估方法,人文社科成果国际可比性相对较小。而且,人文社科研究过程及研究成果产出具有更多国别性、民族性、地区性,更多受到该国该地区文化、宗教、历史、国家利益、地缘政治、价值体系、意识形态的深刻影响。[1] 因而,对人文社科领域优秀研究成果的奖励也由于缺乏国际可比性而没有得到长足发展。鉴于样本来源的限制,除经济学、政治学和法学这三个科研成果国际可比性较高的学科,人文社科领域其他学科的奖项暂时未被列入本次研究的奖项清单。

第三,个别学科领域的奖项样本数量不足,暂时未被列入本次研究的奖项

---

① 吕景胜.论人文社科研究本土化与国际化的契合[J].科学决策,2014(9): 54 - 65.

清单。个别学科领域的奖项在样本来源中本身就数量非常少,难以开展有效的后续研究。例如,沃尔夫农学奖(Wolf Prize in Agriculture)虽然具有很高的知名度,但由于一时难以搜集到相关学科领域内一定数量的有代表性的国际奖项,因而未被列入本次研究的奖项清单。

由于样本来源的局限和个人时间、能力所限,不免会在本次研究的奖项清单中遗漏个别重要的国际科学技术奖项,尤其是明显缺失人文社科领域的奖项。尽管如此,本研究的奖项清单基本覆盖了国际科学技术奖项设立的主要科学领域,尽力确保了样本来源中的主要国际科学技术奖项都被收录在奖项清单中。本研究奖项清单未覆盖到的学科领域,只有等到将来积累起一定数量的国际奖项,才能开展奖项声誉的调查和奖项图谱的绘制等工作。

二、声誉调查的局限性

由于调查对象和调查方式的选择,本研究在奖项声誉的调查上存在一定的局限性。

首先,以获奖人作为调查奖项声誉的对象,存在着获奖人给自身所获的奖评分较高的现象。本研究是选择问卷中所包括奖项的获奖人作为调查对象的。尽管获奖人对所获奖项给自身带来的利益有着切身感受,相比未获奖人群体更熟知所获的奖项,但不能排除获奖人出于私利没有客观评价奖项声誉的可能。鉴于此,本研究根据每个奖项的非获奖人的回复,重新计算了每个奖项的平均声誉得分,并将其与根据全部回复计算的平均声誉得分进行了比较。研究结果表明,确实存在着获奖人给自身所获的奖评分较高的现象。但是,由于非获奖人是主要的问卷回复者,因而绝大多数奖项的非获奖人给出的声誉得分接近根据全部回复计算的声誉得分。总体来看,获奖人给自身所获的奖评分较高的现象是可控的。

其次,获奖人以外的对国际科学技术奖项熟知的科学家们,被排除在本次问卷调查的对象之外。除获奖人外,由于多有机会参与奖项提名和评审工作或科学技术评价的缘故,颁奖机构的管理者、主要国家科学院和工程院的院士、世界一流大学的院系主任、知名专业学会的管理者以及以高被引科学家为代表的杰出科学家,也都是对奖项较为熟知的群体。由于时间和精力所限,这些群体未能作为本次奖项声誉调查的对象。

最后,问卷调查对象的年龄结构和调查方式影响了问卷的回收情况。本研究主要是通过"SurveyMonkey"系统按照调查对象的电子邮箱来发放问卷的。据粗略统计,至少40.7%的被调查者出生于1940年以前,较高比例的获奖人年事已高,多已处于退休离职状态,通过网络参与调查存在一定的困难。而且,网络问卷调查客观上就存在回复率偏低的问题。

三、奖项图谱的局限性

在研究奖项的相似性方面,本研究基于奖项之间共同获奖人的多少,创新性地利用VOSviewer软件绘制了奖项图谱。这是因为VOSviewer软件能够方便的处理共现矩阵,在本研究中即为共同获奖人百分比矩阵。而且,VOSviewer软件采用的相似性计算方法——关联强度,能够有效地修正规模效应。

然而,绘制图谱的软件除了VOSviewer外,还有Bibexcel、CiteSpace、CoPalRed、IN‐SPIRE、Leydesdorff's Software、Network Workbench Tool、Science of Science(Sci2)Tool、VantagePoint等软件。衡量相似性的方法除了关联强度外,还有皮尔森相关系数(the Pearson correlation coefficient)、萨尔顿余弦指数(the Salton's cosine index)、雅卡尔指数(the Jaccard index)、包容指数(the inclusion index)等测量方法。但由于各软件对绘制图谱的基础数据的类型及格式有着严格的要求,对衡量相似性的方法也有限定,因而用其他方法测量奖项之间的相似性,并根据相似性计算结果用其他软件绘制奖项图谱还有待研究。

第三节　未来研究展望

本研究在建立一份覆盖多个学科领域的国际科学技术奖项清单的基础上,通过问卷调查对这些奖项的声誉大小进行了评定,并以共同获奖人为比较基础,通过绘制奖项图谱直观呈现了奖项之间的相似性大小,从而实现了对奖项之间的相对重要性和相对关系的评价。本研究是一项基础性研究,主要能为将来开展以下研究提供支持:

第一,进一步充实、完善国际科学技术奖项清单,更为全面地分析国际科学技术奖项的发展现状。在已有奖项清单的基础上，继续挖掘有价值的奖项来源，搜集有影响力和代表性的国际科学技术奖项，完善已有的自然科学、工程科学、生命科学与医学领域的奖项清单，扩充已有的经济学、法学和政治学这三个学科的奖项清单，重点补充教育学、社会学、心理学、历史学、哲学、语言学等人文社科领域以及农学等其他学科领域的奖项清单，并以更新后的清单为基础更为全面的分析国际科学技术奖项的发展现状。

第二，扩大国际科学技术奖项声誉调查的范围，定期开展奖项声誉的调查。在准备充分、条件成熟的时候，将奖项声誉调查的对象扩大到颁奖机构的管理者、主要国家科学院和工程院的院士、世界一流大学的院系主任、知名专业学会的管理者以及以高被引科学家为代表的杰出科学家等对奖项较为熟知的群体。在更新奖项清单的基础上，每隔若干年定期开展奖项声誉调查，以此来提高接受调查的人数和问卷的回收率，保证调查结果的可靠性和时效性。而且，定期开展调查也可以为研究奖项声誉的历史变化，以及深入研究影响奖项声誉变化的因素奠定基础。

第三，利用奖项声誉的调查结果开展后续相关研究。在定量评价奖项声誉的基础上，未来可以对以下问题开展实证研究：一是研究科学家的社会分层与所获得奖项之间的关系，探索科学家所获奖项的声誉对科学家所处分层结构中位置的影响；二是研究获奖人是否实至名归，以同一学科领域内获得不同声誉的奖项的获奖人为比较对象，或以同一学科领域内的获奖人与非获奖人为比较对象，分析他们在文献计量学指标上的差距，探讨奖项是否颁发给了文献计量指标表现更优秀的科学家；三是研究不同声誉的奖项对科学家激励效应的大小，探讨奖励在科学家职业发展的作用。

第四，探索利用皮尔森相关系数、萨尔顿余弦指数、雅卡尔指数、包容指数等其他相似性测量方法来定量衡量奖项之间的相似程度，探讨奖项之间的相对关系，进而利用奖项相似性的研究成果对重要奖项的获奖人进行预测；在对各奖项之间共同获奖人的有关数据进行格式处理的基础上，利用 VOSviewer之外的其他科学知识图谱软件绘制奖项图谱，更多样化的呈现奖项之间的相对关系。

附录 1
225 项国际科学技术奖项样本及基本信息

学科领域	奖项中英文名称及网址	授奖机构	授奖国家	获奖人总数	授奖起始年	奖金数额	奖励周期（年）	国际获奖人比例	根据全部回复计算的平均声誉得分	根据非获奖人回复计算的平均声誉得分
跨领域奖项	京都奖——基础科学类 (Kyoto Prize in Basic Sciences) http://www.inamori-f.or.jp/e_kp_out.html	稻盛基金会 (The Inamori Foundation)	日本	30	1985	JPY 50 000 000	1	76.0%	0.66	0.66
	日本国际奖 (Japan Prize) http://www.japanprize.jp/en/prize.html	日本国际奖基金会 (The Japan Prize Foundation)	日本	81	1985	JPY 50 000 000	1	77.3%	0.66	0.65
	阿尔伯特·爱因斯坦世界科学奖 (Albert Einstein World Award of Science) http://www.consejoculturalmundial.org	世界文化委员会 (World Cultural Council)	国际组织	30	1984	USD 10 000	1	100.0%	0.51	0.51

续表

学科领域	奖项中英文名称及网址	授奖机构	授奖国家	获奖人总数	授奖起始年	奖金数额	奖励周期（年）	国际获奖人比例	根据全部回复计算的平均声誉得分	根据非获奖人回复计算的平均声誉得分
跨领域奖项	费萨尔国王国际奖——科学类 (King Faisal International Prize in Science) http://www.kff.com/en/King-Faisal-International-Prize	费萨尔国王基金会 (The King Faisal Foundation)	沙特阿拉伯	49	1984	USD 200 000	1	100.0%	0.50	0.48
	马普研究奖 (Max Planck Research Award) http://www.mpg.de/mpResearch Award	洪堡基金会与马普学会 (Alexander von Humboldt-Stiftung Foundation and the Max Planck Society)	德国	20	2004	EUR 750 000	1	50.0%	0.49	0.48
	巴尔赞奖 (Balzan Prizes) http://www.balzan.org/en/about-us	国际巴尔赞奖基金会 (International Balzan Prize Foundation)	意大利	133	1962	CHF 750 000	1	87.6%	0.47	0.45
	科普利奖章 (Copley Medal) https://royalsociety.org/awards/copley-medal/	英国皇家学会 (The Royal Society)	英国	275	1731	GBP 5 000	1	20.8%	0.46	0.46
	英国皇家奖章 (Royal Medal) https://royalsociety.org/awards/royal-medal/	英国皇家学会 (The Royal Society)	英国	421	1826	GBP 5 000	1	8.7%	0.45	0.44
	欧莱雅—联合国教科文组织杰出女科学家成就奖 (L'Oréal-UNESCO Awards for Women in Science) http://www.loreal.com/Foundation/	联合国教科文组织与欧莱雅基金会 (UNESCO & L'Oréal Foundation)	国际组织与法国	74	1998	USD 100 000	1	100.0%	0.44	0.43

续表

学科领域	奖项中英文名称及网址	授奖机构	授奖国家	获奖人总数	授奖起始年	奖金数额	奖励周期（年）	国际获奖人比例	根据全部回复计算的平均声誉得分	根据非获奖人回复计算的平均声誉得分
跨领域奖项	哈维奖 (Harvey Prize) http://harveypz.net.technion.ac.il/	以色列理工学院 (Technion-Israel Institute of Technology)	以色列	77	1972	USD 75 000	1	95.5%	0.40	0.39
	欧洲拉特西斯奖 (European Latsis Prize) http://www.esf.org/	欧洲科学基金会 (European Science Foundation)	国际组织	15	1999	CHF 100 000	1	100.0%	0.39	0.38
	阿斯图里亚斯王子奖——科技研究类 (Prince of Asturias Award for Technical and Scientific Research) http://www.fpa.es/en/prince-of-asturias-awards/	阿斯图里亚斯王子基金会 (The Prince of Asturias Foundation)	西班牙	65	1981	EUR 50 000	1	82.0%	0.37	0.36
	鲍尔奖 (Bower Award and Prize for Achievement in Science) https://www.fi.edu/bower-laureates	富兰克林学会 (Franklin Institute)	美国	23	1990	USD 250 000	1	30.4%	0.37	0.35
	柯尔柏欧洲科学奖 (Körber European Science Prize) http://koerberprize.org/	柯尔柏基金会 (Körber Foundation)	德国	119	1985	EUR 750 000	1	52.4%	0.37	0.36
	菲森基金会国际奖 (International Prize of the Fyssen Foundation) http://www.fondationfyssen.fr/en/international-prize/	Fyssen基金会 (The Fyssen foundation)	法国	33	1980	EUR 60 000	1	78.3%	0.36	0.33

续表

学科领域	奖项中英文名称及网址	授奖机构	授奖国家	获奖人总数	授奖起始年	奖金数额	奖励周期（年）	国际获奖人比例	根据全部回复计算的平均声誉得分	根据非获奖人回复计算的平均声誉得分
跨领域奖项	丹·大卫奖——未来奖（Dan David Prize for the Future） http://www.dandavidprize.org/	丹·大卫基金会（Dan David Foundation）	以色列	29	2002	USD 1 000 000	1	93.1%	0.33	0.33
	罗蒙诺索夫金奖（Lomonosov Gold Medal） http://www.ras.ru/win/db/award_dsc.asp?P=id-1.ln-en	俄罗斯科学院（Russian Academy of Sciences）	俄罗斯	94	1959		1	50.0%	0.32	0.32
	丹尼·海涅曼奖（Dannie Heineman Award） http://adw-goe.de/en/awards/categories/dannie-heineman-preis/	哥廷根科学院（The Göttingen Academy of Sciences and Humanities）	德国	29	1961		2	81.8%	0.30	0.30
	纽科姆·克利夫兰奖（Newcomb Cleveland Prize） http://www.aaas.org/page/aaas-newcomb-cleveland-prize	美国科学促进会（American Association for the Advancement of Science）	美国	107	1923	USD 25 000	1	21.2%	0.30	0.29
	爱明诺夫奖（Gregori Aminoff Prize） http://www.kva.se/en/Prizes/Gregori-Aminoff-Prize/	瑞典皇家科学院（The Royal Swedish Academy of Sciences）	瑞典	44	1979	SEK 100 000	1	91.7%	0.29	0.27
	卡蒂科学进步奖（John J. Carty Award for the Advancement of Science） http://www.nasonline.org/about-nas/awards/john-j-carty-award.html	美国国家科学院（National Academy of Sciences）	美国	31	1932	USD 25 000	不定期	15.4%	0.28	0.27

续表

学科领域	奖项中英文名称及网址	授奖机构	授奖国家	获奖人总数	授奖起始年	奖金数额	奖励周期（年）	国际获奖人比例	根据全部回复计算的平均声誉得分	根据非获奖人回复计算的平均声誉得分
生命科学与医学	诺贝尔生理学或医学奖（Nobel Prize in Physiology or Medicine）http://www.nobelprize.org/	卡罗琳斯卡学院（Karolinska Institutet)	瑞典	204	1901	SEK 8 000 000	1	100.0%	1.00	—
	拉斯克基础医学研究奖（Albert Lasker Basic Medical Research Award）http://www.lasker foundation.org/awards/index.htm	阿尔伯特与玛丽拉斯克基金会（Albert and Mary Lasker Foundation)	美国	149	1946	USD 250 000	1	32.0%	0.72	0.70
	加拿大盖尔德纳国际奖（The Canada Gairdner International Award）http://www.gairdner.org/content/awards	盖尔德纳基金会（The Gairdner Foundation)	加拿大	323	1959	CAD 100 000	1	92.8%	0.60	0.56
	拉斯克临床医学研究奖（Lasker~DeBakey Clinical Medical Research Award）http://www.lasker foundation.org/awards/index.htm	阿尔伯特与玛丽拉斯克基金会（Albert and Mary Lasker Foundation)	美国	140	1946	USD 250 000	1	34.2%	0.60	0.60
	邵氏生命科学与医学奖（The Shaw Prize in Life Science and Medicine）http://www.shawprize.org/en/	邵氏奖基金会（The Shaw Prize Foundation)	中国香港	21	2004	USD 1 000 000	1	100.0%	0.60	0.58
	加拿大盖尔德纳全球健康奖（The Canada Gairdner Global Health Award）http://www.gairdner.org/content/awards	盖尔德纳基金会（The Gairdner Foundation)	加拿大	5	2009	CAD 100 000	1	100.0%	0.58	0.57

续表

学科领域	奖项中英文名称及网址	授奖机构	授奖国家	获奖人总数	授奖起始年	奖金数额	奖励周期（年）	国际获奖人比例	根据全部回复计算的平均声誉得分	根据非获奖人回复计算的平均声誉得分
生命科学与医学	沃尔夫医学奖（Wolf Prize in Medicine）http://www.wolffund.org.il/	沃尔夫基金会（Wolf Foundation）	以色列	48	1978	USD 100 000	1	76.9%	0.56	0.54
	卡夫利奖——神经科学类（The Kavli Prize in Neuroscience）http://www.kavliprize.org/	挪威科学与文学院（The Norwegian Academy of Science and Letters）	挪威	9	2008	USD 1 000 000	2	100.0%	0.55	0.55
	克拉福德生物科学奖（Crafoord Prize in Biosciences）http://www.crafoordprize.se/	瑞典皇家科学院（The Royal Swedish Academy of Sciences）	瑞典	14	1984	SEK 4 000 000	3	100.0%	0.52	0.52
	路易斯·让泰医学奖（The Louis-Jeantet Prize for Medicine）http://www.jeantet.ch/en/support-to-european-research/louis-jeantet-prize.php	Louis-Jeantet 基金会（Louis-Jeantet Foundation）	瑞士	78	1986	CHF 700 000	1	77.3%	0.49	0.44
	罗伯特·科赫奖（Robert Koch Award）http://www.robert-koch-stiftung.de/	罗伯特·科赫基金会（The Robert Koch Foundation）	德国	89	1960	EUR 100 000	1	82.9%	0.49	0.49

续表

学科领域	奖项中英文名称及网址	授奖机构	授奖国家	获奖人总数	授奖起始年	奖金数额	奖励周期（年）	国际获奖人比例	根据全部回复计算的平均声誉得分	根据非获奖人回复计算的平均声誉得分
生命科学与医学	拉斯克医学特别成就奖 (Lasker~Koshland Special Achievement Award in Medical Science) http://www.laskerfoundation.org/awards/index.htm	阿尔伯特与玛丽·拉斯克基金会 (Albert and Mary Lasker Foundation)	美国	13	1994	USD 250 000	2	7.7%	0.48	0.47
	费萨尔国王国际奖——医学奖 (King Faisal International Prize in Medicine) http://www.kff.com/en/King-Faisal-International-Prize	费萨尔国王基金会 (The King Faisal Foundation)	沙特阿拉伯	61	1982	USD 200 000	1	100.0%	0.47	0.45
	罗伯特·科赫金质奖章 (Robert Koch Gold Medal) http://www.robert-koch-stiftung.de/	罗伯特·科赫基金会 (The Robert Koch Foundation)	德国	41	1974		1	76.0%	0.47	0.47
	保罗·埃尔利希-路德维希·达姆施泰特奖 (Paul Ehrlich and Ludwig Darmstaedter Prize) http://www.uni-frankfurt.de/48209019/paul_ehrlich	保罗·埃尔利希基金会 (The Paul Ehrlich Foundation)	德国	116	1952	EUR 100 000	1	92.7%	0.44	0.40

续表

学科领域	奖项中英文名称及网址	授奖机构	授奖国家	获奖人总数	授奖起始年	奖金数额	奖励周期（年）	国际获奖人比例	根据全部回复计算的平均声誉得分	根据非获奖人回复计算的平均声誉得分
生命科学与医学	喜力医学奖(Heineken Prize for Medicine) https://www.knaw.nl/en/awards/prijzen/heinekenprijzen	荷兰皇家艺术与科学院(The Royal Netherlands Academy of Arts and Sciences)	荷兰	13	1988	USD 200 000	2	75.0%	0.44	0.44
	达尔文奖章(Darwin Medal) https://royalsociety.org/awards/darwin-medal/	英国皇家学会(The Royal Society)	英国	66	1890	GBP 1 000	2	6.7%	0.43	0.42
	国际生物学奖(International Prize for Biology) http://www.jsps.go.jp/english/e-biol/index.html	日本学术振兴会(Japan Society for the Promotion of Science)	日本	29	1985	JPY 10 000 000	1	95.7%	0.43	0.40
	路易莎·格罗斯·霍维兹奖(The Louisa Gross Horwitz Prize) http://www.cumc.columbia.edu/research/horwitz-prize/	哥伦比亚大学(Columbia University)	美国	94	1967	未公布的一定数量的奖金	1	25.5%	0.43	0.40
	喜力生物化学与生物物理学奖(Heineken Prize for Biochemistry and Biophysics) https://www.knaw.nl/en/awards/prijzen/heinekenprijzen	荷兰皇家艺术与科学院(The Royal Netherlands Academy of Arts and Sciences)	荷兰	22	1964	USD 200 000	2	83.3%	0.41	0.40

续表

学科领域	奖项中英文名称及网址	授奖机构	授奖国家	获奖人总数	授奖起始年	奖金数额	奖励周期（年）	国际获奖人比例	根据全部回复计算的平均声誉得分	根据非获奖人获奖回复计算的平均声誉得分
生命科学与医学	本杰明·富兰克林奖章——生命科学类(Benjamin Franklin Medal in Life Science) https://www.fi.edu/benjamin-franklin-medals-nominations	富兰克林学会(Franklin Institute)	美国	15	1998		1	13.3%	0.39	0.39
	生命科学突破奖(Breakthrough Prize in Life Sciences) https://breakthroughprize.org/	生命科学突破奖基金会(Breakthrough Prize in Life Sciences Foundation)	美国	11	2013	USD 3 000 000	1	27.3%	0.39	0.39
	罗森斯蒂尔奖(Rosenstiel Award) http://www.brandeis.edu/rosenstiel/rosenstielaward/index.html	布兰迪斯大学(Brandeis University)	美国	87	1971	USD 30 000	1	22.4%	0.38	0.33
	威利生物医学科学奖(Wiley Prize in Biomedical Sciences) http://as.wiley.com/WileyCDA/Section/id-390059.html	威利基金(The Wiley Foundation)	美国	31	2002	USD 35 000	1	23.1%	0.38	0.35
	世界科学院生物学奖(TWAS Prize in Biology) http://twas.org/opportunity/twas-2015-prizes	世界科学院(The World Academy of Sciences, TWAS)	国际组织	35	1986	USD 15 000	1	100.0%	0.36	0.37

续表

学科领域	奖项中英文名称及网址	授奖机构	授奖国家	获奖人总数	授奖起始年	奖金数额	奖励周期（年）	国际获奖人比例	根据全部回复计算的平均声誉得分	根据非获奖人回复计算的平均声誉得分
生命科学与医学	国际环境和谐奖（International Cosmos Prize）http://www.expo-cosmos.or.jp/main/cosmos/about_e.html	Expo'90基金会（Expo'90 Foundation）	日本	21	1993	JPY 40 000 000	1	95.2%	0.35	0.35
	马斯利奖（The Massry Prize）http://keck.usc.edu/Research/Distinguished_Activities/Massry_Prize.aspx	南加利福尼亚大学（University of Southern California）	美国	34	1996	USD 40 000	1	25.8%	0.34	0.33
	默克奖（ASBMB - Merck Award）http://www.asbmb.org/Page.aspx?id=508	美国生物化学和分子生物学学会（American Society for Biochemistry and Molecular Biology）	美国	35	1981	USD 5 000	1	3.7%	0.34	0.34
	珀尔·美斯特·格林加德奖（Pearl Meister Greengard Prize）http://greengardprize.rockefeller.edu/	洛克菲勒大学（Rockefeller University）	美国	15	2004	USD 100 000	1	33.3%	0.34	0.33
	世界科学院医学奖（TWAS Prize in Medical Sciences）http://twas.org/opportunity/twas-2015-prizes	世界科学院（The World Academy of Sciences，TWAS）	国际组织	30	1988	USD 15 000	1	100.0%	0.31	0.28

续表

学科领域	奖项中英文名称及网址	授奖机构	授奖国家	获奖人总数	授奖起始年	奖金数额	奖励周期(年)	国际获奖人比例	根据全部回复计算的平均声誉得分	根据非获奖人回复计算的平均声誉得分
生命科学与医学	克拉福德多发性关节炎研究奖 (Crafoord Prize in Polyarthritis) http://www.crafoordprize.se/	瑞典皇家科学院 (The Royal Swedish Academy of Sciences)	瑞典	10	2000	SEK 4 000 000	不定期	90.0%	0.30	0.29
	泰勒国际医学奖 (J. Allyn Taylor International Prize in Medicine) http://www.robarts.ca/about-j-allyn-taylor-international-prize-medicine	罗伯兹研究所 (Robarts Research Institute)	加拿大	48	1985	USD 25 000	1	66.7%	0.30	0.27
	达能国际营养奖 (The Danone International Prize for Nutrition) http://www.danoneinstitute.org/nutrition-science-support/danone-international-prize-nutrition	达能营养中心 (Danone Institute)	国际组织	9	1997	EUR 120 000	2	100.0%	0.29	0.28
	杰西·史蒂文森·科瓦连科奖章 (Jessie Stevenson Kovalenko Medal) http://www.nasonline.org/about-nas/awards/kovalenko-medal.html	美国国家科学院 (National Academy of Sciences)	美国	22	1952	USD 25 000	3	12.5%	0.26	0.26
	贾德森·德兰临床研究杰出成就奖 (Judson Daland Prize for Outstanding Achievement in Clinical Investigation) http://www.amphilsoc.org/prizes/daland	美国哲学学会 (American Philosophical Society)	美国	12	2001	USD 50 000	1	0.0%	0.24	0.24

续表

学科领域	奖项中英文名称及网址	授奖机构	授奖国家	获奖人总数	授奖起始年	奖金数额	奖励周期（年）	国际获奖人比例	根据全部回复计算的平均声誉得分	根据非获奖人回复计算的平均声誉得分
生命科学与医学	托拜厄斯奖(Tobias Prize) http://www.kva.se/en/Prizes/Tobias-Prize/	瑞典皇家科学院(The Royal Swedish Academy of Sciences)	瑞典	3	2008	SEK 100 000	1	0.0%	0.18	0.18
脑科学与认知科学	格文美尔心理学奖(The Grawemeyer Award in Psychology) http://www.grawemeyer.org/psychology/	路易斯维尔大学(University of Louisville)	美国	21	2001	USD 100 000	1	23.8%	0.58	0.56
	喜力认知科学奖(Heineken Prize for Cognitive Science) https://www.knaw.nl/en/awards/prijzen/heinekenprijzen	荷兰皇家艺术与科学院(The Royal Netherlands Academy of Arts and Sciences)	荷兰	4	2006	USD 200 000	2	100.0%	0.56	0.56
	大卫·E·鲁姆哈特奖(The David E. Rumelhart Prize) http://rumelhartprize.org/	格鲁什——萨缪尔森基金会(Glushko-Samuelson Foundation)	美国	13	2001	USD 100 000	1	15.4%	0.54	0.50
	大脑奖(The Brain Prize) http://www.thebrainprize.org/	格雷特·伦德贝克欧洲大脑研究基金会(Grete Lundbeck European Brain Research Foundation)	丹麦	11	2011	EUR 1 000 000	1	100.0%	0.50	0.50

续表

学科领域	奖项中英文名称及网址	授奖机构	授奖国家	获奖人总数	授奖起始年	奖金数额	奖励周期（年）	国际获奖人比例	根据全部回复计算的平均声誉得分	根据非获奖人回复计算的平均声誉得分
脑科学与认知科学	让-尼可奖 (Jean Nicod Prize) http://www.institutnicod.org/?lang=en	让-尼可研究所 (Institut Jean Nicod)	法国	21	1993		1	100.0%	0.46	0.48
	克劳斯·J·雅各布斯研究奖 (Klaus J. Jacobs Research Prize) http://jacobsfoundation.org/klaus-j-jacobs-awards/	雅各布斯基金会 (Jacobs Foundation)	瑞士	6	2009	CHF 1 000 000	1	100.0%	0.42	0.36
	热拉尔奖 (Ralph W. Gerard Prize in Neuroscience) http://www.sfn.org/awards-and-funding/individual-prizes-and-fellowships/	美国神经科学学会 (Society for Neuroscience)	美国	51	1978	USD 25 000	1	34.3%	0.38	0.38
	智力与脑奖 (Mind & Brain Prize) http://www.mentecervello.it/home/node/53	都灵认知科学中心 (Centre for Cognitive Science of Turin)	意大利	17	2003		1	58.5%	0.35	0.36
	格鲁博神经科学奖 (Gruber Neuroscience Prize) http://gruber.yale.edu/foundation	格鲁博基金会 (Gruber Foundation)	美国	14	2004	USD 500 000	1	28.6%	0.31	0.31
	金头脑奖 (Golden Brain Award) http://www.minervaberkeley.org/golden-brain	密涅瓦基金会 (Minerva Foundation)	美国	28	1985		1	21.7%	0.30	0.30

续表

学科领域	奖项中英文名称及网址	授奖机构	授奖国家	获奖人总数	授奖起始年	奖金数额	奖励周期（年）	国际获奖人比例	根据全部回复计算的平均声誉得分	根据非获奖人回复计算的平均声誉得分
脑科学与认知科学	威利心理学奖(Wiley Prize in Psychology) http://www.britac.ac.uk/about/medals/wiley.cfm	英国社会科学院 (The British Academy)	英国	5	2009	GBP 5 000	1	40.0%	0.29	0.29
	青年智力与脑奖(Young Mind & Brain Prize) http://www.mentecervello.it/home/node/53	都灵认知科学中心 (Centre for Cognitive Science of Turin)	意大利	3	2010		1	66.7%	0.25	0.25
自然科学 数学	阿贝尔奖(The Abel Prize) http://www.abelprize.no/	挪威科学与文学院 (The Norwegian Academy of Science and Letters)	挪威	13	2003	NOK 6 000 000	1	100.0%	0.97	—
	菲尔兹奖(Fields Medal) http://www.mathunion.org/general/prizes	国际数学联盟 (International Mathematical Union)	国际组织	53	1936	CAD 15 000	4	100.0%	0.95	—
	沃尔夫数学奖(Wolf Prize in Mathematics) http://www.wolffund.org.il/	沃尔夫基金会(Wolf Foundation)	以色列	54	1978	USD 100 000	1	90.0%	0.84	—

续表

学科领域	奖项中英文名称及网址	授奖机构	授奖国家	获奖人总数	授奖起始年	奖金数额	奖励周期（年）	国际获奖人比例	根据全部回复计算的平均声誉得分	根据非获奖人回复计算的平均声誉得分
自然科学	克拉福德数学奖（Crafoord Prize in Mathematics）http://www.crafoordprize.se/	瑞典皇家科学院（The Royal Swedish Academy of Sciences）	瑞典	11	1982	SEK 4 000 000	3	100.0%	0.78	—
	邵氏数学奖（The Shaw Prize in Mathematical Sciences）http://www.shawprize.org/en/	邵氏奖基金会（The Shaw Prize Foundation）	中国香港	15	2004	USD 1 000 000	1	85.7%	0.77	—
	奈望林纳奖（Rolf Nevanlinna Prize）http://www.mathunion.org/general/prizes	国际数学联盟（International Mathematical Union）	国际组织	8	1982	EUR 10 000	4	100.0%	0.75	—
	美国科学院数学奖（NAS Award in Mathematics）http://www.nasonline.org/about-nas/awards/mathematics.html	美国国家科学院（National Academy of Sciences）	美国	7	1988	USD 5 000	4	50.0%	0.53	—
	罗尔夫·朔克数学奖（Rolf Schock Prize in Mathematics）http://www.rolfschockprizes.se/	瑞典皇家科学院（The Royal Swedish Academy of Sciences）	瑞典	9	1993	SEK 500 000	3	100.0%	0.52	—

续表

学科领域	奖项中英文名称及网址	授奖机构	授奖国家	获奖人总数	授奖起始年	奖金数额	奖励周期（年）	国际获奖人比例	根据全部回复计算的平均声誉得分	根据非获奖人回复计算的平均声誉得分
自然科学 数学	博谢纪念奖(Bôcher Memorial Prize) http://www.ams.org/profession/prizes-awards/ams-prizes/bocher-prize	美国数学学会(American Mathematical Society)	美国	32	1923	USD 5 000	3	23.1%	0.50	—
	伯克霍夫奖(George David Birkhoff Prize in Applied Mathematics) http://www.ams.org/profession/prizes-awards/ams-prizes/birkhoff-prize	美国数学学会与工业和应用数学学会(American Mathematical Society & Society for Industrial and Applied Mathematics)	美国	16	1968	USD 5 000	3	0.0%	0.49	—
	维纳奖(Norbert Wiener Prize in Applied Mathematics) http://www.ams.org/profession/prizes-awards/ams-prizes/wiener-prize	美国数学学会与工业和应用数学学会(American Mathematical Society & Society for Industrial and Applied Mathematics)	美国	16	1970	USD 5 000	3	10.0%	0.48	—

续表

学科领域	奖项中英文名称及网址	授奖机构	授奖国家	获奖人总数	授奖起始年	奖金数额	奖励周期(年)	国际获奖人比例	根据全部回复计算的平均声誉得分	根据非获奖人回复计算的平均声誉得分
数学	维布伦几何奖 (Oswald Veblen Prize in Geometry) *http://www.ams.org/profession/prizes-awards/ams-prizes/veblen-prize*	美国数学学会 (American Mathematical Society)	美国	29	1964	USD 5 000	3	40.0%	0.43	—
数学	世界科学院数学奖 (TWAS Prize in Mathematics) *http://twas.org/opportunity/twas-2015-prizes*	世界科学院 (The World Academy of Sciences, TWAS)	国际组织	31	1985	USD 15 000	1	100.0%	0.38	—
自然科学 物理	诺贝尔物理学奖 (Nobel Prize in Physics) *http://www.nobelprize.org/*	瑞典皇家科学院 (The Royal Swedish Academy of Sciences)	瑞典	196	1901	SEK 8 000 000	1	100.0%	1.00	—
自然科学 物理	沃尔夫物理学奖 (Wolf Prize in Physics) *http://www.wolffund.org.il/*	沃尔夫基金会 (Wolf Foundation)	以色列	54	1978	USD 100 000	1	90.3%	0.72	0.70
自然科学 物理	牛顿奖章 (Isaac Newton Medal) *http://www.iop.org/about/awards/*	英国物理学会 (Institute of Physics)	英国	6	2008	GBP 1 000	1	66.7%	0.57	0.55

续表

学科领域	奖项中英文名称及网址	授奖机构	授奖国家	获奖人总数	授奖起始年	奖金数额	奖励周期（年）	国际获奖人比例	根据全部回复计算的平均声誉得分	根据非获奖人回复计算的平均声誉得分
自然科学 物理	马克斯·普朗克奖章(Max Planck Medal) http://www.dpg-physik.de/preise/preistraeger_mp.html	德国物理学会(German Physical Society)	德国	77	1929		1	54.2%	0.56	0.54
	基础物理学奖("Fundamental Physics Prize" or "Breakthrough Prize in Fundamental Physics") https://breakthroughprize.org	基础物理学奖基金会(The Fundamental Physics Prize Foundation)	美国	10	2012	USD 3 000 000	1	100.0%	0.55	0.55
	丹尼·海涅曼数学物理奖(Dannie Heineman Prize for Mathematical Physics) http://www.aps.org/programs/honors/prizes/	美国物理学会与美国物理协会(American Physical Society & American Institute of Physics)	美国	72	1959	USD 10 000	1	53.8%	0.54	0.52
	洛伦兹奖章(Lorentz Medal) http://www.knaw.nl/en/awards/prijzen/lorentzmedaille	荷兰皇家艺术与科学院(The Royal Netherlands Academy of Arts and Sciences)	荷兰	21	1927		4	100.0%	0.54	0.54
	庞加莱奖(Henri Poincaré Prize) http://www.iamp.org/	国际数学物理联合会(International Association of Mathematical Physics)	国际组织	20	1997		3	100.0%	0.50	0.50

续表

学科领域	奖项中英文名称及网址	授奖机构	授奖国家	获奖人总数	授奖起始年	奖金数额	奖励周期(年)	国际获奖人比例	根据全部回复计算的平均声誉得分	根据非获奖人回复计算的平均声誉得分
自然科学 物理	施特恩-格拉赫奖章(Stern-Gerlach Medal) http://www.dpg-physik.de/preise/preistraeger_sg.html	德国物理学会(German Physical Society)	德国	21	1993		1	4.8%	0.47	0.38
	本杰明·富兰克林奖章——物理类(Benjamin Franklin Medal in Physics) https://www.fi.edu/franklin-institute-awards	富兰克林学会(Franklin Institute)	美国	26	1998		1	42.3%	0.46	0.43
	联合国教科文组织波尔金质奖章(UNESCO's Niels Bohr Gold Medal) https://en.wikipedia.org/wiki/UNESCO_Niels_Bohr_Medal	联合国教科文组织(UNESCO)	国际组织	11	1998		不定期	100.0%	0.45	0.44
	物理学前沿奖(Physics Frontiers Prize) https://breakthroughprize.org/	基础物理学奖基金会(The Fundamental Physics Prize Foundation)	美国	5	2013	USD 300 000	1	100.0%	0.38	0.36
	物理学新视野奖(New Horizons in Physics Prize) https://breakthroughprize.org/	基础物理学奖基金会(The Fundamental Physics Prize Foundation)	美国	3	2013	USD 100 000	1	100.0%	0.35	0.35

续表

学科领域		奖项中英文名称及网址	授奖机构	授奖国家	获奖人总数	授奖起始年	奖金数额	奖励周期（年）	国际获奖人比例	根据全部回复计算的平均声誉得分	根据非获奖人回复计算的平均声誉得分
自然科学	物理	世界科学院物理学奖（The World Academy of Sciences in Physics）http://twas.org/opportunity/twas-2015-prizes	世界科学院（The World Academy of Sciences, TWAS）	国际组织	34	1985	USD 15 000	1	100.0%	0.33	0.28
		拉姆福德奖章（Rumford Medal）https://royalsociety.org/awards/rumford-medal/	英国皇家学会（The Royal Society）	英国	99	1800	GBP 1 000	2	0.0%	0.26	0.26
	化学	诺贝尔化学奖（Nobel Prize in Chemistry）http://www.nobelprize.org/	瑞典皇家科学院（The Royal Swedish Academy of Sciences）	瑞典	166	1901	SEK 8 000 000	1	100.0%	1.00	—
		沃尔夫化学奖（Wolf Prize in Chemistry）http://www.wolffund.org.il/	沃尔夫基金会（Wolf Foundation）	以色列	45	1978	USD 100 000	1	96.3%	0.74	0.72
		普利斯特里奖章（Priestley Medal）http://www.acs.org/content/acs/en.html	美国化学学会（American Chemical Society）	美国	77	1923		1	4.2%	0.68	0.69
		韦尔奇化学奖（Welch Award in Chemistry）http://www.welch1.org/awards/	韦尔奇基金会（The Welch Foundation）	美国	45	1972	USD 300 000	1	12.9%	0.60	0.57

续表

学科领域	奖项中英文名称及网址	授奖机构	授奖国家	获奖人总数	授奖起始年	奖金数额	奖励周期(年)	国际获奖人比例	根据全部回复计算的平均声誉得分	根据非获奖人回复计算的平均声誉得分
自 然 科 学 / 化 学	美国科学院化学奖(NAS Award in Chemical Sciences) http://www.nasonline.org/about-nas/awards/chemical-sciences.html	美国国家科学院(National Academy of Sciences)	美国	34	1979	USD 15 000	1	4.2%	0.52	0.49
	法拉第奖(Faraday Lectureship Prize) http://www.rsc.org/awards-funding/awards	英国皇家化学学会(Royal Society of Chemistry)	英国	39	1869	GBP 5 000	2	85.7%	0.51	0.5
	戴维奖章(Davy Medal) https://royalsociety.org/awards/davy-medal/	英国皇家学会(The Royal Society)	英国	144	1877	GBP 1 000	1	30.4%	0.48	0.44
	本杰明·富兰克林奖章——化学奖(Benjamin Franklin Medal in Chemistry) https://www.fi.edu/franklin-institute-awards	富兰克林学会(Franklin Institute)	美国	14	1998		1	14.3%	0.47	0.44
	彼得·德拜物理化学奖(Peter Debye Award in Physical Chemistry) http://www.acs.org/content/acs/en.html	美国化学学会(American Chemical Society)	美国	48	1962	USD 5 000	1	0.0%	0.46	0.43

学科领域		奖项中英文名称及网址	授奖机构	授奖国家	获奖人总数	授奖起始年	奖金数额	奖励周期(年)	国际获奖人比例	根据全部回复计算的平均声誉得分	根据非获奖人回复计算的平均声誉得分
自然科学	化学	亚当斯化学奖(Roger Adams Award in Organic Chemistry) http://www.acs.org/content/acs/en.html	美国化学学会(American Chemical Society)	美国	28	1959	USD 25 000	2	25.0%	0.45	0.43
		世界科学院化学奖(TWAS Prize in Chemistry) http://twas.org/opportunity/twas-2015-prizes	世界科学院(The World Academy of Sciences, TWAS)	国际组织	36	1985	USD 15 000	1	100.0%	0.40	0.36
		哈德逊糖化学奖(Claude S. Hudson Award in Carbohydrate Chemistry) http://www.acs.org/content/acs/en.html	美国化学学会(American Chemical Society)	美国	58	1946	USD 5 000	2	53.3%	0.34	0.29
	地球科学	克拉福德地球科学奖(Crafoord Prize in Geosciences) http://www.crafoordprize.se/	瑞典皇家科学院(The Royal Swedish Academy of Sciences)	瑞典	13	1983	SEK 4 000 000	3	100.0%	0.85	0.85
		沃拉斯顿奖(Wollaston Medal) https://www.geolsoc.org.uk/About/Awards-Grants-and-Bursaries/Society-Awards/Wollaston-Medal	伦敦地质学会(The Geological Society of London)	美国	185	1831		1	54.2%	0.66	0.63

续表

学科领域		奖项中英文名称及网址	授奖机构	授奖国家	获奖人总数	授奖起始年	奖金数额	奖励周期（年）	国际获奖人比例	根据全部回复计算的平均声誉得分	根据非获奖人回复计算的平均声誉得分
自然科学	地球科学	英国皇家天文学会金质奖章——地球物理类(The Gold Medal of Royal Astronomical Society for Geophysics) http://www.ras.org.uk/awards-and-grants	英国皇家天文学会(Royal Astronomical Society)	英国	70	1903		1	43.8%	0.65	0.63
		彭罗斯奖章(Penrose Medal) http://www.geosociety.org/awards/aboutAwards.htm#penrose	美国地质学会(Geological Society of America)	美国	84	1927		1	25.0%	0.64	0.65
		维特勒森奖(The Vetlesen Prize) http://www.ldeo.columbia.edu/vetlesen-prize/	哥伦比亚大学拉蒙-多哈堤地球观测站(Columbia University's Lamont-Doherty Earth Observatory)	美国	28	1960	USD 250 000	2	27.3%	0.62	0.62
		亚瑟·戴奖章与讲座(Arthur L. Day Prize and Lectureship) http://www.nasonline.org/about-nas/awards/arthur-l-day-prize.html	美国国家科学院(National Academy of Sciences)	美国	15	1972	USD 20 000	3	25.0%	0.57	0.57
		亚瑟·戴奖章(Arthur L. Day Medal) http://www.geosociety.org/awards/aboutAwards.htm#day	美国地质学会(Geological Society of America)	美国	66	1948		1	16.7%	0.56	0.56

续表

学科领域	奖项中英文名称及网址	授奖机构	授奖国家	获奖人总数	授奖起始年	奖金数额	奖励周期（年）	国际获奖人比例	根据全部回复计算的平均声誉得分	根据非获奖人回复计算的平均声誉得分
自然科学 地球科学	卡尔-古斯塔夫·罗斯贝奖章（The Carl-Gustaf Rossby Research Medal）http://www2.ametsoc.org/ams/index.cfm/about-ams/ams-awards-fellows-and-honorary-members/awards/awards-list/the-carl-gustaf-rossby-research-medal/	美国气象学会（American Meteorological Society）	美国	55	1960		1	17.4%	0.47	0.39
	亚历山大·阿加西奖章（Alexander Agassiz Medal）http://www.nasonline.org/about-nas/awards/alexander-agassiz-medal.html	美国国家科学院（National Academy of Sciences）	美国	47	1913		3	0.0%	0.41	0.39
	本杰明·富兰克林奖章——地球与环境科学类（Benjamin Franklin Medal in Earth and Environmental Science）https://www.fi.edu/franklin-institute-awards	富兰克林学会（Franklin Institute）	美国	15	2000		1	0.0%	0.39	0.34
	亨斯迈奖（A. G. Huntsman Award）http://huntsmanaward.org/	贝德福德海洋研究所（Bedford Institute of Oceanography）	加拿大	37	1980		1	83.3%	0.39	0.29

续表

学科领域		奖项中英文名称及网址	授奖机构	授奖国家	获奖人总数	授奖起始年	奖金数额	奖励周期(年)	国际获奖人比例	根据全部回复计算的平均声誉得分	根据非获奖人计算回复的平均声誉得分
自然科学	地球科学	国际气象组织奖 (International Meteorological Organization Prize) http://www.wmo.int/pages/about/awards/awards_imo_new_en.html	世界气象组织 (World Meteorological Organization)	国际组织	59	1956	CHF 10 000	1	100.0%	0.36	0.36
		沃伦奖 (G. K. Warren Prize) http://www.nasonline.org/about-nas/awards/g-k-warren-prize.html	美国国家科学院 (National Academy of Sciences)	美国	11	1969	USD 10 000	4	50.0%	0.33	0.33
		世界科学院地球科学奖 (TWAS Prize in Earth Sciences) http://twas.org/opportunity/twas-2015-prizes	世界科学院 (The World Academy of Sciences, TWAS)	国际组织	13	2003	USD 15 000	1	100.0%	0.32	0.25
		盖伊·邦福德奖 (Guy Bomford Prize) http://iag.dgfi.badw.de/fileadmin/handbook_2012/107_Rules_for_Bomford_Prize.pdf	国际大地测量协会 (International Association of Geodesy)	国际组织	10	1975		4	100.0%	0.29	0.29
	天文学	克拉福德天文学奖 (Crafoord Prize in Astronomy) http://www.crafoordprize.se/	瑞典皇家科学院 (The Royal Swedish Academy of Sciences)	瑞典	9	1985	SEK 4 000 000	3	100.0%	0.77	0.75

续表

学科领域		奖项中英文名称及网址	授奖机构	授奖国家	获奖人总数	授奖起始年	奖金数额	奖励周期（年）	国际获奖人比例	根据全部回复计算的平均声誉得分	根据非获奖人回复计算的平均声誉得分
自然科学	天文学	卡夫利奖——天体物理学类（The Kavli Prize in Astrophysics）http://www.kavliprize.org/	挪威科学与文学院（The Norwegian Academy of Science and Letters）	挪威	8	2008	USD 1 000 000	2	100.0%	0.72	0.72
		邵氏天文学奖（The Shaw Prize in Astronomy）http://www.shawprize.org/en/	邵氏奖基金会（The Shaw Prize Foundation）	中国香港	18	2004	USD 1 000 000	1	100.0%	0.70	0.67
		英国皇家天文学会金质奖章——天文学类（The Gold Medal of Royal Astronomical Society for Astronomy）http://www.ras.org.uk/awards-and-grants	英国皇家天文学会（Royal Astronomical Society）	英国	180	1824		1	43.8%	0.64	0.60
		布鲁斯奖（The Bruce Medal）http://www.phys-astro.sonoma.edu/BruceMedalists/	太平洋天文学会（Astronomical Society of the Pacific）	美国	106	1898		1	29.2%	0.58	0.54
		丹尼·海涅曼天体物理学奖（Dannie Heineman Prize for Astrophysics）https://aas.org/about/grants-and-prizes/dannie-heineman-prize-astrophysics	美国物理协会与美国天文学会（American Institute of Physics & American Astronomical Society）	美国	36	1980	USD 10 000	1	30.8%	0.52	0.50

续表

学科领域	奖项中英文名称及网址	授奖机构	授奖国家	获奖人总数	授奖起始年	奖金数额	奖励周期（年）	国际获奖人比例	根据全部回复计算的平均声誉得分	根据非获奖人回复计算的平均声誉得分
自然科学 天文学	詹姆斯·克雷格·沃森奖 (James Craig Watson Medal) http://www.nasonline.org/about-nas/awards/james-craig-watson-medal.html	美国国家科学院 (National Academy of Sciences)	美国	36	1887	USD 25 000	不定期	20.0%	0.48	0.43
	亨利·德雷伯奖章 (Henry Draper Medal) http://www.nasonline.org/about-nas/awards/henry-draper-medal.html	美国国家科学院 (National Academy of Sciences)	美国	52	1886	USD 15 000	不定期	12.5%	0.47	0.45
领域内跨学科	京都奖——先进技术类 (Kyoto Prize in Advanced Technology) http://www.inamori-f.or.jp/e_kp_out.html	稻盛基金会 (The Inamori Foundation)	日本	34	1985	JPY 50 000 000	1	82.8%	0.63	0.63
工程科学	卡夫利奖——纳米科学类 (The Kavli Prize in Nanoscience) http://www.kavliprize.org/	挪威科学与文学院 (The Norwegian Academy of Science and Letters)	挪威	5	2008	USD 1 000 000	2	100.0%	0.62	0.61
	查尔斯·斯塔克·德雷珀奖 (Charles Stark Draper Prize) http://www.draperprize.org/	美国国家工程院 (National Academy of Engineering)	美国	43	1989	USD 500 000	1	19.5%	0.56	0.55

续表

学科领域	奖项中英文名称及网址	授奖机构	授奖国家	获奖人总数	授奖起始年	奖金数额	奖励周期(年)	国际获奖人比例	根据全部回复计算的平均声誉得分	根据非获奖人回复计算的平均声誉得分
工程科学（领域内跨学科）	伊丽莎白女王工程奖(Queen Elizabeth Prize for Engineering) http://qeprize.org/	伊丽莎白女王工程奖基金会(The Queen Elizabeth Prize for Engineering Foundation)	英国	5	2013	GBP 1 000 000	2	80.0%	0.51	0.51
	千禧科技奖(Millennium Technology Prize) http://taf.fi/en/millennium-technology-prize/	芬兰科技学会(Technology Academy Finland)	芬兰	13	2004	EUR 1 000 000	2	92.3%	0.50	0.49
	法拉第奖章(The IET Faraday Medal) http://www.theiet.org/resources/library/archives/institution-history/faraday-medallists.cfm	英国工程技术学会(Institution of Engineering and Technology,IET)	英国	91	1922		1	12.5%	0.43	0.42
	世界科学院工程科学奖(TWAS Prize in Engineering Sciences) http://twas.org/opportunity/twas-2015-prizes	世界科学院(The World Academy of Sciences,TWAS)	国际组织	14	2003	USD 15 000	1	100.0%	0.37	0.34
	福瑞兹奖章(John Fritz Medal) http://www.aaes.org/awards/fritz_past.cfm	美国工程学会联合会(American Association of Engineering Societies)	美国	108	1902		1	0.0%	0.35	0.33

续表

学科领域	奖项中英文名称及网址	授奖机构	授奖国家	获奖人总数	授奖起始年	奖金数额	奖励周期(年)	国际获奖人比例	根据全部回复计算的平均声誉得分	根据非获奖人回复计算的平均声誉得分
工程科学 / 电子信息与电气工程	图灵奖(A. M. Turing Award) http://amturing.acm.org/	计算机协会(Association for Computing Machinery)	美国	61	1966	USD 250 000	1	21.9%	0.82	0.81
	IEEE 荣誉奖章(IEEE Medal of Honor) http://www.ieee.org/about/awards/medals/medalofhonor.html	电气电子工程师学会(Institute of Electrical and Electronics Engineers,IEEE)	美国	93	1917	未公布的一定数量的奖金	1	16.7%	0.68	0.66
	IEEE 爱迪生奖章(IEEE Edison Medal) http://www.ieee.org/about/awards/medals/edison.html	电气电子工程师学会(Institute of Electrical and Electronics Engineers,IEEE)	美国	101	1909	未公布的一定数量的奖金	1	21.7%	0.58	0.56
	本杰明·富兰克林奖章——电气工程奖(Benjamin Franklin Medal in Electrical Engineering) https://www.fi.edu/franklin-institute-awards	富兰克林学会(Franklin Institute)	美国	13	2000		1	20.0%	0.58	0.57
	大川奖(The Okawa Prize) http://www.okawa-foundation.or.jp/en/activities/prize/	大川基金(The Okawa Foundation)	日本	40	1992	JPY 10 000 000	1	45.0%	0.55	0.48

续表

学科领域	奖项中英文名称及网址	授奖机构	授奖国家	获奖人总数	授奖起始年	奖金数额	奖励周期（年）	国际获奖人比例	根据全部回复计算的平均声誉得分	根据非获奖人回复计算的平均声誉得分
工程科学 电子信息与电气工程	高德纳奖（The Knuth Prize）http://www.sigact.org/Prizes/Knuth/	计算机协会的算法和计算机理论专业组（ACM-SIGACT）与电气电子工程师学会的运算数学基础技术委员会（IEEE-TCMFC）[ACM Special Interest Group on Algorithms and Computation Theory (ACM-SIGACT) and the IEEE Technical Committee on the Mathematical Foundations of Computing(IEEE-TCMFC)]	美国	13	1996	USD 5 000	1.5	30.8%	0.55	0.54
	皇家学会米尔纳奖（该奖前身为"英国皇家学会与法国科学院微软奖"）[Royal Society Milner Award (former Royal Society and Academie des sciences Microsoft Award)] https://royalsociety.org/awards/milner-award/	英国皇家学会（The Royal Society）	英国	6	2006	GBP 5 000	1	66.7%	0.50	0.50

续表

学科领域	奖项中英文名称及网址	授奖机构	授奖国家	获奖人总数	授奖起始年	奖金数额	奖励周期(年)	国际获奖人比例	根据全部回复计算的平均声誉得分	根据非获奖人计算的平均复回声誉得分
工程科学 电子信息与电气工程	本杰明·富兰克林奖章——计算机与认识科学类 (Benjamin Franklin Medal in Computer and Cognitive Science) https://www.fi.edu/franklin-institute-awards	富兰克林学会 (Franklin Institute)	美国	17	1999		1	0.0%	0.48	0.48
	W.华莱士麦道尔奖 (W. Wallace McDowell Award) http://www.computer.org/web/awards/mcdowell	IEEE计算机学会 (IEEE Computer Society)	美国	46	1966	USD 2 000	1	4.8%	0.43	0.31
	西班牙对外银行(BBVA)基金会知识前沿奖——信息与通信技术类 (BBVA Foundation Frontiers of Knowledge Award in Information and Communication Technologies) http://www.fbbva.es/TLFU/tlfu/ing/microsites/premios/fronteras/bases/index.jsp	西班牙对外银行基金会(BBVA Foundation)	西班牙	6	2008	EUR 400 000	1	100.0%	0.40	0.40
	世界技术个人奖——通信技术类 [World Technology Award in Communications Technology(for individuals)] http://www.wtn.net/	全球技术网络协会 (The World Technology Network)	国际组织	12	2000		1	100.0%	0.35	0.35

续表

学科领域	奖项中英文名称及网址	授奖机构	授奖国家	获奖人总数	授奖起始年	奖金数额	奖励周期（年）	国际获奖人比例	根据全部回复计算的平均声誉得分	根据非获奖人回复计算的平均声誉得分
电子信息与电气工程	世界技术个人奖——信息技术软件类 [World Technology Award in IT Software(for individuals)] http://www.wtn.net/	全球技术网络协会(The World Technology Network)	国际组织	12	2000		1	100.0%	0.33	0.33
	世界技术个人奖——信息技术硬件类 [World Technology Award in IT Hardware(for individuals)] http://www.wtn.net/	全球技术网络协会(The World Technology Network)	国际组织	15	2000		1	100.0%	0.30	0.30
材料科学与工程	冯·希佩尔奖(Von Hippel Award) http://www.mrs.org/vonhippel/	材料研究学会(Materials Research Society, MRS)	美国	37	1976	USD 10 000	1	20.8%	0.68	0.66
	材料研究学会奖章(MRS Medal Award) http://www.mrs.org/medal/	材料研究学会(Materials Research Society, MRS)	美国	42	1990	USD 5 000	1	19.0%	0.61	0.57
	戴维·汤伯讲座奖(David Turnbull Lectureship) http://www.mrs.org/turnbull/	材料研究学会(Materials Research Society, MRS)	美国	22	1992	USD 5 000	1	9.1%	0.53	0.52
	杰出青年科学家奖(Outstanding Young Investigator Award) http://www.mrs.org/oyi/	材料研究学会(Materials Research Society, MRS)	美国	22	1991	USD 5 000	1	9.1%	0.39	0.39

工程科学

续表

学科领域		奖项中英文名称及网址	授奖机构	授奖国家	获奖人总数	授奖起始年	奖金数额	奖励周期（年）	国际获奖人比例	根据全部回复计算的平均声誉得分	根据非获奖人回复计算的平均声誉得分
材料科学与工程		世界技术个人奖——材料类 [World Technology Award in Materials(for individuals)] http://www.wtn.net/	全球技术网络协会 (The World Technology Network)	国际组织	14	2000		1	100.0%	0.35	0.27
化学科学与工程		皇家学会 Armourers & Brasiers 奖 (Royal Society Armourers & Brasiers' Company Prize) https://royalsociety.org/awards/armourers-brasiers-prize/	英国皇家学会 (Materials Research Society, MRS)	英国	16	1985	GBP 2 000	2	0.0%	0.29	0.28
		化学反应工程威廉奖(R. H. Wilhelm Award in Chemical Reaction Engineering) http://www.aiche.org/community/awards/rh-wilhelm-award-chemical-reaction-engineering	美国化学工程师学会 (American Institute of Chemical Engineers)	美国	43	1966	USD 3 000	1	8.3%	0.56	0.58
工程科学		Alpha Chi Sigma 化学工程研究奖 (Alpha Chi Sigma Award for Chemical Engineering Research) http://www.aiche.org/community/awards/alpha-chi-sigma-award-chemical-engineering-research	美国化学工程师学会 (American Institute of Chemical Engineers)	美国	48	1966	USD 5 000	1	8.3%	0.54	0.52

续表

学科领域	奖项中英文名称及网址	授奖机构	授奖国家	获奖人总数	授奖起始年	奖金数额	奖励周期（年）	国际获奖人比例	根据全部回复计算的平均声誉得分	根据非获奖人回复计算的平均声誉得分
工程科学 化学工程科学	创始人化学工程贡献奖（Founders Award for Outstanding Contributions to the Field of Chemical Engineering） http://www.aiche.org/community/awards	美国化学工程师会（American Institute of Chemical Engineers）	美国	117	1958	USD 3 000	1	0.0%	0.52	0.48
	化学工程专业进步奖（Professional Progress Award in Chemical Engineering） http://www.aiche.org/community/awards/professional-progress-chemical-engineering	美国化学工程师会（American Institute of Chemical Engineers）	美国	66	1948	USD 4 000	1	4.2%	0.50	0.45
	雅克·维莱莫奖章（Jacques Villermaux Medal） http://www.efce.info/JacquesVillermauxMedal.html	欧洲化学工程联盟（European Federation of Chemical Engineering，EFCE）	国际组织	4	1999		4	100.0%	0.50	0.44
	迪特尔·贝伦斯奖章（Dieter Behrens Medal） http://www.efce.info/EFCE+Awards/Dieter+Behrens+Medal.html	欧洲化学工程联盟（European Federation of Chemical Engineering，EFCE）	国际组织	5	1999		4	100.0%	0.33	0.31

续表

学科领域		奖项中英文名称及网址	授奖机构	授奖国家	获奖人总数	授奖起始年	奖金数额	奖励周期（年）	国际获奖人比例	根据全部回复计算的平均声誉得分	根据非获奖人回复计算的平均声誉得分
工程科学	机械工程学	美国机械工程师协会奖章（ASME Medal）https://www.asme.org/about-asme/get-involved/honors-awards/achievement-awards/asme-medal	美国机械工程师协会（American Society of Mechanical Engineers，ASME）	美国	81	1921	USD 15 000	1	0.0%	0.59	0.54
		铁摩辛柯奖（Timoshenko Medal）https://www.asme.org/about-asme/get-involved/honors-awards/achievement-awards/timoshenko-medal	美国机械工程师协会（American Society of Mechanical Engineers，ASME）	美国	60	1957	USD 2 500	1	0.0%	0.59	0.58
		本杰明·富兰克林奖章——机械工程类（Benjamin Franklin Medal in Mechanical Engineering）https://www.fi.edu/franklin-institute-awards	富兰克林学会（Franklin Institute）	美国	8	2000		1	37.5%	0.50	0.50
		吉布斯兄弟奖（Gibbs Brothers Medal）http://www.nasonline.org/about-nas/awards/gibbs-brothersmedal.html	美国国家科学院（National Academy of Sciences）	美国	17	1965	USD 20 000	3	0.0%	0.25	0.25

续表

学科领域	奖项中英文名称及网址	授奖机构	授奖国家	获奖人总数	授奖起始年	奖金数额	奖励周期（年）	国际获奖人比例	根据全部回复计算的平均声誉得分	根据非获奖人回复计算的平均声誉得分
工程科学土木工程	弗莱西奈奖（Freyssinet Medal）http://www.fib-international.org/awards	国际结构混凝土协会（The International Federation for Structural Concrete, fib）	国际组织	26	1970		4	100.0%	0.50	0.46
	结构工程国际优胜奖（International Award of Merit in Structural Engineering）http://www.iabse.org/IABSE/IABSE_Association/Awards	国际桥梁及结构工程协会（International Association for Bridge and Structural Engineering, IABSE）	国际组织	37	1976		1	100.0%	0.50	0.45
	IABSE 奖（IABSE Prize）http://www.iabse.org/IABSE/IABSE_Association/Awards	国际桥梁及结构工程协会（International Association for Bridge and Structural Engineering, IABSE）	国际组织	30	1983	未公布的一定数量的奖金	1	100.0%	0.46	0.50
	西奥多·冯·卡门奖章（Theodore von Karman Medal）http://www.asce.org/templates/award-detail.aspx?id=1602	美国土木工程师学会（American Society of Civil Engineers）	美国	52	1960		1	4.5%	0.42	0.42

续表

学科领域	奖项中英文名称及网址	授奖机构	授奖国家	获奖人总数	授奖起始年	奖金数额	奖励周期(年)	国际获奖人比例	根据全部回复计算的平均声誉得分	根据非获奖人回复计算的平均声誉得分
工程科学 土木工程	国际结构混凝土协会优胜奖 (fib Medal of Merit) http://www.fib-international.org/awards	国际结构混凝土协会 (The International Federation for Structural Concrete, fib)	国际组织	76	1970		1	100.0%	0.38	0.38
	拉斯奖 (Fritz J. and Dolores H. Russ Prize) http://www.nae.edu/Projects/Awards/RussPrize.aspx	美国国家工程院 (National Academy of Engineering)	美国	10	2001	USD 500 000	2	0.0%	0.60	0.56
生物与医学工程	H.R李森纳奖 (H. R. Lissner Medal) https://www.asme.org/about-asme/participate/honors-awards/achievement-awards/h-r-lissner-medal	美国机械工程师协会 (American Society of Mechanical Engineers, ASME)	美国	37	1977	USD 1 000	1	0.0%	0.50	0.38
	皮埃尔·加莱蒂奖 (Pierre Galletti Award) http://aimbe.org/awards/pierre-galletti-award/	美国医学生物工程院 (American Institute for Medical and Biological Engineering, AIMBE)	美国	12	2000	USD 10 000	1	0.0%	0.50	0.44

续表

学科领域	奖项中英文名称及网址	授奖机构	授奖国家	获奖人总数	授奖起始年	奖金数额	奖励周期（年）	国际获奖人比例	根据全部回复计算的平均声誉得分	根据非获奖人回复计算的平均声誉得分
生物与医药工程科学	普里兹克杰出讲座奖（The Pritzker Distinguished Lecture Award）http://bmes.org/awards	美国生物医学工程学会（Biomedical Engineering Society, BMES）	美国	7	2007	USD 2 000	1	0.0%	0.35	0.25
	世界技术个人奖——医药卫生类[World Technology Award in Health & Medicine(for individuals)] http://www.wtn.net/	全球技术网络协会（The World Technology Network）	国际组织	14	2000		1	100.0%	0.35	0.35
	世界技术个人奖——生物技术类[World Technology Award in Biotechnology(for individuals)] http://www.wtn.net/	全球技术网络协会（The World Technology Network）	国际组织	12	2000		1	100.0%	0.33	0.38
环境科学与工程	泰勒环境成就奖（Tyler Prize for Environmental Achievement）http://tylerprize.usc.edu/	南加利福尼亚大学（The University of Southern California）	美国	71	1974	USD 200 000	1	34.8%	0.75	0.70
	沃尔沃环境奖（Volvo Environment Prize）http://www.environment-prize.com/	沃尔沃环境奖基金会（The Volvo Environment Prize Foundation）	瑞典	40	1990	SEK 1 500 000	1	92.5%	0.72	0.66

235

续表

学科领域	奖项中英文名称及网址	授奖机构	授奖国家	获奖人总数	授奖起始年	奖金数额	奖励周期(年)	国际获奖人比例	根据全部回复计算的平均声誉得分	根据非获奖人回复计算的平均声誉得分
环境科学与工程	斯德哥尔摩水奖(Stockholm Water Prize) http://www.siwi.org/prizes/stockholmwaterprize/	斯德哥尔摩国际水研究院(Stockholm International Water Institute)	瑞典	25	1991	USD 150 000	1	100.0%	0.69	0.63
工程科学	西班牙对外银行基金会知识前沿奖——生态学与保护生物学类(BBVA Foundation Frontiers of Knowledge Award in Ecology and Conservation Biology) http://www.fbbva.es/TLFU/tlfu/ing/microsites/premios/fronteras/bases/index.jsp	西班牙对外银行基金会(BBVA Foundation)	西班牙	7	2008	EUR 400 000	1	100.0%	0.61	0.58
	西班牙对外银行基金会知识前沿奖——气候变化类(BBVA Foundation Frontiers of Knowledge Award in Climate Change) http://www.fbbva.es/TLFU/tlfu/ing/microsites/premios/fronteras/bases/index.jsp	西班牙对外银行基金会(BBVA Foundation)	西班牙	6	2008	EUR 400 000	1	100.0%	0.59	0.59

续表

学科领域	奖项中英文名称及网址	授奖机构	授奖国家	获奖人总数	授奖起始年	奖金数额	奖励周期(年)	国际获奖人比例	根据全部回复计算的平均声誉得分	根据非获奖人回复计算的平均声誉得分
环境科学与工程·工程科学	喜力环境科学奖(Heineken Prize for Environmental Sciences) https://www.knaw.nl/en/awards/prijzen/heinekenprijzen	荷兰皇家艺术与科学院(The Royal Netherlands Academy of Arts and Sciences)	荷兰	12	1990	USD 200 000	2	91.7%	0.55	0.52
	国际扎耶德环境奖——科学技术类[The Zayed International Prize for the Environment (scientific/technological achievements)] http://www.zayedprize.org.ae/	国际扎耶德环境基金会(Zayed International Foundation for the Environment)	阿拉伯联合酋长国	9	2001	USD 300 000	2	100.0%	0.44	0.44
	世界技术个人奖——环境类[World Technology Award in Environment (for individuals)] http://www.wtn.net/	全球技术网络协会(The World Technology Network)	国际组织	11	2000		1	100.0%	0.36	0.36
能源科学与工程·科学	埃尼奖(该奖前身为"埃尼-依达尔奖")[Eni Award(extending and replacing the Eni Italgas Prize)] http://www.eni.com/eni-award/eng/home.shtml	埃尼集团(Eni S.p.a.)	意大利	100	1987	EUR 200 000	1	46.2%	0.55	0.44
	恩里科·费米奖(The Enrico Fermi Award) http://science.energy.gov/fermi	美国能源部(U.S. Department of Energy)	美国	64	1956	USD 50 000	1	3.7%	0.53	0.53

续表

学科领域	奖项中英文名称及网址	授奖机构	授奖国家	获奖人总数	授奖起始年	奖金数额	奖励周期（年）	国际获奖人比例	根据全部回复计算的平均声誉得分	根据非获奖人回复计算的平均声誉得分
工程科学 · 能源科学与工程	全球能源奖(The Global Energy Prize) http://www.globalenergyprize.org/en/	全球能源非营利合作伙伴(The Global Energy Non-Profit Partnership)	俄罗斯	29	2003	USD 1 100 000	1	48.3%	0.48	0.45
	世界技术个人奖——能源类[World Technology Award in Energy (for individuals)] http://www.wtn.net/	全球技术网络协会(The World Technology Network)	国际组织	12	2000		1	100.0%	0.43	0.42
社会科学 · 领域内跨学科	霍尔堡国际纪念奖(Holberg International Memorial Prize) http://www.holbergprisen.no/en/holberg_prize	卑尔根大学(University of Bergen)	挪威	10	2004	NOK 4 500 000	1	100.0%	0.42	0.42
	英国社会科学院奖章(The British Academy Medal) http://www.britac.ac.uk/prizes/British_Academy_Medal.cfm	英国社会科学院(The British Academy)	英国	4	2013		1	0.0%	0.42	0.42
	赫希曼奖(Albert O. Hirschman Prize) http://www.ssrc.org/hirschman/	社会科学研究理事会(The Social Science Research Council)	国际组织	3	2007	USD 10 000	1	100.0%	0.39	0.39

续表

学科领域	奖项中英文名称及网址	授奖机构	授奖国家	获奖人总数	授奖起始年	奖金数额	奖励周期(年)	国际获奖人比例	根据全部回复计算的平均声誉得分	根据非获奖人回复计算的平均声誉得分
社会科学 领域内跨学科	塔尔科特·帕森斯奖(Talcott Parsons Prize) https://www.amacad.org/content/about/about.aspx?i=9	美国艺术与科学院(American Academy of Arts and Sciences)	美国	9	1974		不定期	0.0%	0.35	0.35
	阿斯图里亚斯王子奖——社会科学类(Prince of Asturias Award for Social Sciences) http://www.fpa.es/en/prince-of-asturias-awards/	阿斯图里亚斯王子基金会(The Prince of Asturias Foundation)	西班牙	37	1981	EUR 50 000	1	66.7%	0.32	0.31
	A.SK社会科学奖(A.SK Social Science Award) http://www.wzb.eu/en/about-the-wzb/ask-award	柏林社会科学中心(WZB Berlin Social Science Center)	德国	4	2007	EUR 100 000	2	75.0%	0.28	0.28
	尼尔斯·克里姆奖(Nils Klim Prize) http://www.holbergprisen.no/en/nils-klim-prize.html	卑尔根大学(University of Bergen)	挪威	10	2004	NOK 250 000	1	70.0%	0.27	0.22
经济学	诺贝尔经济学奖(The Sveriges Riksbank Prize in Economic Sciences in Memory of Alfred Nobel) http://www.nobelprize.org/	瑞典皇家科学院(The Royal Swedish Academy of Sciences)	瑞典	74	1969	SEK 8 000 000	1	100.0%	1.00	—

续表

学科领域	奖项中英文名称及网址	授奖机构	授奖国家	获奖人总数	授奖起始年	奖金数额	奖励周期（年）	国际获奖人比例	根据全部回复计算的平均声誉得分	根据非获奖人回复计算的平均声誉得分
社会科学 经济学	欧文·普莱恩·内默斯经济学奖 (The Erwin Plein Nemmers Prize in Economics) http://www.nemmers.northwestern.edu/economics.html	西北大学 (Northwestern University)	美国	10	1994	USD 200 000	2	20.0%	0.52	0.52
	德意志银行奖 (The Deutsche Bank Prize in Financial Economics) https://www.ifk-cfs.de/dbprize.html	法兰克福金融研究中心(Center for Financial Studies)与法兰克福大学(Goethe University Frankfurt)	德国	5	2005	EUR 50 000	2	100.0%	0.48	0.46
	于尔约·约翰逊奖 (Yrjö Jahnsson Award) http://www.eeassoc.org/index.php?page=25	欧洲经济学会 (European Economic Association)	国际组织	16	1993	EUR 18 000	2	100.0%	0.48	0.46
	西班牙对外银行基金会知识前沿奖——经济、金融与管理类(BBVA Foundation Frontiers of Knowledge Award in Economics, Finance and Management) http://www.fbbva.es/TLFU/tlfu/ing/microsites/premios/fronteras/bases/index.jsp	西班牙对外银行基金会(BBVA Foundation)	西班牙	7	2008	EUR 400 000	1	85.7%	0.44	0.38

续表

学科领域	奖项中英文名称及网址	授奖机构	授奖国家	获奖人总数	授奖起始年	奖金数额	奖励周期（年）	国际获奖人比例	根据全部回复计算的平均声誉得分	根据非获奖人回复计算的平均声誉得分
社会科学 经济学	IZA 劳动经济学奖 (IZA Prize in Labor Economics) *http://www.iza.org/en/webcontent/prize/iza_prize*	劳动力研究所 (Institute for the Study of Labor)	德国	16	2002	EUR 50 000	1	100.0%	0.38	0.33
	斯蒂芬·A·罗斯金融经济学奖 (The Stephen A. Ross Prize in Financial Economics) *http://farfe.org/ross_prize.html*	促进金融经济学研究基金会 (Foundation for the Advancement of Research in Financial Economics)	国际组织	5	2008	USD 100 000	2	100.0%	0.34	0.33
	伯纳塞奖 (Bernácer Prize) *http://www.res.org.uk/view/art7Jan14Features.html*	西班牙经济智库"欧洲央行监测" (Observatorio del Banco Central Europeo)	西班牙	12	2001	EUR 30 000	1	100.0%	0.30	0.29
	列昂惕夫促进经济学思想前沿奖 (Leontief Prize for Advancing the Frontiers of Economic Thought) *http://www.ase.tufts.edu/gdae/about_us/leontief.html*	塔夫茨大学全球发展与环境研究所 (Global Development And Environment Institute at Tufts University)	美国	24	2000		1	46.2%	0.20	0.10

学科领域	奖项中英文名称及网址	授奖机构	授奖国家	获奖人总数	授奖起始年	奖金数额	奖励周期(年)	国际获奖人比例	根据全部回复计算的平均声誉得分	根据非获奖人回复计算的平均声誉得分
社会科学 经济学	全球经济奖—经济学类(Global Economy Prize for Economics) https://www.ifw-kiel.de/events-1/global-economy-prize	基尔世界经济研究所(Kiel Institute for the World Economy)	德国	9	2005		1	100.0%	0.19	0.19
	考夫曼创业学杰出研究奖(The Ewing Marion Kauffman Prize Medal for Distinguished Research in Entrepreneurship) http://www.kauffman.org/	考夫曼基金会(Ewing Marion Kauffman Foundation)	美国	7	2005	USD 50 000	2	14.3%	0.18	0.18
政治学	约翰·斯凯特政治科学奖(The Johan Skytte Prize in Political Science) http://skytteprize.statsvet.uu.se/	约翰·斯凯特基金会(Johan Skytte Foundation at Uppsala University)	瑞典	20	1995	EUR 50 000	1	100.0%	0.61	0.54
	斯坦·罗坎比较社会科学研究奖(The Stein Rokkan Prize for Comparative Social Science Research) http://www.worldsocialscience.org/activities/scientific-prizes/stein-rokkan/	国际社会科学委员会、卑尔根大学与欧洲政治研究协会(International Social Science Council, the University of Bergen and the European Consortium for Political Research)	国际组织与挪威	23	1981	USD 5 000	1	100.0%	0.54	0.50

续表

学科领域	奖项中英文名称及网址	授奖机构	授奖国家	获奖人总数	授奖起始年	奖金数额	奖励周期（年）	国际获奖人比例	根据全部回复计算的平均声誉得分	根据非获奖人回复计算的平均声誉得分
社会科学 政治学	国际政治科学协会卡尔·多伊奇奖（Karl Deutsch Award of International Political Science Association）http://www.ipsa.org/awards/karl-deutsch	国际政治科学协会（International Political Science Association）	国际组织	6	1997	USD 1 000	3	100.0%	0.48	0.47
	欧洲政治研究协会终身成就奖（ECPR Lifetime Achievement Award）http://www.ecpr.eu/prizes/PrizeDetails.aspx?PrizeID=8	欧洲政治研究协会（European Consortium for Political Research, ECPR）	国际组织	5	2005	EUR 5 000	2	100.0%	0.47	0.44
	国际研究协会卡尔·多伊奇奖（Karl Deutsch Award of International Studies Association）http://www.ipsa.org/awards/karl-deutsch	国际研究协会（International Studies Association）	国际组织	30	1985	USD 500	1	100.0%	0.41	0.32
	马太·杜甘基金奖（Prize of the Foundation Mattei Dogan）http://www.ipsa.org/awards/mattei-dogan	国际政治科学协会（International Political Science Association）	国际组织	3	2006	USD 5 000	3	100.0%	0.35	0.34

续表

学科领域		奖项中英文名称及网址	授奖机构	授奖国家	获奖人总数	授奖起始年	奖金数额	奖励周期（年）	国际获奖人比例	根据全部回复计算的平均声誉得分	根据非获奖人回复计算的平均声誉得分
社会科学	政治学	本杰明·E.里宾科特奖（Benjamin E. Lippincott Award）http://www.apsanet.org/lippincottaward	美国政治科学协会（American Political Science Association）	美国	26	1975	USD 1 500	2	23.1%	0.33	0.31
		约翰·高斯奖（John Gaus Award and Lectureship）http://www.apsanet.org/gausaward	美国政治科学协会（American Political Science Association）	美国	28	1986	USD 2 000	1	4.2%	0.33	0.25
	法学	斯德哥尔摩犯罪学奖（The Stockholm Prize in Criminology）http://www.su.se/english/about/prizes-awards/the-stockholm-prize-in-criminology	斯德哥尔摩大学（Stockholm University）	瑞典	13	2006	SEK 1 000 000	1	100.0%	0.75	0.69
		爱德文·苏哲兰奖（Edwin H. Sutherland Award）http://www.asc41.com/awards/awardWinners.html＃ehsa	美国犯罪学会（American Society of Criminology）	美国	54	1960		1	4.2%	0.68	0.67
		欧洲犯罪学奖（European Criminology Award）http://www.esc-eurocrim.org/news040211a.shtml	欧洲犯罪学会（European Society of Criminology）	国际组织	7	2007		1	100.0%	0.63	0.63

续表

学科领域		奖项中英文名称及网址	授奖机构	授奖国家	获奖人总数	授奖起始年	奖金数额	奖励周期（年）	国际获奖人比例	根据全部回复计算的平均声誉得分	根据非获奖人回复计算的平均声誉得分
社会科学	法学	奥古斯特·沃尔默奖（August Vollmer Award）http://www.asc41.com/awards/awardWinners.html #ava	美国犯罪学学会（American Society of Criminology）	美国	55	1960		1	15.4%	0.50	0.54
		亨利·菲利普斯奖（Henry M. Phillips Prize）http://www.amphilsoc.org/prizes/phillips	美国哲学学会（American Philosophical Society）	美国	25	1895		不定期	0.0%	0.38	0.38
		伊丽莎白·郝博奖（The Elizabeth Haub Prize for Environmental Law）http://www.juridicum.su.se/ehp/history.html	斯德哥尔摩大学（Stockholm University）	瑞典	50	1974	EUR 4 000	1	100.0%	0.38	0.38
		世界技术个人奖——法律类[World Technology Award in Law(for Individuals)]http://www.wtn.net/	全球技术网络协会（The World Technology Network）	国际组织	11	2000		1	100.0%	0.25	0.25

注：1. 各学科领域内的奖项按照"根据全部回复计算的平均声誉得分"的大小排序。

2. 表中"国际获奖人比例"是指，对于一个奖项 1990 年以来国籍为授奖国家以外的国际获奖人。

附录 2

国际科学技术奖项声誉调查问卷(以化学学科为例)
Questionnaire about International Academic Awards in Chemistry

Dear Respondent,

In order to establish a comprehensive mapping of international academic awards, taking the Nobel Prizes as a whole "benchmark award", you are kindly invited to mark the relative reputation of the following awards you are familiar with. At the same time, your recommendation on additional international academic awards with high reputation is also welcome.

For your reference, the percentage of international awardees for awards since 1990 are listed after the names of the awards. Your participation and support is highly appreciated!

Question 1: Please indicate your nationality.

Question 2: Please mark the type of institution in which you spent most of working time.

☐ Higher education institution

☐ Independent research institution

☐ *National organization such as academy or association*

☐ International organization such as association or society

☐ Company/Enterprise

☐ Other (please specify) _____

Question 3：As compared with Nobel Prizes，please mark the relative reputation of your familiar awards which are specially granted in chemistry. The "highest" reputation means that a given award holds the same prestige as Nobel Prizes.

	Negligible	Low	Average	High	Highest
TWAS Prize in Chemistry（100%）	☐	☐	☐	☐	☐
Wolf Prize in Chemistry（96.3%）	☐	☐	☐	☐	☐
Faraday Lectureship Prize（85.7%）	☐	☐	☐	☐	☐
Claude S. Hudson Award in Carbohydrate Chemistry（53.3%）	☐	☐	☐	☐	☐
Davy Medal（30.4%）	☐	☐	☐	☐	☐
Roger Adams Award in Organic Chemistry（25.0%）	☐	☐	☐	☐	☐
Benjamin Franklin Medal in Chemistry（14.3%）	☐	☐	☐	☐	☐
Welch Award in Chemistry（12.9%）	☐	☐	☐	☐	☐
NAS Award in Chemical Sciences（4.2%）	☐	☐	☐	☐	☐
Priestley Medal（4.2%）	☐	☐	☐	☐	☐
Peter Debye Award in Physical Chemistry（0.0%）	☐	☐	☐	☐	☐

Question 4：As compared with Nobel Prizes，please mark the relative reputation of your familiar awards which are granted in multidisciplinary fields including chemistry. The "highest" reputation means that a given award holds the same prestige as Nobel Prizes.

	Negligible	Low	Average	High	Highest
Albert Einstein World Award of Science（100%）	☐	☐	☐	☐	☐
King Faisal International Prize in Science（100%）	☐	☐	☐	☐	☐

L'ORÉAL – UNESCO Awards
for Women in Science（100%） ☐ ☐ ☐ ☐ ☐

Harvey Prize（95.5%） ☐ ☐ ☐ ☐ ☐

Dan David Prize for the Future
Time Dimension（93.1%） ☐ ☐ ☐ ☐ ☐

Prince of Asturias Award for
Technical and Scientific Research
（82.0%） ☐ ☐ ☐ ☐ ☐

Dannie Heineman Prize of
Göttingen Academy of Sciences
and Humanities（81.8%） ☐ ☐ ☐ ☐ ☐

Japan Prize（77.3%） ☐ ☐ ☐ ☐ ☐

Körber European Science Prize
（52.4%） ☐ ☐ ☐ ☐ ☐

Lomonosov Gold Medal（50.0%） ☐ ☐ ☐ ☐ ☐

Bower Award and Prize for
Achievement in Science（30.4%） ☐ ☐ ☐ ☐ ☐

Copley Medal（20.8%） ☐ ☐ ☐ ☐ ☐

John J. Carty Award for the
Advancement of Science（15.4%） ☐ ☐ ☐ ☐ ☐

Royal Medal（8.7%） ☐ ☐ ☐ ☐ ☐

参考文献

Barnett M L，Jermier J M，Lafferty B A. Corporate Reputation：The Definitional Landscape[J]. Corporate Reputation Review，2006，9(1)：26－38.

Bennett R，Kottasz R. Practitioner Perceptions of Corporate Reputation：An Empirical Investigation [J]. Corporate Communications：An International Journal，2000，5(4)：224－235.

Billaut J-C，Bouyssou D，Vincke P. Should You Believe in the Shanghai Ranking? [J]. Scientometrics，2010，84(1)：237－263.

Börner K，Chen C，Boyack K W. Visualizing Knowledge Domains[M].// Cronin B. Annual Review of Information Science and Technology. NJ：Information Today，Inc/American Society for Information Science and Technology，2003，37：179－255.

Charlton B G. Measuring Revolutionary Biomedical Science 1992－2006 Using Nobel Prizes，Lasker（clinical medicine）Awards and Gairdner Awards（NLG metric)[J]. Medical Hypotheses，2007，69(1)：1－5.

Charlton B G. Scientometric Identification of Elite "Revolutionary Science" Research Institutions by Analysis of Trends in Nobel Prizes 1947－2006 [J]. Medical Hypotheses，2007，68(5)：931－934.

Charlton B G. Which Are the Best Nations and Institutions for Revolutionary Science 1987－2006? Analysis Using a Combined Metric of Nobel prizes，Fields Medals，Lasker Awards and Turing Awards（NFLT metric)[J]. Medical Hypotheses，2007，68(6)：1191－1194.

Cobo M J，López-Herrera A G，Herrera-Viedma E，et al. Science Mapping Software Tools：Review，Analysis，and Cooperative Study Among Tools[J]. Journal of the American Society for Information Science and Technology，2011，62(7)：1382 - 1402.

Fombrun C J，van Riel C B M. The Reputational Landscape[J]. Corporate Reputation Review，1997，1(1)：5 - 13.

Frey B S. Giving and Receiving Awards[J]. Perspectives on Psychological Science，2006，1(4)：377 - 388.

Hazelkorn E. How Rankings are Reshaping Higher Education[M].//Climent V，Michavila F，Ripollés M. Los Rankings Univeritarios：Mitos y Realidades. Madrid：Editorial Tecnos，S.A.，2013.

Hazelkorn E. Impact of Global Rankings on Higher Education Research and the Production of Knowledge[R]. Occasional Paper No. 18，Unesco Forum on Higher Education，Research and Knowledge，2009.

Hazelkorn E. Rankings and the Battle for World-Class Excellence：Institutional Strategies and Policy Choices [J]. Higher Education Management and Policy，2009，21(1)：55 - 76.

Hazelkorn E. Reflections on a Decade of Global Rankings：What We've Learned and Outstanding Issues[J]. Beiträge zur Hochschulforschung，2013，35(2)：8 - 33.

Katz J S. Bibliometric Indicators and the Social Sciences[R]. Brighton：SPRU，University of Sussex，1999.

Kessler M M. Bibliographic Coupling between Scientific Papers[J]. American Documentation，1963，14(1)：10 - 25.

Kostoff R N. The Principles and Practices of Peer Review[J]. Science and Engineering Ethics，1996(3)：19 - 34.

Kostoff R N. The Use and Misuse of Citation Analysis in Research Evaluation[J]. Scientometrics，1998，43(1)：27 - 43.

Liu N C，Cheng Y. The Academic Ranking of World Universities[J]. Higher Education in Europe，2005，30(2)：127 - 136.

Seglen P O. Citations and Journal Impact Factors: Questionable Indicators of Research Quality[J]. Allergy, 1997, 52(11): 1050 - 1056.

Small H. Visualizing Science by Citation Mapping [J]. Journal of the American Society for Information Science, 1999, 50(9): 799 - 813.

Sternitzke C, Bergmann I. Similarity Measures for Document Mapping: A Comparative Study on the Level of an Individual Scientist [J]. Scientometrics, 2009, 78(1): 113 - 130.

Van Eck N J, Waltman L. Bibliometric Mapping of the Computational Intelligence Field[J]. International Journal of Uncertainty, Fuzziness and Knowledge-Based Systems, 2007, 15(5): 625 - 645.

Van Eck N J, Waltman L. How to Normalize Cooccurrence Data? An Analysis of Some Well-known Similarity Measures[J]. Journal of the American Society for Information Science and Technology, 2009, 60(8): 1635 - 1651.

Van Eck N J, Waltman L. Software Survey: VOSviewer, a Computer Program for Bibliometric Mapping[J]. Scientometrics, 2010, 84(2): 523 - 538.

Van Eck N J, Waltman L. VOS: A New Method for Visualizing Similarities between Objects[R]. Research in Management, ERS - 2006 - 020 - LIS, Erasmus Research Institute of Management (ERIM), 2007.

Van Eck N J, Waltman L. VOSviewer: A Computer Program for Bibliometric Mapping[R]. ERS - 2009 - 005 - LIS, Erasmus Research Institute of Management, 2009.

Van Raan A F J. Fatal Attraction: Conceptual and Methodological Problems in the Ranking of Universities by Bibliometric Methods [J]. Scientometrics, 2005, 62(1): 133 - 143.

Verbeek A, Debackere K, Luwel M, et al. Measuring Progress And Evolution in Science And Technology — I: The Multiple Uses of Bibliometrics Indicators [J]. International Journal of Management Reviews, 2002, 4(2): 179 - 211.

Walker K. A Systematic Review of the Corporate Reputation Literature：Definition，Measurement，and Theory［J］. Corporate Reputation Review，2010，12(4)：357 – 387.

Walter G，Bloch S，Hunt G，et al. Counting on Citations：A Flawed Way to Measure Quality［J］. Medical Journal of Australia，2003，178（6）：280 – 281.

Waltman L，Calero-Medina C，Kosten J，et al. The Leiden Ranking 2011/2012：Data Collection，Indicators，and Interpretation［J］. Journal of the American Society for Information Science and Technology，2012，63(12)：2419 – 2432.

Zuckerman H. The Proliferation of Prizes：Nobel Complements and Nobel Surrogates in the Reward System of Science［J］. Theoretical Medicine and Bioethics，1992，13(2)：217 – 231.

R.K.默顿.科学社会学——理论与经验研究（上）［M］.鲁旭东,林聚任,译.北京：商务印书馆,2010.

R.K.默顿.科学社会学——理论与经验研究（下）［M］.鲁旭东,林聚任,译.北京：商务印书馆,2010.

陈悦,刘则渊,陈劲,等.科学知识图谱的发展历程［J］.科学学研究,2008(3)：449 – 460.

陈悦,刘则渊.悄然兴起的科学知识图谱［J］.科学学研究,2005(2)：149 – 154.

黛安娜·克兰.无形学院——知识在科学共同体的扩散［M］.刘珺珺,顾昕,王德禄,译.北京：华夏出版社,1988.

郭碧坚,韩宇.同行评议制——方法、理论、功能、指标［J］.科学学研究,1994(3)：63 – 73.

哈里特·朱克曼.科学界的精英——美国的诺贝尔奖金获得者［M］.周叶谦,冯世则,译.北京：商务印书馆,1979.

胡锦涛.坚持走中国特色自主创新道路为建设创新型国家而努力奋斗——在全国科学技术大会上的讲话［J］.求是,2006(2)：3 – 9.

黄祖军.科学奖励范式转换——从普遍主义到建构主义［J］.科学学与科学技术管理,2009(4)：53 – 57.

杰里·加斯顿.科学的社会运行[M].顾昕,柯礼文,朱锐,译.北京:光明日报出版社,1988.

李正风,曾国屏,杜祖贻.试论"学术"国际化的根据、载体及当代特点与趋势[J].自然辩证法研究,2002,18(3):32-34.

梁秀娟.科学知识图谱研究综述[J].图书馆杂志,2009(6):58-62.

刘鹤玲.世界科学活动中心形成的经济-政治-文化前提[J].自然辩证法研究,1998(2):47-50.

刘辉.解读诺贝尔自然科学奖评奖制度[J].科学管理研究,2009,27(3):39-42.

刘俊婉.从诺贝尔奖现象看科学创造的特征[J].科学学研究,2009,27(9):1289-1297.

刘明.同行评议刍议[J].科学学研究,2003(6):574-580.

刘念才,刘莉,程莹,等.实施"985工程"追赶世界一流大学——从世界名牌大学学术排行变化说起[J].中国高等教育,2003(17):22-24.

刘则渊,陈悦,侯海燕.科学知识图谱:方法与应用[M].北京:人民出版社,2008.

路甬祥.规律与启示——从诺贝尔自然科学奖与20世纪重大科学成就看科技原始创新的规律[J].西安交通大学学报(社会科学版),2000(4):3-11.

吕景胜.论人文社科研究本土化与国际化的契合[J].科学决策,2014(9):54-65.

潜伟,牛强,李士琦.关于"软科学"与"硬科学"界定的思考[J].中国软科学,2003,(3):147-151.

乔纳森·科尔,斯蒂芬·科尔.科学界的社会分层[M].赵佳苓,顾昕,黄绍林,译.北京:华夏出版社,1989.

尚红宇.科技奖励体系分层研究[J].哈尔滨工业大学学报(社会科学版),2001,3(1):93-97.

尚智丛.科学社会学——方法与理论基础[M].北京:高等教育出版社,2008.

眭纪刚.科学与技术:关系演进与政策含义[J].科学学研究,2009,27(6):801-807.

孙海涛.全球性大学排行榜的发展与展望[J].清华大学教育研究,2011,32(1):

94－101.

王保红,魏屹东.从科学学科分类体系看自然科学学科发展态势[J].情报科学,
    2012,30(6)：930－936.

王春法.当代科学技术发展的基本特点及其含义[J].学习与实践,2002(11)：
    34－38.

王炎坤,钟书华,等.科技奖励论[M].武汉：华中理工大学出版社,2000.

王炎坤,钟书华,张宣平,等.科技奖励的社会运行[M].武汉：华中理工大学出
    版社,1993.

吴大猷.吴大猷科学哲学文集[M].北京：社会科学文献出版社,1996.

吴海江."科技"一词的创用及其对中国科学与技术发展的影响[J].科学技术与
    辩证法,2006(5)：88－93.

武学超.世界大学排名科研测评的影响与缺失[J].中国高教研究,2010(3)：
    43－46.

亚历克斯·埃舍尔,马斯莫·萨维诺.差异的世界：大学排名的全球调查[J].
    清华大学教育研究,2006,27(5)：1－10.

阎光才.学术共同体内外的权利博弈与同行评议制度[J].北京大学教育评论,
    2009,7(1)：124－138.

姚昆仑.科学技术奖励综论[M].北京：科学出版社,2008.

叶继红,谭文华.科学社会学新探[M].合肥：合肥工业大学出版社,2010.

有本健男.科学技术兴衰史——主要发达国家科学技术体制的变迁与科学技
    术活动国际重心的转移[J].胡健,译.国外社会科学,1994(7)：30－34.

袁望冬.科技创新与社会发展[M].长沙：湖南大学出版社,2007.

约翰·齐曼.元科学导论[M].刘珺珺,张平,孟建伟,等,译.长沙：湖南人民出
    版社,1988.

张功耀.从诺贝尔奖的评奖制度说起——为纪念诺贝尔奖颁奖100周年而作
    [J].研究与发展管理,2002,14(5)：10－15.

张先恩.国际科学技术奖概况[M].北京：科学出版社,2009.

张先恩.科技创新与强国之路[M].北京：化学工业出版社,2010.

张先恩.科学技术评价理论与实践[M].北京：科学出版社,2008.

张忠奎.科技奖励[M].北京：科学出版社,1991.

钟书华.学术评价机制与同行专家评价[J].华中科技大学学报(社会科学版),2008,22(4):122-123.

周寄中,吴佐明.科技奖励学:科技奖励系统的机制和功能[M].杭州:浙江科学技术出版社,1993.

朱军文,刘念才.科研评价:目的与方法的适切性研究[J].北京大学教育评论,2012,10(3):47-56.

朱少强,张洋.学术评价活动的分类探讨[J].中国科技论坛,2009(6):20-25.

索　引

致　谢

回顾完成这项研究的几年时间里，我的工作得到了很多人的关注，也凝聚了很多人的付出与心血。

本书在选题和开展过程中，得到了上海交通大学刘念才教授的悉心指导和鼎力支持。在研究出现困难的时候，刘老师总是能够及时点拨，推动这项工作向前发展。刘老师严谨治学、精益求精的精神深深感染和鼓励着我，让我在"枯燥"的数据搜集、整理和分析过程中一直坚持着高标准要求。此外，在学习、生活和工作方面，刘老师也无私的给予了我非常多的支持和理解。例如，刘老师在我国外访学交流上提供了非常实际的帮助，让我顺利到莱顿大学科学与技术研究中心（Centre for Science and Technology Studies）进行学习。正是在访学期间，我系统掌握了科学知识图谱的理论与方法，并在与国外优秀科学家进行思想碰撞与交流的过程中，产生了将科学知识图谱分析方法引入到奖项相似性研究中的想法。

本书的顺利撰著得益于学术同行的大力支持。一方面，莱顿大学科学与技术研究中心的 Paul Wouters 教授、研究员 Ludo Waltman 和 Rodrigo Costas 在研究思路和方法上给予了有益的帮助。另一方面，本书中关于奖项声誉的调查部分得到了包括诺贝尔奖得主在内的众多顶尖科学家的支持与反馈。这些都是本项研究取得收获的重要因素。此外，还要感谢上海交通大学高等教育研究院刘莉老师在本书出版过程中付出的努力。

最后，感谢一直以来给予我关心和帮助的亲友们。是父母（郑宝财、王华）

的理解和支持，让我的人生道路可以走得更远；是兄长一家（郑俊波、宋佳航）的付出，让我可以没有后顾之忧，全心投入到研究中；是朋友们的陪伴，让我可以劳逸结合，取长补短。遗憾的是求学期间，我未能在爷爷、奶奶病重时在旁照顾，也未能时常陪伴父母。

　　希望本书的出版对为本研究提供过支持的各位老师是一种答谢，对亲人是一种安慰，对自己是一种鞭策和鼓励。